青藏高原羌塘沉积盆地演化与油气资源丛书

羌塘盆地石油地质特征
——来自地质调查钻井的信息

付修根 陈文彬 曾胜强 孙 伟 王 剑等 著

科学出版社

北京

内 容 简 介

羌塘盆地是我国陆域勘探程度最低的含油气盆地。由于各方面的原因，羌塘盆地钻井资料缺乏，以往认识多是建立在地表样品研究的基础之上，对地下地质情况尚不了解。2000 年以来，中国地质调查局、中国石油天然气集团公司等单位先后在羌塘盆地施工了 40 口地质调查井，获取了大量珍贵的资料。本书正是在中国地质调查局成都地质调查中心获取的 17 口地质调查井的资料的基础上，结合前人取得的一系列成果，对该地区地层、沉积相及油气地质特征进行的研究和总结，对羌塘盆地井下油气地质问题有了新的认识并取得了一系列成果。

本书对青藏高原海相沉积盆地演化与油气勘探具有较大的参考价值，可供从事石油地质勘探的工作者、科研人员和相关院校师生参考。

图书在版编目（CIP）数据

羌塘盆地石油地质特征：来自地质调查钻井的信息/付修根等著. —北京：科学出版社，2020.12

（青藏高原羌塘沉积盆地演化与油气资源丛书）

ISBN 978-7-03-063122-0

Ⅰ.①羌… Ⅱ.①付… Ⅲ.①羌塘高原－含油气盆地－石油天然气地质－地质特征 Ⅳ.①P618.130.2

中国版本图书馆 CIP 数据核字（2019）第 249529 号

责任编辑：罗 莉/责任校对：彭 映
责任印制：罗 科/封面设计：墨创文化

科 学 出 版 社 出版
北京东黄城根北街 16 号
邮政编码：100717
http://www.sciencep.com
四川煤田地质制图印刷厂印刷
科学出版社发行 各地新华书店经销
*
2020 年 12 月第 一 版 开本：787×1092 1/16
2020 年 12 月第一次印刷 印张：15
字数：358 000
定价：198.00 元
（如有印装质量问题，我社负责调换）

丛书编委会

主　编：王　剑　付修根

编　委：谭富文　陈　明　宋春彦　陈文彬
　　　　刘中戎　孙　伟　曾胜强　万友利
　　　　李忠雄　戴　婕　王　东　谢尚克
　　　　占王忠　周小琳　杜佰伟　冯兴雷
　　　　陈　浩　王羽珂　曹竣锋　任　静
　　　　马　龙　王忠伟　申华梁　郑　波

《羌塘盆地石油地质特征——来自地质调查钻井的信息》

作 者 名 单

付修根　陈文彬　曾胜强　孙　伟

王　剑　宋春彦　李忠雄　杜佰伟

占王忠　万友利　曹竣锋　马　龙

冯兴雷　王　东　王忠伟　任　静

前　言

　　羌塘盆地是我国陆域勘探程度最低的含油气盆地，它位于著名的特提斯构造域中段，和盛产油气的中东地区在大地构造、地史演化、沉积充填及油气地质条件等方面具有相似之处。迄今为止已发现了200多处油气显示，是青藏地区油气资源潜力最大，最有希望取得勘探突破的首选目标。然而，由于各方面的原因，羌塘盆地钻井资料缺乏，以往的认识多是建立在地表样品研究的基础之上，对地下地质情况尚不了解。

　　2000年以来，中国地质调查局、中国石油天然气集团有限公司等单位先后在羌塘盆地实施了地质调查井工程，获取了大量珍贵的资料。本书正是在中国地质调查局成都地质调查中心获取的17口地质调查井的资料的基础上，结合前人取得的一系列成果，对该地区地层、沉积相及油气地质特征进行的研究和总结，对羌塘盆地井下油气地质问题有了新的认识并取得了一系列成果，为在羌塘盆地深入开展油气勘探目标优选提供了重要的科学依据。本书对应的地质研究取得的主要成果和进展如下。

　　（1）通过岩心观察、岩石薄片鉴定、孢粉分析、生物化石辨别及测年等，对钻遇地层及岩性特征进行了研究，并与区域做了对比研究，为建立盆地地层"铁柱子"，研究盆地沉积演化及石油地质条件奠定了基础。

　　（2）分析了羌塘盆地钻遇的唢呐湖组、夏里组、布曲组、色哇组、雀莫错组、鄂尔陇巴组、巴贡组、波里拉组、甲丕拉组等地层的岩石学特征，在此基础上，划分出了冲洪积、河流、湖泊、潮坪-潟湖、三角洲、陆棚及碳酸盐岩台地等沉积相带。

　　（3）利用地球物理测井方法对羌塘盆地地质调查井钻遇的各地质层位进行划分，包括第四系、夏里组、布曲组、色哇组、雀莫错组、鄂尔陇巴组、巴贡组、波里拉组、甲丕拉组，通过自然伽马、视电阻率、声波时差、补偿密度、补偿中子等参数，建立了其测井响应特征。

　　（4）井下发育有多套烃源岩，其中上三叠统（T$_3$）陆棚-三角洲相烃源岩在区域内分布范围广，有机质丰度高，有机质类型为II$_2$～III型，有机质热演化处在高成熟-过成熟阶段，是一套主要烃源岩，其他为次要烃源岩。除此之外，还进行了地表与井下烃源岩样品的对比研究及烃源岩发育控制因素的研究，认为古气候、古生产力、氧化还原条件及沉积速率等条件控制了烃源岩的发育。

　　（5）井下发育多套储层，但除白云岩储层外，多为特低孔、特低渗的致密储层。白云岩储层主要发育在南羌塘羌资2井、羌资11井和羌资12井中的布曲组及中央隆起带羌资5井中的二叠系龙格组，其孔渗性较好，是良好的储层。地表与井下储层的对比研究表明，无论是井下储层，还是地表储层均表现为低孔、低渗的特征，与地表相比，井下储层的物性特征及孔隙结构特征均明显偏差。

　　（6）分析了井下盖层特征，并对地表与井下盖层样品进行了对比研究。羌塘盆地发育多套盖层，其中上三叠统巴贡组盖层、中下侏罗统雀莫错组盖层和中侏罗统夏里组盖层为3套区域性盖层，其他为局部盖层。研究表明，羌资16井及羌科1井中膏岩层厚度达300m以上，羌科1井及羌地17井夏里组膏岩-泥岩厚度也超过200m，上三叠统钻遇泥岩盖层厚度为35.15～417m，封盖性能良好。

（7）对井下发现的大量油苗的地球化学特征进行了研究并对油源进行了分析，对井下获取的包裹体特征及成藏期次进行了分析，并对油气成藏条件进行了综合研究。

本书是在中国地质调查局的领导下，在实施单位中国地质调查局成都地质调查中心的统一组织下，由成都地质调查中心、西藏自治区地质矿产勘查开发局第六地质大队、西藏自治区地质矿产勘查开发局地热大队、四川省中成煤田物探工程院有限公司等多个单位实施完成的；本书的统稿、定稿和校稿工作是作者在西南石油大学完成的；本书是集体劳动的结晶。在此，谨向所有给予关心、支持和帮助的单位和个人表示最衷心的感谢！

本书总共分为七章，主要编写人员及分工如下：前言由付修根、王剑、陈文彬、曾胜强撰写；第一章由曾胜强、陈文彬撰写；第二章由曾胜强、宋春彦、李忠雄撰写；第三章由曾胜强、付修根、王剑、宋春彦撰写；第四章由陈文彬、宋春彦、杜佰伟撰写；第五章由孙伟、万友利、宋春彦撰写；第六章由陈文彬、曾胜强、李忠雄撰写；第七章由陈文彬、付修根、宋春彦、占王忠、王忠伟撰写；结语由付修根、王剑、陈文彬、曾胜强撰写。王东、任静、冯兴雷及马龙参与了本书的野外工作及研究工作。

由于作者水平所限，书中难免存在认识不足之处，恳请读者批评指正。

目　　录

第一章 概　　论

第一节　研究区地理地质背景

羌塘盆地是青藏高原诸多盆地中面积最大、研究程度相对较高、油气资源潜力最大的海相沉积盆地（王剑等，2004，2009）。羌塘盆地地处青藏高原腹地，属青海省和西藏自治区管辖，地理坐标为北纬 32°～35°，东经 84°～93°，大地构造位于可可西里-金沙江缝合带和班公湖-怒江缝合带之间的昌都-羌塘地块西部（图 1-1），为一个呈东西向展布的长条形盆地，其南北宽约 300km，东西以侏罗系地层的明显减少或缺失为界，长约 650km，面积约为 22 万 km^2（王剑等，2009）。

羌塘盆地位于藏北无人区，盆地平均海拔在 5000m 以上，最低海拔也达 4500m，所以人们称之为"世界屋脊的高原"。本区为高原亚寒带半干旱季风型气候区，属典型的大陆性气候。这里气候干燥、寒冷，空气稀薄，低压、缺氧严重，一年四季不分明，冬长无夏，多风雪天气，年温差相对大于日温差，没有绝对无霜期，年大风日达 250 天，年日照时间长达 2628h，降水量集中，6～8 月的降水量约占全年降水量的 93%，年降水量仅为 127～150mm。因此，对野外钻探作业有一定影响。区内为藏族居住区，以牧业为主，经济十分落后。区内淡水资源紧缺，特别是冬季，严重制约了当地的经济发展。区内空气稀薄、气候严寒、植被缺乏、人迹罕至，有"生命禁区"之称。区内的土壤以高山寒漠土、高山草甸土和高山草原土为主，植被类型以高寒草原和高山草甸为主，草地面积占土地面积的 40%，牧草极为稀疏，草原区覆盖率仅为 15%～45%。野生动物有牦牛、羚羊、野驴、野鸭等在此繁衍生息，但近年来，由于生态环境的恶化，野生动物数量正在逐渐减少，植被衰退，沙漠化日趋严重。

区内交通条件极差，除拉萨到双湖的公路及少量乡村公路外，大部分地区无公路通行，且沼泽与湖泊星罗棋布，极易陷车，工作条件极为艰苦。

第二节　地质调查井工程概况

一、工作程度及勘探现状

青藏高原的油气地质调查工作始于 20 世纪 50 年代，1994 年以前，主要集中于陆相盆地。中国科学院西藏工作队李璞等 1951～1953 年在西藏的东部、中部和南部做过路线地质综合调查，在伦坡拉盆地古近系-新近系地层中发现油页岩和沥青。地质部石油地质局青海石油普查大队 1956～1958 年在青藏公路以西的唐古拉山与念青唐古拉山之间开展

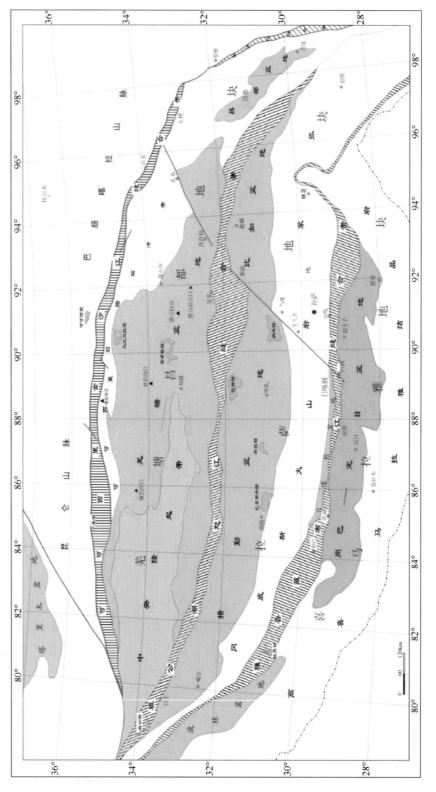

图 1-1　羌塘盆地大地构造位置图（据王剑，2009 修编）

1：100 万石油地质概查和伦坡拉盆地 1：20 万地质普查；1958 年在可可西里、库木库里盆地及藏北高原进行了路线地质调查。西藏地质局石油队 1960 年在伦坡拉盆地丁青、牛堡一带进行过 1：2.5 万石油地质细测。地质部石油地质局综合研究队 1966 年对伦坡拉盆地进行了含油条件的研究，在牛堡构造上发现油砂、沥青脉显示。石油工业部西藏石油地质考察队于 1981～1982 年对西藏进行了石油地质路线普查和遥感影像解释，对油气资源进行了初步评价。1986 年由王鸿祯先生倡导在《地球科学》刊登了西藏油气地质研究论文专辑，代表了 20 世纪 90 年代以前对西藏油气地质的前沿认识。高原地质调查大队通过对羌塘地区的考察，在羌塘盆地发现了油页岩（王成善等，1987）。1987 年青海石油管理局和北京石油勘探开发科学院编写了《中国石油地质志——西藏油气区》，对前期的石油地质工作进行了总结。1989 年蒋忠惕等编写了《青藏高原北部地区含油气条件及前景预测》，对青藏高原北部的早期工作做了进一步的总结。

1993～1998 年，中国石油天然气总（集团）公司勘探局成立了新区油气勘探事业部青藏油气勘探项目经理部，对青藏高原开展了以羌塘盆地为主的多工种、系统、全面的石油地质调查与生产科研工作。截至 1998 年底，先后在羌塘、措勤、比如、昌都、可可西里、库木库里、岗巴—定日等盆地开展了广泛的石油地质调查工作。完成 1：20 万路线地质调查 5541km，1：10 万石油地质填图 71594km²；1：20 万遥感地质解译 83.8 万 km²，1：50 万遥感地质解译 55 万 km²；1：20 万重力测量 25.4 万 km²；1：20 万航空磁测 39.4 万 km²；1：20 万大地电磁测深路线 5619km；二维地震勘探 2640km；1：20 万化探路线 3810km，面积 4700km²（赵政璋等，2001a）。

2001～2004 年，国土资源部成都地质矿产研究所主持开展了"青藏高原重点沉积盆地油气资源潜力分析"项目。由成都地质矿产研究所、中国石油勘探开发研究院、成都理工大学等分别从沉积、油气和构造与保存条件 3 方面开展了综合研究和部分地质调查工作，对羌塘盆地油气有利远景区进行了优选（王剑等，2004）。与此同时，中国石油天然气股份公司开展了"青藏高原羌塘盆地勘探前期油气资源综合评价"项目研究。

2004～2008 年，国土资源部（现自然资源部）组织实施，中国地质调查局负责承担，启动了国家油气专项"全国油气资源战略选区调查与评价"。通过对重力、航磁、电法、地震、地表油气化探等资料的综合调查与分析，在进行地下构造精细调查的基础上，初步查明了羌塘盆地基底构造格架，根据评价范围内不同的勘探目的层状况，划分构造区带，圈定凸起和凹陷的范围，结合生储盖条件，确定油气运移指向，采用分级筛选法划分油气有利聚集区和保存单元。进一步在初步圈定的油气保存单元内，开展 1：5 万石油地质构造细测和适当的物探、化探工作，寻找可能的油气圈闭，并进行了油气成藏条件与含油气系统评价，优选勘探区块，完成有利区带综合评价优选与重点勘探目标评价。

2009～2014 年，先后由国土资源部和中国地质调查局组织，中国地质调查局成都中心牵头，开展了第二轮"青藏高原重点盆地油气资源战略调查与选区"项目和"青藏地区油气调查评价"计划项目，通过 6 年的工作，共计完成二维地震方法试验与剖面测量 710km，复电阻率法测量 390km，大地电磁测量 150km，二维地震资料处理与解释 750km，1：5 万石油地质区域调查（修测）1600km²，路线地质调查 3604km，实测地层剖面 105km，采集和分析各类样品 6780 件，微生物化探 700km²，地质浅钻取心（6 口）5170.97m，地质综合测井

4654.5m，重点对羌塘盆地和伦坡拉、尼玛等陆相盆地开展了油气地质调查与评价工作。

2015 年以来，中国地质调查局组织实施了全国"陆域能源矿产地质调查计划"，部署了"羌塘盆地油气资源战略调查工程"，先后完成二维地震 2100km，在羌塘盆地实现了二维反射地震攻关的重大突破，大幅度提高了地震资料信噪比，落实了半岛湖、托纳木-笙根等多个圈闭构造。实施了调查井 2 口（3593m），实施了油气调查参数井 1 口（完井深度为 4696.18m），目前该井还在实施中。

二、任务来源及目标

本书为"青藏地区油气调查评价"计划项目和"羌塘盆地金星湖-隆鄂尼地区油气资源战略调查"二级项目的专题成果集成，旨在归纳总结近年来在西藏羌塘盆地实施的地质调查井工程的成果。

在项目立项过程中，一项重要的工作就是在地表地质调查的基础上，在不同时代的关键层位实施地质调查井工程，对盆地各个时代的石油地质特征进行更深入的研究，建立古生代-中生代羌塘盆地石油地质特征"铁柱子"。这些工作也是首次开展的羌塘盆地深部石油地质特征的系统总结工作，该工作的开展能够使羌塘盆地的石油地质调查工作逐步从简单的地表调查转移到深部勘探，同时，也能够很好地给我们提供羌塘盆地地表与地下深部石油地质特征的差异，为进一步的油气勘探提供依据。

三、地质调查井完成情况

地质调查井工程是地质矿产最直接、最实用的勘查手段之一，是获取地下地质信息的重要途径。截至目前，羌塘盆地共钻探了 40 口浅钻井。其中，由成都地质调查中心组织完成了 17 口；由中国地质调查局油气资源调查中心完成羌塘盆地天然气水合物钻井 7 口；由中石油青海油田及其他公司完成了浅钻井 2 口、油砂钻探井 14 口，具体情况见表 1-1。

表 1-1　羌塘盆地调查井统计情况表

序号	井名	进尺/m	开钻与完钻地层	施工年份	施工地区/构造	组织实施单位
1	QZ-1	816	J_2x-J_2b	2005	龙尾湖区块黑石河背斜	中国地质调查局成都地质调查中心
2	QZ-2	812	J_2b-J_2s	2006	扎仁区块桑嘎尔塘布背斜北翼	
3	QZ-3	887.4	Q-J_3s	2010	托纳木地区 2 号构造	
4	QZ-4	314	Q-Q	2012	托纳木地区 5 号构造	
5	QZ-5	1001.4	Q-P_1z		角木茶卡地区二叠系古油藏	
6	QZ-6	549.65	Q-T_3t	2013	日阿梗地区土门格拉组地层	
7	QZ-7	402.5	T_3bg-T_3b	2014	雀莫错东地区巴贡组-波里拉组	
8	QZ-8	501.7	T_3bg-T_3b		雀莫错东地区巴贡组-波里拉组	
9	QZ-9	600.25	J_2s-J_2s		其香错地区色哇组地层	

序号	井名	进尺/m	开钻与完钻地层	施工年份	施工地区/构造	组织实施单位
10	QZ-10	601.35	J_2s-J_2s	2014	其香错地区色哇组地层	中国地质调查局成都地质调查中心
11	QZ-11	600	J_2b-J_2b		日尕尔保布曲组古油藏区	
12	QZ-12	600.12	J_2b-J_2b		晓嘎晓那布曲组古油藏区	
13	QZ-13	600	Q-T_3t	2015	隆鄂尼-鄂斯玛	
14	QZ-14	1200	J_2x-J_2b		隆鄂尼-鄂斯玛	
15	QZ-15	600	Q-T_3t		隆鄂尼-鄂斯玛	
16	QZ-16	1593	$J_{1-2}q$-T_3b	2016	雁石坪玛曲地区	
17	QD-17	2001	E_2s-J_2b	2017	双湖县万安湖地区	
18	QK-1	882.01	J_2x-J_2b	2011	隆额尼布曲组古油藏区	中国地质调查局油气资源调查中心
19	QK-2	389.85	Q-J_2b	2012	鸭湖地区	
20	QK-3	441.14	Q-J_1q-E_2k		毕洛错	
21	QK-4	620.95	Q-E_2k	2013	半岛湖地区	
22	QK-5	772.19	Q-J_3b		半岛湖地区	
23	QK-6	246.4	Q-Q	2014	鸭湖地区	
24	QK-7	190.28	Q-Q		鸭湖地区	
25	D1井	711.83	Q-J_2x	2004	隆额尼布曲组古油藏区	中石油青海油田、成都理工大学
26	D2井	847.47	Q-J_2b	2006	日尕尔保布曲组古油藏区	
27	BK-1	150.15	J_1q-J_1q	2010	毕洛错油页岩区	中石油青海油田、成都理工大学
28	BK-2	150.65	J_1q-J_1q			
29	BK-3	200.26	J_1q-J_1q			
30	BK-4	200.26	J_1q-J_1q			
31	LK-1	150.1	J_2b-J_2b		隆额尼布曲组古油藏区	
32	LK-2	126	J_2b-J_2b			
33	LK-3	200.1	J_2b-J_2b			
34	LK-4	200.23	J_2b-J_2b			
35	LK-5	200.69	J_2b-J_2b			
36	GK-1	100.2	J_2b-J_2b		格鲁关那布曲组古油藏区	
37	GK-2	200.7	J_2b-J_2b			
38	GK-3	200.8	J_2b-J_2b			
39	GK-4	200.4	J_2b-J_2b			
40	GK-5	103.4	J_2b-J_2b			

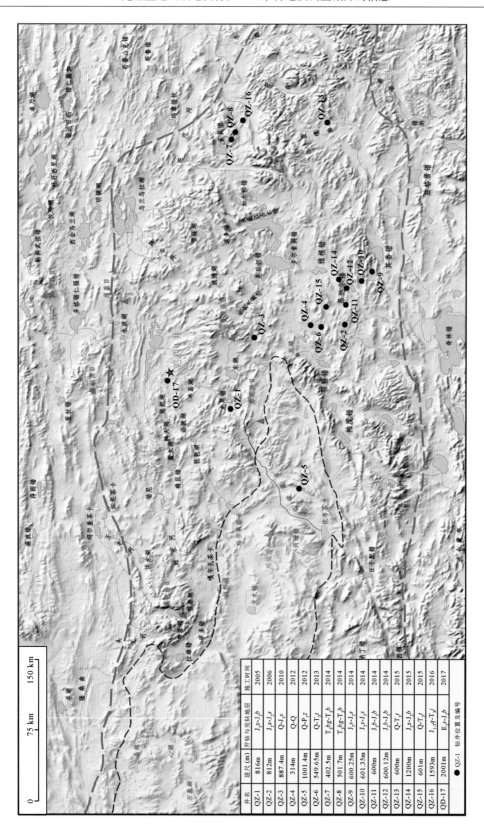

图 1-2 羌塘盆地地质调查井位置及主要钻井深度

井名	进尺 (m)	开钻与完钻地层	施工时间
QZ-1	816m	J_1x-J_1b	2005
QZ-2	812m	J_1x-J_1s	2006
QZ-3	887.4m	J_1s	2010
QZ-4	314m	Q-Q	2012
QZ-5	1001.4m	Q-P_3z	2012
QZ-6	549.65m	Q-T_3f	2013
QZ-7	402.5m	T_3bg-T_3b	2014
QZ-8	501.7m	T_3bg-T_3b	2014
QZ-9	600.25m	J_1s-J_1s	2014
QZ-10	601.35m	J_1b-J_1b	2014
QZ-11	600m	J_1b-J_1b	2014
QZ-12	600.12m	J_1b-J_1b	2014
QZ-13	600m	Q-T_3f	2015
QZ-14	1200m	J_1x-J_1b	2015
QZ-15	601m	Q-T_3f	2015
QZ-16	1593m	$J_{1-2}g$-T_3f	2016
QD-17	2001m	E_2s-T_3b	2017

● QZ-1 钻井位置及编号

　　中国地质调查局成都地质调查中心完成了 17 口地质调查井工程，分别位于北羌塘盆地（6 口）、南羌塘盆地（10 口）和中央隆起带（1 口）上，具体分布见图 1-2。这些浅钻钻遇的地层包括下白垩统白龙冰河组、上侏罗统索瓦组、中侏罗统夏里组、布曲组、色哇组、下-中侏罗统雀莫错组、上三叠统鄂尔陇巴组、巴贡组、波里拉组以及下-中二叠统地层（表 1-1，图 1-3）。这些地质调查井工程的资料已经完全能够为我们提供充足的资料，为我们开展地层、沉积演化、生储盖特征及油气成藏条件等研究奠定了基础。本书主要依托成都地质调查中心完成的 17 口地质调查井的地层、沉积、地球物理测井、石油地质条件等资料开展综合研究，并取得了一系列新的地质认识和研究成果。

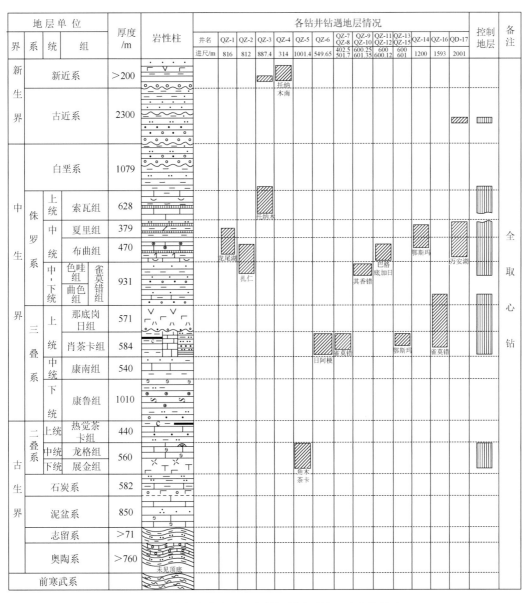

图 1-3　羌塘盆地地质调查井控制地层情况综合统计表

第二章 地 层

截止目前，中国地质调查局成都地质调查中心组织完成了 17 口石油地质浅钻，这些浅钻钻遇的地层包括下白垩统白龙冰河组、上侏罗统索瓦组、中侏罗统夏里组、布曲组、色哇组、中-下侏罗统雀莫错组、上三叠统鄂尔陇巴组、土门格拉组/巴贡组、波里拉组、甲丕拉组以及中-下二叠统。

第一节 地层划分与对比

一、地层分区

羌塘盆地夹于金沙江缝合带与班公湖-怒江缝合带之间，是在羌塘地体之上发育的、与缝合带相关的复合型叠加沉积盆地（李勇等，2002），具有"两拗一隆"的构造格局，北部为北羌塘拗陷，中部为中央隆起，南部为南羌塘拗陷。该盆地是青藏高原上发育的最大的含油气盆地，近年来成为青藏高原油气勘探的首选目标。

羌塘盆地出露前奥陶系、古生界、中生界和新生界地层。前奥陶系仅在中央隆起带极个别露头上出露，古生界主要沿中央隆起带出露，而中、新生界地层则在盆地内广泛分布。根据岩石地层组合特征，羌塘盆地可划分为两个地层分区：北羌塘拗陷分区和南羌塘拗陷分区，如图 2-1 和图 2-2 所示。

二、地层对比

羌塘盆地的调查工作开始于 20 世纪 50 年代。由青海区测队和西藏区调队对温泉、唐古拉及改则等地区开展的野外地质填图，初步建立了羌塘盆地的地层基本格架，后由文世轩、蒋忠惕、吴瑞忠等对地层格架进行了修订。对羌塘盆地系统的调查开始于 20 世纪 90 年代，由中石油青藏油气勘探项目经理部在西藏地区组织开展了石油地质预查、普查工作，并对盆地的地层进行了较为完整的梳理和总结。2003～2006 年由中国地质调查局组织完成的青藏高原 1∶25 万区域地质调查，对羌塘盆地地层进行了系统划分与对比，补充完善了羌塘盆地地层系统。王剑等（2004，2009）在新一轮油气地质调查及战略选区研究的基础上，全面综合区域地质调查资料，进一步补充完善了盆地地层划分与对比方案。

（一）古生界

羌塘盆地出露的古生界地层主要为奥陶系至二叠系，根据古生界地层的出露分区特点，目前通常将其分为北羌塘拗陷分区和南羌塘拗陷分区。

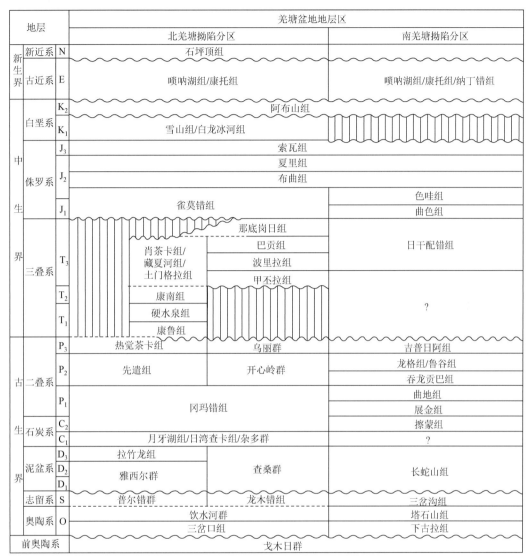

图 2-1 羌塘盆地地层划分与分区

　　奥陶系与志留系主要为浅海相碎屑岩沉积。泥盆系以稳定型浅海相碳酸盐岩沉积为主。石炭系在羌塘地区主体为碳酸盐岩和碎屑岩含煤沉积，在中央隆起带可见复理石砂板岩、火山岩组合。中-下二叠统以碳酸盐岩沉积为主，普遍含有基性至中基性火山岩夹层（连续厚度可达数百米）；上二叠统为滨、浅海相碳酸盐岩、碎屑岩组合，局部夹火山岩和煤线。

　　晚石炭世—早二叠世时期，羌塘盆地处于拉张作用下，羌塘盆地为发育于劳亚大陆南缘被动大陆边缘上的裂谷盆地，早二叠世主要发育巨厚的灰岩-玄武岩-硅质岩组合的深水沉积，以拉竹龙—查桑一线为界，其中北侧为浅海稳定型碳酸盐岩、碎屑岩建造，具暖水动物群，以富生物碎屑灰岩或礁灰岩为主；南侧为浅海至次深海相含砾碎屑岩次复理石建造，具冷暖混生型生物群，具有轻微变质现象。晚二叠世开始斜向碰撞，保留了晚二叠世

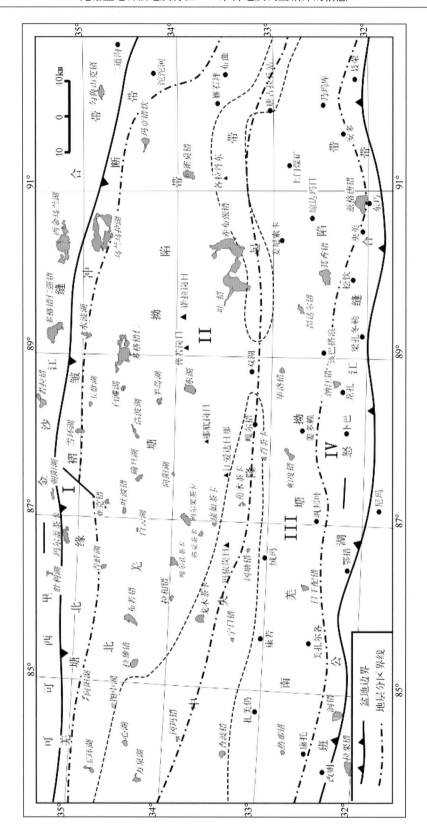

图 2-2 羌塘盆地中、新生界地层分区图（王剑等，2009）

I—若拉岗日分区；II—北羌塘拗陷分区；III—南羌塘拗陷分区；IV—东巧-改则分区

至中三叠世残留海盆地。其中，上二叠统在双湖热觉茶卡一带可以二分，下段以灰色薄层钙质砂岩和粉砂质泥岩夹煤层为主，主要为灰色薄层状生物灰岩、泥质灰岩和粉砂岩；上段为灰、深灰色泥岩，岩屑砂岩，钙质砂岩，石英砂岩夹碳质页岩和薄层煤；总体上为一套稳定型浅海台地礁相碳酸盐岩与滨海沼泽含煤碎屑岩建造；盆地东部的开心岭一带上二叠统上段底部为灰色厚层状生物碎屑灰岩，与下伏下段顶部砂页岩之间有明显界限。

（二）中生界

羌塘盆地中生界地层出露基本齐全。其中，三叠系中、下统主要出露在北羌塘拗陷，以浅海-半深海相碎屑岩地层为主，向南过渡为陆相，大致在中央隆起带北缘地层尖灭。上三叠统在羌塘地区广泛分布，可能缺失卡尼早期沉积地层，底部普遍发育不整合面和底部砾岩、火山岩或煤层，向上过渡为滨海、浅海相碳酸盐岩、碎屑岩沉积地层。侏罗系在自昌都向北东至羌塘盆地，为海、陆过渡相-浅海相碎屑岩、碳酸盐岩地层，南羌塘拗陷发育次深海至深海相细碎屑岩地层。下白垩统大部分地区为河、湖相碎屑岩地层及海相碳酸盐岩地层，上白垩统为紫红色碎屑岩及基性-中基性火山岩地层。

下-中三叠统在羌塘盆地内部主要出露于双湖康鲁山热觉茶卡一带。下统下段为紫红色、灰紫色粗、细碎屑岩，底部为灰色、黄绿色粗、细砂岩，砾岩，黑色碳质页岩及数层薄煤层，为陆棚、三角洲、近滨砂坝和滨岸沼泽等沉积建造；上段为浅灰色薄层砾屑泥灰岩、介壳泥质灰岩、鲕粒灰岩夹粉砂岩、钙质泥岩与泥岩，为稳定陆棚型碳酸盐岩建造。中统下部为灰绿色砂岩、砂质页岩夹泥质灰岩和砂岩、砂砾岩，上部为灰黑色薄至中层状灰岩，为一套稳定的滨海至浅海陆棚亚相沉积。

从晚三叠世开始，以那底岗日组火山岩为标志，开始了中生代羌塘盆地的形成与演化。晚三叠世那底岗日期火山岩广泛分布，在胜利河、那底岗日等地主要为酸性凝灰岩、流纹岩、英安岩组合，在菊花山、胜利河、肖茶卡及东部各拉丹东一带以基性火山岩为主（王剑等，2007a）。在盆地东部的各拉丹东地区，呈现出双峰式火山岩特征（白云山等，2005）。

在石水河、菊花山等地可见上三叠统灰岩之上直接与那底岗日组陆相火山岩不整合接触，灰岩顶部还发育厚度不等的古风化壳（王剑等，2007b），充分反映了北羌塘盆地晚三叠世不仅经历了区域隆升剥蚀，而且发生过板内拉张作用，存在较为剧烈的沉积-构造转换，是在火山-岩浆作用的过程中快速结束三叠纪海相沉积作用的。

晚三叠世南羌塘盆地发育一套砂岩、粉砂岩、泥岩和灰岩沉积，属被动大陆边缘初期较活动的沉积类型，且自东向西呈现出碎屑岩减少、碳酸盐岩增多的现象（赵政璋等，2001b），与北羌塘盆地自东向西由滨海含煤碎屑岩向台地碳酸盐岩和大陆架边缘灰岩夹碎屑岩过渡相一致。

进入侏罗纪，北羌塘盆地陆块也进入了火山事件之后的热沉降阶段。但是在早侏罗世，盆地仍然继承了晚三叠世地垒-地堑格局，雀莫错组底部普遍发育几十米至上百米厚的砂砾岩和复成分砾岩，也标志着一个沉积盆地的新生，即雀莫错组沉积早期主要表现为填平补齐的河流沉积和淡水湖泊沉积。在北羌塘中部，雀莫错组则表现为陆源近海湖沉积。

中侏罗世开始，北羌塘盆地在持续的热沉降的基础上，间歇性地受到班公湖-怒江洋海侵影响，具体表现在巴通期和牛津期形成的布曲组和索瓦组两套碳酸盐岩沉积。但是由于与广海沟通不畅，水动力不强，导致颗粒灰岩不发育，而处于局限的环境，却有利于烃源岩的发育。目前北羌塘的地面地质调查和本次地质浅钻工程都发现有大量的油气显示，充分反映了北羌塘盆地确实发育有良好的烃源岩，且经历过广泛的油气运移和聚集过程，盆地具有较好的油气勘探潜力。

晚侏罗世中期（索瓦组上段沉积期）开始，由于班公湖-怒江洋的俯冲消减和可可西里造山带后造山运动的伸展作用，区内发生了大规模的海退，北侧造山带、中央隆起带和盆地的东部地区迅速隆起。盆地内由晚三叠世以来的北浅南深格局首次转变为南浅北深格局，海侵来自盆地的西北方向。在盆地南部，除中央隆起带东段附近以外，目前为止尚未发现相当的地层，推测羌南地区已迅速转变为陆地。

第二节　钻遇地层分述

2005～2017 年，中国地质调查局成都地质调查中心共实施钻井 17 口，主要钻遇的地层包括：中-下二叠统展金组、龙格组，上三叠统甲丕拉组、波里拉组、土门格拉组和鄂尔陇巴组，中-下侏罗统雀莫错组，中侏罗统色哇组、布曲组和夏里组，上侏罗统索瓦组和始新统唢呐湖组。

一、二叠系

二叠系地层由羌资 5 井（QZ-5）揭露，主要包括二叠系龙格组（10～413m）和展金组（413～1001.4m）。

（一）地层岩性

1. 龙格组（P_2l）

龙格组岩性主要为棕灰色薄层状泥晶、微晶灰岩夹少量角砾灰岩、砂屑灰岩、生屑灰岩、硅质岩。具体分为 3 段：10～92m 井段为棕灰色薄层状泥晶、微晶灰岩夹少量砂屑灰岩、生屑灰岩、硅质岩；92～152m 井段为浅灰色厚层-块状角砾灰岩；152～413m 井段为棕灰色薄层状泥晶、微晶灰岩夹少量砂屑灰岩、生屑灰岩、硅质岩。

2. 展金组（P_1z）

展金组岩性可分为 3 段：①灰黑色粉砂质泥岩夹浅灰色岩屑粉砂岩、灰绿色凝灰质粉细砂岩偶夹泥灰岩；②墨绿色块状火山角砾岩夹少量凝灰岩；③浅灰色与棕灰色薄层纹层状粉细晶白云岩互层夹薄层状硅质岩。具体如下：413～731m 井段为灰黑色泥岩、粉砂质泥岩夹浅灰色岩屑粉砂岩、灰绿色凝灰质粉细砂岩，偶夹泥灰岩；731～867m 井段为墨绿色块状火山角砾岩夹少量凝灰岩；867～1001.4m 井段为浅灰色与棕灰色薄层纹层状粉-细晶白云岩互层夹少量薄层状隐晶质硅质岩。另外，羌资 5 井岩心中有大量油气显示，油气显示的井段为 10～92m、152～731m、867～1001.4m。

（二）生物化石

在羌资 5 井钻遇的中二叠统龙格组（P₂l）和下二叠统展金组（P₁z）中未见到可鉴定的大化石分子。但我们在中二叠统龙格组（P₂l）深灰色泥灰岩中采集到 6 件微体古生物样品，在下二叠统展金组（P₁z）的深灰色生屑灰岩、含生屑粉砂岩中采集到 11 件微体古生物样品，经鉴定，含有大量蟆（图 2-3）和有孔虫化石，具体特征如下。

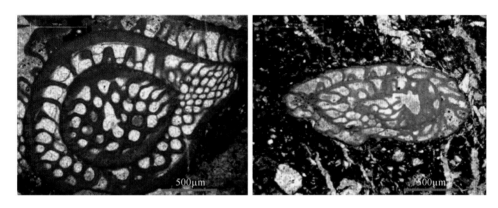

图 2-3　羌资 5 井中蟆类化石

1. 龙格组（P₂l）中获取的生物化石

（1）样品 S1 中产宽松厚壁虫 Pachyphloia laxa Lin，苏门答腊节房虫罗斯亚种 Nodosaria sumatrensis rossica K.M-Maclay，松旋微小四排虫 Tetrataxis minima latispiralis Reitlinger，恰那赫奇达哥玛虫（比较种）Dagmarita cf. chanakchiensis Reitlinger，大型厚壁虫 Pachyphloia laxa magma（K.M-Maclay），托林节房虫 Nodosaria tolingensis Lin，湖北节房虫 Nodosaria hubeiensis Lin。

（2）样品 S2 中产简单栅兰虫 Climacammina simplex Raus，双球虫（未定种）Diplosphoerina sp.（两个虫大小相等），美丽球旋虫 Glomospira consinnuse Song，古串珠虫（未定种）Palaeotextularia sp.，长节房虫 Nodosaria longe Lipina，西藏半结线虫 Hemigordius tibiteca Song，广西隔板球瓣虫 Septoglobivalvulina guang xiensis Lin。

（3）样品 S3 中产原始盖尼兹虫（相似种）Geinitzina cf. primiliva Pot.，不等双球虫 Diplosphoerina inaequalis（Derville），？喇叭蟆（未定种）？ Codonofusiella sp.。

（4）样品 S4 中产涅恰杰夫节房虫 Nodosaria netchayewi Lipina，广西球旋虫 Glomospira guangxiensis Lin，双球虫（未定种）Diplosphoerina sp.（两个球小凸，大小相等），不等双球虫 Diplosphoerina inaequalis（Derville），六边节房虫（相似种）Nodosaria cf. hexagona Tcherdyzve。

（5）样品 S5 中产安那苏门答腊蟆 Sumatrina annae Volz，瓶形梯状虫 Climacammina lagenalis Lange，似瓣状梯状虫 Climacammina valvulinoides Lange，条带拟纺锤蟆 Parafusulina lineata Dunbar et Skinner，长隔壁古串珠虫 Palaeotextularia longiseptata Lipina，双球虫（未定种）Diplosphoerina sp.，肥筛串虫 Cribrogenerina obesa Lange。

（6）样品 S6 中产新小纺锤蜓（未定种）*Neofusulinella* sp.，节房虫（未定种）*Nodosaria* sp.，狭窄古串珠虫截短亚种（比较种）*Palaeotextularia* cf. *angusta deurta* Reitlinger，湖南节房虫 *Nodosaria hunanica* Lin，松旋微小四排虫 *Tetrataxis minima latispiralis* Reitlinger、? 西藏半结线虫? *Hemigordius tibiteca* Song，六边节房虫（相似种）*Nodosaria* cf. *hexagona* Tcherdyzve。

2. 展金组（P₁z）中获取的生物化石

（1）样品 S9 中产塔迪克拉梯状虫 *Climacammina tudicla* Lange、肥筛串虫 *Cribrogenerina obesa* Lange。

（2）样品 S10 中未发现可鉴定化石，均为碎片。

（3）样品 S11 中产? 希瓦格蜓? *Schwagerina* sp.（没有磨到胎房的碎片）。

（4）样品 S12 中产皱壁蜓（未定种）*Rugosofusulina* sp.。

（5）样品 S13 中产? 原文采尔珊瑚（未定种）? *Protowentzelella* sp.碎片。

（6）样品 S14 中产日本美浓蜓（未定种）*Minojapanella* sp.（内部结构很模糊，但外形及密集、强烈、褶皱的隔可见），后羽状刺毛虫小型亚种（相似亚种）*Chaetetes metapinnatus* cf. *monor* Yang。

（7）样品 S15 中产费伯克氏费伯克蜓 *Verbeekina verbeeki* Geinitz，古串珠虫（未定种）*Palaeotextularia* sp.，兰特罗斯新小纺锤蜓 *Neofusulinella lantenoisi* Deprat，安那苏门答腊蜓 *Sumatrina annae* Volz，假矢部蜓（未定种）*Pseudoyabeina* sp.，乌苏里蜓（未定种）*Ussuriella* sp.，湖南节房虫 *Nodosaria hunanica* Lin，? 矮小筛串虫? *Cribrogenerina nana* Lin，串孔蜓（未定种）*Cuniculinella* sp.（磨片未见到胎房），皱壁蜓（未定种）*Rugosofusulina* sp.。

（8）样品 S16 中产前皱壁蜓前优秀亚种 *Rugosofusulina praevia egregia* Shlykova，贡觉皱壁蜓（相似种）*Rugosofusulina* cf. *gonjoensis* Zhang，阿尔卑斯皱壁蜓 *Rugosofusulina alpine*（Schellwien），扎索索假纺锤蜓（比较种）*Pseudofusulina* cf. *zhasuoensis* Zhang，假简单始拟纺锤蜓 *Eoparafusulina pseudosimplix* Chen，费尔干纳麦蜓 *Triticites ferganensis*（K.M-Maclay），长麦粒蜓 *Triticites longus* Rosovskaya，拟希瓦格蜓（未定种）*Paraschwagerina* sp.。

（9）样品 S17 中产似纺锤蜓（未定种）*Quasifusulina* sp.（磨片未见到胎房），蜓状原小纺锤蜓 *Profusulinella fusiformis* Sada，特殊假象果虫 *Pseudoglandulina peculiaris* Song，狭窄古串珠虫大型变种 *Palaeotextularia angusta* var. *maxima*（Reit.），展开日本蜓 *Nipponitella explicata* Hanzawa，日本蜓（未定种）*Nipponitella* sp.，筛串虫（未定种）*Cribrogenerina* sp.，小始史塔夫蜓（未定种）*Eostaffellina* sp.，皱壁蜓（未定种）*Rugosofusulina* sp.（蜓碎片）。

（10）样品 S18 中产具核类壮希瓦格蜓亚属（相似种）*Robustoschwagerina*（*Robustoschwagerinoides*）cf. *nucleolata* Ciry。

（11）样品 S19 中产球瓣虫（未定种）*Globivalvulina* sp.（资料不足）、日本蜓（未定种）*Nipponitella* sp.。

（三）地层时代

从生物组合特征看，样品 S1 中化石主要见于晚二叠世，但尚未发现标志性化石；样品 S2 中化石主要见于中-晚二叠世，其中古串珠虫（未定种）*Palaeotextularia* sp.在整个石炭纪—二叠纪均有发现；样品 S3 和 S4 中化石主要见于晚二叠世，但尚未发现标志性化石；样品 S5 和 S6 中化石主要见于中二叠世茅口期。

样品 S9 中化石主要见于中二叠世茅口期，其中肥筛串虫 *Cribrogenerina obesa* Lange 是中二叠世茅口期比较标准的化石；样品 S10 和 S14 中主要为晚石炭世晚期—中二叠世茅口期化石；样品 S15 中化石主要出现于石炭纪—二叠纪，其中费伯克氏费伯克蟆*Verbeekina verbeeki* Geinitz 和兰特罗斯新小纺锤蟆*Neofusulinella lantenoisi* Deprat 是中二叠世的标准化石，但串孔蟆（未定种）*Cuniculinella* sp.和皱壁蟆（未定种）*Rugosofusulina* sp.是晚石炭世晚期比较有特征的化石；样品 S16 中主要为晚石炭世晚期化石；样品 S17 中化石主要见于晚石炭世晚期；样品 S18 中化石主要出现于晚石炭世晚期—中二叠世，其中展开日本蟆*Nipponitella explicata* Hanzawa 主要见于中二叠世，似纺锤蟆（未定种）*Quasifusulina* sp.是晚石炭世晚期的特征化石；样品 S19 中化石在整个石炭纪—二叠纪均有出现。

另外，在羌塘盆地角木茶卡的孢粉化石样品 BF1 和 BF4 中发现较多保存较好的孢粉化石（图 2-4），其中常见的属种有印度皱囊粉 *Plicatipollenites indicus*（21%）、科伦普

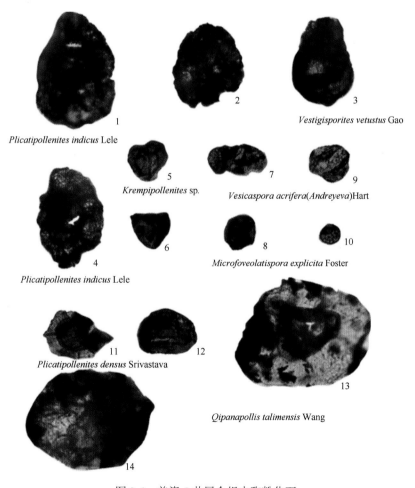

图 2-4 羌资 5 井展金组中孢粉化石

粉（未定种）*Krempipollenites* sp.（14%）、扩展细穴孢 *Microfoveolatispora explicita*（14%）、其他孢粉属种（含量一般不超过 7%）。发现的孢粉化石中包含了印度喜马拉雅地区（冈瓦纳区）二叠纪地层中较为常见的孢子化石［如印度皱囊粉 *Plicatipollenites indicus*、科伦普粉（未定种）*Krempipollenites* sp.、扩展细穴孢 *Microfoveolatispora explicita*］，由于在这些样品中未发现任何冈瓦纳地区晚二叠纪地层中较为常见的具肋条花粉，因此 BF1 和 BF4 所代表的地层时代为晚二叠世的可能性较低，为早二叠世的可能性较高。

总的看来，羌资 5 井中龙格组化石主要为中二叠世，但部分为晚二叠世古生物分子；展金组中大部分化石的时代跨度较大，出现于整个石炭纪-二叠纪，但仍然以早二叠世古生物分子为主。

二、三叠系

羌塘盆地地质浅钻仅钻遇了上三叠统地层，包括上三叠统甲丕拉组（T_3j）、波里拉组（T_3b）、巴贡组（T_3bg）/土门格拉组（T_3t）和鄂尔陇巴组（T_3e）。其中，羌资 7 井和羌资 8 井均钻了巴贡组和波里拉组地层，羌资 13 井和羌资 15 井钻遇了土门格拉组地层，羌资 16 井钻遇了连续的上三叠统甲丕拉组、波里拉组、巴贡组和鄂尔陇巴组地层。

（一）甲丕拉组（T_3j）

甲丕拉组由四川省第三区域地质测量队 1974 年在西藏昌都城东甲丕拉山测制普果弄剖面时所创，原指岩性为红色碎屑岩夹火山岩的沉积。而在雀莫错西侧分布的甲丕拉组的岩性与之有所不同，根据岩性组合特征，将其分为两段。

下段为灰、暗红色厚层状、块状碳酸盐质砾岩与灰白色中层状含砾流纹质岩屑晶屑凝灰岩、流纹质玻屑晶屑凝灰岩不等厚互层，夹浅灰、灰白色中层状岩屑石英粗砂岩、含砾粗砂岩；砾石成分以灰岩为主，另有少量硅质岩、火山岩成分。砾石中产下伏二叠系地层的化石，主要有蜓类（*Schwagerina* sp.、*Pseudofusulina* cf. *krotowi* Schellwien、*Palaeofusulina* sp.、? *Codonofusiella* sp.），有孔虫（*Pachyphloia* sp.），珊瑚（*Waagenophyllum* cf. indica），腕足类［*Haydenella kiangsiensis*（Kayser）、*Trasennatia* sp. *indet.*? *Choristites* sp. *indet.*? *Waagenites* sp. *indet.*］等，属冲洪积相沉积，伴随火山喷发事件，厚 568.43m。

上段为灰色厚层状砂屑生屑泥晶灰岩、含砂屑泥晶灰岩夹中层状泥晶灰岩、砾屑泥晶灰岩、浅灰色中层状粉晶白云岩，偶见重晶石充填的铸模孔，为浅滩边缘相沉积。产双壳类（*Quemocuomegalodon orientus* Yao、Sha et Zhang *gen. et sp. nov.*、*Quemocuomegalodon longitatus* Yao、*Neomegalodon boeckhi*、*Palaeocardita* sp.）化石，在里栽一带灰岩中产双壳类化石［*Chlamys biformatus*（Bittner）、*Arcavicula* cf. *arcuata*（Münster）、*Arcavicula* sp. 等］及珊瑚化石，地质时代为晚三叠世诺利期。

由羌资 16 井揭示的甲丕拉组岩性特征及层型剖面与雀莫错西部剖面略有差异，仅揭示了 84.07m 厚的甲丕拉组地层，主要岩性为紫红色含砾砂岩、砾岩，灰绿色复成分砾岩。甲丕拉组的砾岩的粒径大小不一，最大者可以达到 4cm×6cm，砾石分选、磨圆较差，为棱角-次棱角状，砾石为漂浮状，泥质胶结，砾石成分较为复杂，见火山岩砾石、硅质岩砾石及碳酸盐岩砾石等，如图 2-5 和图 2-6 所示。砾岩之上逐渐过渡为波里拉组灰色岩屑石英砂岩。

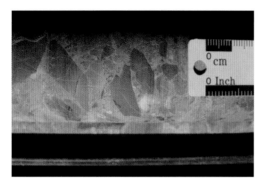 

图 2-5　羌资 16 井甲丕拉组杂色复成分砾岩　　　图 2-6　羌资 16 井甲丕拉组灰绿色砾岩截面
　　　　　　　　（1567m）　　　　　　　　　　　　　　　　　（1542m）

（二）波里拉组（T₃b）

波里拉组由四川省第三区测队 1974 年在西藏察雅县测制波里拉剖面时创名。下部为灰黑色薄片状含泥微晶粉晶灰岩夹薄层状泥晶灰岩，水平层理发育；上部为深灰色中层状含粉砂屑微晶化泥晶灰岩夹含砾砂屑生屑粉屑灰岩与薄层状泥晶灰岩、钙质泥岩互层。

羌资 7 井、羌资 8 井和羌资 16 井揭示的波里拉组厚度分别为 157m、330m 和 185m，主要岩性为灰-灰白色泥晶灰岩、灰白色生物碎屑灰岩、灰黑色砂屑灰岩及灰黑色泥质粉砂岩和泥岩，如图 2-7 所示。区域上，在鄂尔托陇巴一带产双壳类（*Cassianella* cf. *berychi*、*Halobia plicosa*、*Halobia superbescens*、*Halobia* sp.、*Plagiostomma* sp.）化石，因此将波里拉组的地质时代定为晚三叠世诺利期。

(a) 312m处含砾屑的砂屑灰岩　　　　　　　　　　(b) 砂屑灰岩顺层滑动

图 2-7　羌资 7 井波里拉组砂屑灰岩

（三）土门格拉组（T₃t）/巴贡组（T₃bg）

土门格拉组分布在盆地的中部和南部地区，巴贡组主要分布在盆地的东部地区。最初的巴贡组由西藏察雅县巴贡地区命名的"巴贡煤系"演变而来。下部为灰色中-薄层状钙质岩屑石英细砂岩、石英细砂岩夹粉砂质泥岩，偶见植物化石碎片；中、上部为深灰色薄层状含碳质粉砂质泥岩、钙质泥岩夹薄-中层状含生物屑泥晶灰岩、石英细砂岩、石英粉砂岩。巴贡组主要由羌资 7 井、羌资 8 井和羌资 16 井揭露，厚度分别为 240m、166m 和 445.29m。

以羌资 16 井为代表，羌资 16 井钻遇的巴贡组总厚度为 445.29m（878.20～1323.49m 井段），主要岩性为灰黑色泥岩、泥质粉砂岩和粉砂质泥岩。在泥岩和粉砂质泥岩中发育丰富的黄铁矿，特别是在井深 1227.88～1259.18m 黄铁矿尤为发育。岩心中识别出的黄铁矿主要有两种分布形态：第一种是沿地层顺层分布，这种黄铁矿在岩心中分布较广（图 2-8），黄铁矿脉体的宽度为 2～10mm；第二种是在岩心表面呈点状散布（图 2-9），黄铁矿颗粒或聚集物在岩心表面杂乱分布。羌资 7 井和羌资 8 井钻遇巴贡组的主要岩性为深灰色-灰黑色块状钙质泥岩和含钙质泥岩，其次为灰色薄-极薄层状粉砂岩、浅灰色薄层状石英岩屑细砂岩。

区域上，巴贡组中产双壳类[*Halobia superbescens-H. disperseinsecta* 组合和 *Amonotis togtonheensis-Cardium*（Tulongocardium）*xizhangensis* 组合]、菊石类（*Nodotibetites* cf. *nodosus-Paratibetites* cf. *wheeleri* 组合）及腹足类等化石，地质时代为晚三叠世诺利期。

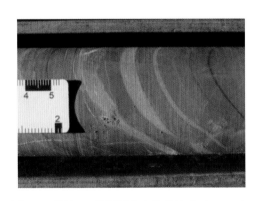 

图 2-8　羌资 16 井顺层分布的黄铁矿（1234m）　　　图 2-9　羌资 16 井粉砂质泥岩中点状黄铁矿（1244m）

（四）鄂尔陇巴组（T₃e）

鄂尔陇巴组由成都环境地质与资源开发研究所于 1994 年创建，该组为一套火山-沉积岩，与上覆中侏罗统雀莫错组、下伏上三叠统均为不整合接触。青藏油气勘探项目经理部 1996 年将该套地层划归中侏罗统雀莫错组一段，与下伏上三叠统呈不整合接触关系。赵政璋等（2001b）则将其称为下侏罗统那底岗日组，与上覆中侏罗统雀莫错组呈假整合接触，与下伏上三叠统呈微角度不整合接触。羌资 16 井揭露的该套火山-沉积岩也沿用鄂尔陇巴组一名，代表井下雀莫错组与巴贡组之间的一套火山碎屑岩沉积组合，以中酸性凝灰岩的出现为底界划分标志。

羌资 16 井钻遇的鄂尔陇巴组总厚度为 22.6m（855.60~878.20m），鄂尔陇巴组为一套火山碎屑岩夹火山岩地层，主要岩性为灰色火山角砾岩、灰绿色凝灰岩及暗红色、灰绿色凝灰质泥质粉砂岩。

区域上，该套地层主要分布于各拉丹冬周缘及北部雀莫错一带，厚度和岩性变化较大。各拉丹冬地区厚度大于 1200m，主要由灰紫、绿灰色玄武岩，拉斑玄武岩，安山岩，流纹岩，玄武质火山角砾岩，安山质凝灰岩，流纹质玻屑凝灰岩组成，中间夹薄-中层状沉凝灰岩和砂岩。岩石成层性差，发育气孔、杏仁、块状构造。雀莫错一带的鄂尔陇巴组厚 80~237m。鄂尔陇巴组的火山岩均伏于中侏罗统雀莫错组之下，在各拉丹冬周缘，雀莫错组底部发育厚约 100m 的砾岩，砾石成分主要为下伏火山岩，砾石磨圆中等，分选中等-差；在纵钦亚洛，雀莫错组和鄂尔陇巴组呈明显的角度不整合接触；在鄂尔托陇巴、波尔藏陇巴一带，鄂尔陇巴组与雀莫错组呈微角度不整合接触。

对羌资 16 井凝灰岩进行锆石 U-Pb 定年，得到锆石 U-Pb 加权平均年龄为（219.1±2.1）Ma（图 2-10），地质时代为晚三叠世诺利期。另外，在各拉丹冬一带鄂尔陇巴组中获得单颗粒锆石 U-Pb 年龄为（212±1.7）Ma。Fu 等（2010）对各拉丹冬一带的鄂尔陇巴组玄武岩开展了锆石 U-Pb 定年，获得了（220.4±0.3）Ma 的锆石 U-Pb 年龄。另外，在雀莫错一带鄂尔陇巴组之下的巴贡组上部产双壳类[*Amonotis togtonheensis-Cardium*（Tulongocardium）*xizhangensis* 组合]、菊石（*Nodotibetites* cf. *nodosus-Paratibetites* cf. *wheeleri* 组合）化石，地质时代为晚三叠世诺利早-中期。上述同位素年龄数据和下伏巴贡组生物化石特征表明，鄂尔陇巴组火山-火山碎屑岩沉积时代应为晚三叠世诺利期，顶部可能跨入了瑞替期。

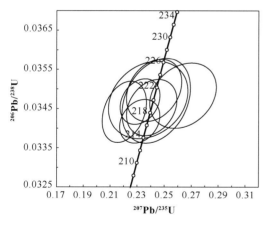
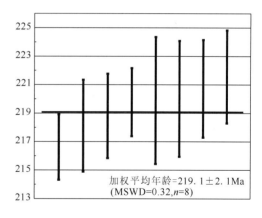

图 2-10　羌资 16 井鄂尔陇巴组凝灰岩锆石 U-Pb 年龄谐和图及加权平均年龄

三、侏罗系

羌塘盆地地质浅钻钻遇了较为完整的侏罗系地层，包括中-下侏罗统雀莫错组（$J_{1-2}q$），中侏罗统布曲组（J_2b）/色哇组（J_2s）、夏里组（J_2x）和上侏罗统索瓦组（J_3s）。

其中，羌资 16 井钻遇了雀莫错组地层，羌资 1 井、羌资 11、羌资 12 井、羌资 14 井和羌地 17 井钻遇了布曲组地层，羌资 2 井钻遇了色哇组地层，羌资 1 井钻遇了夏里组地层，羌资 3 井钻遇了索瓦组地层，仅羌资 14 井揭露了完整的夏里组地层，厚度为 344m，其余地层均只揭露了部分组段。

（一）雀莫错组（$J_{1-2}q$）

雀莫错组由白生海（1989）在盆地东部的雀莫错剖面创名，下部为紫红色巨厚层砾岩，生物化石稀少；中部为紫红、灰绿色岩屑石英砂岩、粉砂岩；上部为灰绿色粉砂岩、泥岩、泥灰岩。总厚度为 1234m。

羌资 16 井钻遇了雀莫错组的中、下部地层，总厚度为 823.78m，根据岩性可以将其分为 3 段：上段（31.81～246.59m）岩性主要为紫红色泥岩（图 2-11），灰黑色泥岩（图 2-12），灰白色岩屑石英砂岩、粉砂岩、泥质粉砂岩及粉砂质泥岩；中段（246.59～628.28m）岩性主要为黑色、灰白色、白色石膏（图 2-13），黑色泥晶灰岩夹黑色角砾岩和泥岩（图 2-14），石膏截面发育黑色有机质和沥青；下段（628.28～855.60m）岩性主要为紫红色粉砂岩、灰色粉砂岩、泥质粉砂岩、岩屑石英砂岩，底部为一套厚 8.01m 的紫红色砾岩（图 2-15）与下部的上三叠统鄂尔陇巴组相区分。

图 2-11 雀莫错组上段紫红色泥岩

图 2-12 雀莫错组上段灰黑色泥岩

图 2-13 羌资 16 井雀莫错组第 169 回次中的石膏段特征

图 2-14 羌资 16 井雀莫错组第 354 回次石膏中夹黑　图 2-15 羌资 16 井雀莫错组底部紫红色砾岩
色薄层状泥岩

前人在雀莫错组中、上部采集到了丰富的双壳类化石，有 Astarte muhibergi、A.elagans、Protocardia truncata、Pleuromyaoblita、Camptonectes laminatus、Chlamys（Radulopecten）cf. Matapwensis、Modiolus imbricatus、Protocardia cf. Hepingxiangensis 等，地质时代为中侏罗世巴柔期。推测其下部的紫红色巨厚层砾岩段地质时代跨入了早侏罗世。

（二）布曲组（J$_2$b）

布曲组由白生海（1989）创名于唐古拉山乡的布曲，代表雀莫错组与夏里组两套紫红色碎屑岩之间出现的一套岩性比较稳定的中厚层状碳酸盐岩建造。该组底部与下伏雀莫错组整合接触，顶部与中侏罗统夏里组泥岩整合接触。厚度为 142～1446m，以盆地北东部最薄，向西南部增厚。

羌资 1 井、羌资 11 井、羌资 12 井、羌资 14 井和羌地 17 井均钻遇了中侏罗统布曲组地层，均未见底，其中羌资 1 井和羌地 17 井分布在北羌塘拗陷，羌资 11 井、羌资 12 井和 14 井位于南羌塘拗陷古油藏带。北羌塘盆地以羌资 1 井为代表，南羌塘盆地以羌资 12 井为代表。

羌资 1 井钻遇布曲组上部，其岩性组合为泥晶灰岩-微晶灰岩-生屑灰岩-粒屑（鲕粒、砂屑、生屑等）灰岩-白云质灰岩，具有明显的沉积韵律，反映了海平面的周期性升降变化。同时上部（132～138 回次，约 21m）也发育有纹层状钙质粉砂岩和纹层状粉砂质泥晶灰岩。

羌资 12 井井段 4.2～600.1m 为中侏罗统布曲组（J$_2$b）碳酸盐岩，岩性主要为深灰色、灰黑色细晶白云岩（含油），深灰色微晶灰岩、浅灰色白云质灰岩、灰色-浅灰色粉晶灰岩等。

区域上，布曲组井下地层与地表布曲组地层具可比性，均以一套碳酸盐岩建造为特征（图 2-16），主要由灰色-深灰色中厚层状泥晶灰岩、生物灰岩、生屑灰岩、介壳灰岩、生屑鲕粒灰岩、泥灰岩等组成，夹少量砂岩、泥岩薄层，区域分布稳定。

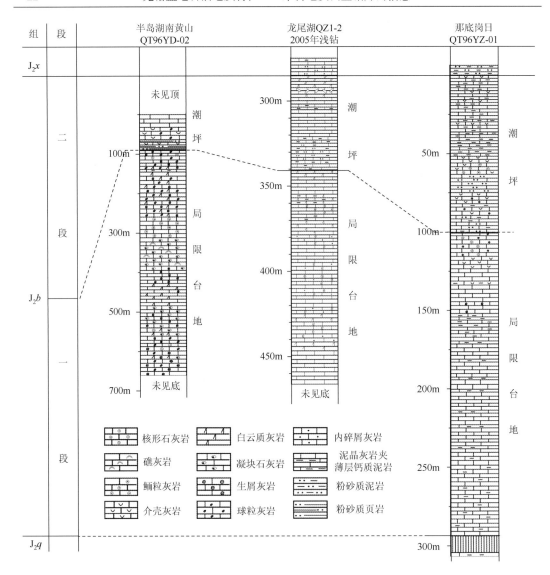

图 2-16　羌资 1 井布曲组与邻区地层对比

前人在布曲组中采集到了中侏罗世巴通期的双壳类、腕足类和有孔虫化石，在布曲组剖面和毕洛错东索日卡的布曲组中采集到大量的腕足类、双壳类等化石，建立了巴通阶（Bathonian）*Burmirhynchia-Holcothyris* 腕足组合化石，发现了 *Camptonectes laminnates-Radulopecten vagansxeg* 双壳组合的主要分子，在布曲组剖面还发现了菊石化石？*Choffatia* sp.。

另外，在帕度错幅登琼多布曲组剖面采集到大量的腕足类、双壳类及珊瑚化石。其中，*Holcothyris* 为巴通阶（Bathonian）著名的 *Burmirhynchia-Holcothyris* 腕足组合化石，*Plagiostoma* 为巴通阶（Bathonian）*Camptonectes laminnates-Radulopecten vagansxeg* 双壳组合的主要分子，将布曲组的地质时代定为中侏罗世巴通期。

从上述生物群面貌来看，布曲组以产巴通期腕足类和双壳类化石为特征，发育有巴通期 *Camptonectes laminnates-Radulopecten vagansxeg* 双壳组合的主要分子和 *Burmirhynchia-Holcothyris* 腕足组合带，地质时代为中侏罗世巴通期。

（三）色哇组（J_2s）

色哇组代表一套由深灰色、灰绿色粉砂岩、泥岩、页岩夹砂岩、泥灰岩构成的韵律组合。色哇组由羌资 2 井、羌资 9 井和羌资 10 井揭露，厚度分别为 200m、600m 和 595.45m，羌资 2 井顶部与布曲组整合接触，但 3 口钻井均未见底。

以羌资 2 井为代表，色哇组顶部与布曲组整合接触，下部未见底。色哇组主要岩性为紫红、深灰色泥岩、粉砂质泥岩与薄-厚层状白云质粉-中粒砂岩、岩屑石英细砂岩、细-粗粒岩屑砂岩组成向上变粗的基本层序。区域地层对比如图 2-17 所示。向南厚度逐渐增大。

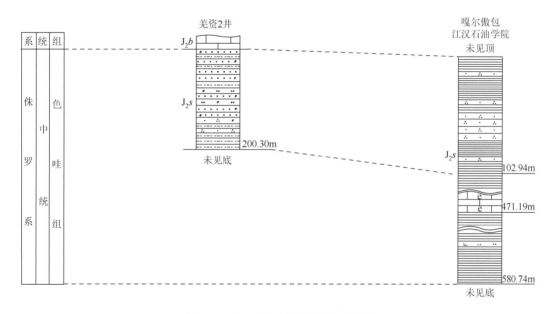

图 2-17　色哇组区域地层柱状对比图

另外，在羌资 2 井色哇组地层中获取了大量的微体化石。从样品中分析出的孢粉化石，类型单调，数量少，但从下部 WG331-1 中发现 *Classopollis* 孢粉开始，往上样品绝大多数是以 *Classopollis* 为主，在很多样品中 *Classopollis* 花粉占绝对优势。在 WG294-1 中共分析出 298 粒孢粉，其中 *Classopollis* 有 287 粒，约占孢粉总数的 96.3%，显示出中-晚侏罗世的特征。*Classopollis* 不但数量多，种属也有 5 种，其中又以 *Classopollis annulatus* 占优，该种花粉从中侏罗世到早白垩世占优。

在松可尔剖面，色哇组岩性组合主要由灰色、深灰色泥（页）岩夹粉砂质页岩、泥灰岩组成，底部以薄层状细粒长石石英砂岩整合于曲色组之上，未见顶，厚度大于

1022.9m。其中产丰富的菊石、双壳类、腕足类和腹足类化石，时代较为确切的为菊石化石：*Dorsetensia* cf. *regrediens*、*Witchellia* sp.、*Witchellia taptica* Arkell、*Calliphylliceras* sp.、*Dorsetensia* sp.和 *Cadomites* sp.是欧洲、非洲、亚洲、美洲及我国珠峰地区常见的中侏罗世早期化石。

前人地质调查结果表明，色哇组生物群以产中侏罗世阿林阶—巴柔阶化石为特征。吉林省地质调查院 2005 年根据上述化石建立 *Dorsetensia-Sonninia* 菊石带、*Rhynchonelloidea-Rhynchonelloidella* 腕足组合带和 *Trigonia-Lopha* 双壳组合带。综上所述，色哇组以产丰富的菊石、腕足类和双壳类化石为特征，孢粉组合以 *Classopollis* 花粉占绝对优势，地质时代为中侏罗世阿林阶—巴柔阶。

（四）夏里组（J_2x）

夏里组岩性以紫红色碎屑岩夹石膏沉积为特征，但在盆地内不同区域有一定差异。在盆地东部乌兰乌拉湖、雀莫错、温泉、114 道班、土门、达卓玛、那底岗日、东湖等广大地区，岩性以那底岗日剖面为代表，厚 679.13m。下部由灰色、灰绿色及暗紫红色薄-中层状钙质泥岩、泥灰岩、泥晶灰岩夹 5 层石膏和少量钙质石英砂岩、粉砂岩组成；上部以紫红色、灰绿色中层状钙质细粒石英砂岩、钙（泥）质粉砂岩为主，夹粉砂质泥岩、钙质泥岩等。

羌资 1 井、羌资 14 井和羌地 17 井均钻遇了夏里组地层，其中羌资 14 井钻遇完整的夏里组，总厚度为 344m，顶部和底部分别与索瓦组和布曲组整合接触，夏里组以深灰色钙质泥岩为主，偶见泥岩中夹浅灰色粉砂质条带。

对羌资 1 井夏里组分析了 22 件孢粉样品（表 2-1），结果显示除广泛分布裸子植物花粉 *Classopollis* 外，其他分子很少，但从 *Cyathidites* sp.（1）、*Neoraistrickia* sp.（1）、*Cycadopites* sp.（1）、*Chasmatosporites apertus*（1）、*Punctatisporites* sp.（1）及 *Osmundacidites*（6）等的出现依然可以判断羌资 1 井的孢粉组合应属中侏罗世 *Classopollis-Cyathidites-Neoraistrickia* 组合带（表 2-2、表 2-3），显示羌资 1 井钻遇的夏里组的地质时代为中侏罗世。

表 2-1　羌资 1 井化石取样位置及鉴定表

序号	样品编号	采样深度/m	鉴定名称	时代分布	备注
1	H17-1	80.38	*Protocardia bipi* Cox 双始心蛤	J_2	
2	H25-1	95.48	*Eopecten* cf. *albus*（Quensteds）白色古海扇比较种	J_{2-3}	
3	H25-1	95.48	*Mactromya eamesi* Cox 埃默斯蜊海螂	J_2	3 块
4	H25-1	95.48	*Mactromya* cf. *qinghaiensis* Wen 青海蜊海螂比较种	J_2	2 块
5	H25-1	95.48	*Astarte kenti* Cox 肯提花蛤	J_2	4 块
6	H25-1	95.48	*Astarte* sp.花蛤未定种	T-N	3 块

续表

序号	样品编号	采样深度/m	鉴定名称	时代分布	备注
7	H25-1	95.48	? *Nuculana*（*Dacryomya*）cf. *thompsoni* Cox？ 托姆似栗蛤比较种	J$_{1-2}$	
8	H25-2	97.58	? *Weyla* sp.？韦拉海扇未定种	T$_3$-J$_2$	
9	H38-1	125.09	*Corbula pindiroensis* Cox 平地罗兰蛤	J$_2$	
10	H38-1	125.09	*Corbula mandawaensis* Cox 曼达瓦兰蛤	J$_2$	2块
11	H38-1	125.09	*Corbula tanganyicensis* Cox 坦桑尼亚兰蛤	J$_2$	2块
12	H38-1	125.09	? *Nuculana*（*Dacryomya*）cf. *thompsoni* Cox？ 托姆似栗蛤比较种	J$_{1-2}$	2块
13	H38-1	125.09	? *Trigonia*（*T.*）cf. *sublongissima* Gou 近长三角蛤比较种	J$_2$	2块
14	H38-1	125.09	*Astarte* sp.花蛤未定种	T-N	5块
15	H38-1	125.09	*Anisocardia* sp.歧心蛤未定种	J$_3$-K$_1$	3块
16	H38-1	125.09	? *Ostrea* sp.牡蛎未定种	T-N	3块
17	H157-1	387.69	? *Turritella* sp.？锥螺未定种	J-N	
18	H157-1	387.69	? *Confusiscala* sp.？混梯螺未定种	J-K	2块
19	H157-1	387.69	? *Bythinia* sp.？深螺未定种	J-K	

表2-2 羌资1井夏里组孢粉取样位置及鉴定表

序号	样品编号	采样深度/m	鉴定名称 （括号内数据为孢粉粒数）	岩性
1	WG17-1	80.25	*Deltoidospora* sp.（1）；*Cyathidites* sp.（1）； *Schizosporis* sp.（2）；*Klukisporites* sp.（1）； *Classopollis* sp.（16）；*C. annulatus*（3）	深灰色钙质粉砂质泥岩
2	WG20-1	87.48	*Punctatisporites* sp.（1）；*Undulatisporites* sp.（1）； *Classopollis* sp.（2）；*C. grandis*（2）； *C. annulatus*（3）	深灰色钙质粉砂质泥岩
3	WG24-1	93.88	*Concavissimisporites* sp.（1）；*Classopollis* sp.（2）	灰黑色粉砂质泥岩
4	WG27-1	101.48	*Monosulcites* sp.（1）	深灰色钙质泥岩
5	WG31-1	109.68	*Osmundacidites parvus*（1）；*C. grandis*（4）； *C. annulatus*（4）；*Classopollis* sp.（2）； *C.* cf. *itunensis* Pocock（4）	深灰色泥质粉 砂岩/泥质粉砂岩
6	WG39-1	129.29	*Osmundacidites* sp.（2）	深灰色钙质泥岩
7	WG43-1	136.79	*C. annulatus*（24）；*C. classoides*（3）； *C. granulatus*（7）；*Classopollis* sp.（17）； *C. grandis*（2）；*Chasmatosporites apertus*（1）	灰绿色泥岩
8	WG45-1	142.20	*C. annulatus*（1）；*Classopollis* sp.（2）； *C.* cf. *itunensis* Pocock（4）	深灰色泥岩
9	WG48-1	146.69	*C. annulatus*（1）；*Classopollis* sp.（3）	深灰色钙质泥岩

续表

序号	样品编号	采样深度/m	鉴定名称 （括号内数据为孢粉粒数）	岩性
10	WG54-1	158.10	*C. annulatus*（3）；*Biretisporites* sp.（1）	深灰色泥岩
11	WG58-1	166.69	*C. annulatus*（4）；*Granulatisporites* sp.（1）	灰色纹层状泥质粉砂岩 夹深灰色泥岩
12	WG59-1	169.79	*Osmundacidites parvus*（1）；*Biretisporites* sp.（1）； *C. annulatus*（39）；*C. grandis*（15）； *C. classoides*（1）；*Classopollis* sp.（83）； *Callialasporites* sp.（1）；*Psophosphaera* sp.（1）； *Classopollis diplocyclus* Bai（2）	深灰色带灰紫色调泥岩
13	WG63-1	179.29	*Osmundacidites* sp.（2）；*Biretisporites* sp.（1）； *C. annulatus*（9）；*C. grandis*（4）； *Classopollis* sp.（11）；*Cycadopites* sp.（1）	深灰色纹层状泥灰岩 与泥质泥晶灰岩
14	WG64-1	181.39	*Deltoidospora* sp.（2）；*C. annulatus*（15）； *C. granulatus*（1）；*C. grandis*（4）； *Callialasporites* sp.（1）； *Araucariacites* sp.（1）；*A.* cf. *australis*（1）	深灰色纹层状 泥岩与泥质粉砂岩互层
15	WG64-1	183.39	*Classopollis* sp.（2）；*C. annulatus*（5）	纹层状泥质粉砂岩
16	WG68-1	189.95	*Classopollis* sp.（1）；*C. annulatus*（9）； *C. grandis*（2）；*C. classoides*（1）	纹层状泥质粉砂岩 与粉砂质泥岩互层
17	WG73-1	191.65	*Classopollis* sp.（1）；*Neoraistrickia* sp.（1）	纹层状粉细砂岩
18	WG83-1	207.09	*Classopollis* sp.（3）	纹层状粉细砂岩
19	WG87-1	214.89	*Classopollis* sp.（5）	纹层状泥质粉砂岩
20	WG89-1	218.19	*Deltoidospora* sp.（1）	灰白色细砂岩
21	WG90-1	219.05	未见孢粉	粉细砂岩夹泥质粉砂岩
22	WG93-1	220.99	*C. annulatus*（1）；*Monosulcites* sp.（1）	灰白色细砂岩

表 2-3　羌塘盆地西部中、上侏罗统孢粉生物地层单位划分沿革表

地层单位		川碳中心	成都环资所	成都地质矿产研究所
系	统			
侏罗系	上统	*Classopollis-klukisporites* 组合	*Classopollis-klukisporites* 组合带	*Classopollis-Lygodiumsorites* 组合带
	中统	*Classopollis-Osmundacidites* 组合	*Classopollis-Cyathidites-Neoraistrickia* 组合带	*Classopollis-Cyathidites-Neoraistrickia* 组合带

　　羌地 17（QD-17）井钻遇了厚 673m 的中侏罗统夏里组，岩性主要为灰-深灰色钙质泥质粉砂岩、粉砂岩、含泥粉砂岩、粉砂质泥岩和深灰色泥灰岩，局部夹薄层的细砂岩和生屑砾屑灰岩（图 2-18），大多含植物和生物化石（图 2-19），发育脉状层理（图 2-20）、水平层理和透镜状层理（图 2-21）等。

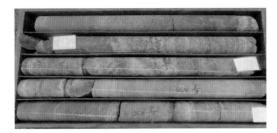

(a) 灰色含钙粉砂岩、紫红色泥质粉砂岩

(b) 灰-深灰色泥晶灰岩夹多层生屑灰岩

(c) 灰-灰绿色泥质粉砂岩

(d) 灰-深灰色薄层粉砂质泥岩

图 2-18 羌地 17 井中侏罗统夏里组岩心特征

(a) 双壳化石

(b) 植物化石特征

图 2-19 羌地 17 井中侏罗统夏里组岩心断面

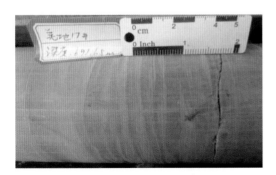

图 2-20 泥质粉砂岩中发育脉状层理

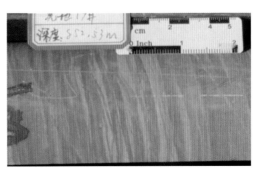

图 2-21 透镜状层理

区域上，夏里组的显著特点是呈紫红色、含有丰富的石膏层，在达卓玛石膏层多达10 余层，总厚度为140m，而在温泉一带，单层厚度可达 70m。在北拗陷西部曲龙沟、野牛沟、马牙山、长水河（半岛湖）等地区，岩性以马牙山剖面为代表，厚502m，为灰色、灰绿色薄-中层状钙质细粒石英砂岩、长石砂岩、粉砂岩和泥岩夹泥晶灰岩、砂屑灰岩、生物碎屑灰岩等，局部夹砾岩透镜体，普遍未含石膏。

（五）索瓦组（J_3s）

索瓦组最早由青海区调队 1987 年创建于盆地东部的雀莫错剖面，相当于早期定义的"雁石坪群"上石灰岩段，在岩性上以石灰岩为主，频繁出现粉砂岩夹层区别于布曲组。

羌资 14 井钻遇的索瓦组以棕灰色薄-中层状微晶为主，夹少量棕灰色粒屑灰岩、含生物介壳灰岩，在钻井旁边的地表索瓦组中发现棕灰色薄层状核形石灰岩。区域上，在北东部及中央隆起带两侧碎屑岩含量较高（31%～47%），局部（祖尔肯乌拉山）高达 56%。岩性组合以深灰色薄层状泥灰岩、泥质泥晶灰岩、生物介壳灰岩为主，夹薄层状钙质泥岩、粉砂岩，其中泥岩和粉砂岩自下向上逐渐增多，中部含少量石膏夹层，生物化石丰富，但不含菊石化石；在盆地中西部，碎屑岩含量少（0～21.4%）。岩性以半岛湖附近的长虹河剖面为代表，为灰色中-厚层状泥晶灰岩、生物碎屑灰岩、砂屑灰岩、核形石灰岩、鲕粒灰岩、礁灰岩等，夹少量钙质粉砂岩、长石砂岩、泥岩。岩层中生物化石十分丰富，普遍含菊石化石。

在羌资 3 井中采集到了两件大化石均为菊石化石，分布于钻遇地层的下部，如图 2-22 和图 2-23 所示。经中国科学院南京地质古生物研究所鉴定主要为旋菊石科一属（*Perisphinctidae*），似为? *Subneumayria* sp.。束肋旋菊石为世界性晚侏罗世的常见分子，在我国藏南、藏西及巴基斯坦、阿富汗、北非等地区均有分布。虽然本次标本保存一般，均未见到缝合线，均靠外形鉴定，很多标本脐部都被风化或岩石包裹，鉴定结果的准确性受到一定影响，但是总体上，这些化石时代应为晚侏罗世。此外，化石发现的位置处于底层底部，时代归属为晚侏罗世。

图 2-22　J_3s^2 地层中菊石化石（860.45m）　　　　图 2-23　J_3s^2 地层中菊石化石（886.8m）

区域上，索瓦组中含有十分丰富的生物化石，产腕足类 *Steptaliphoria septentrionalis*、*Pentithyris* cf. Pelagica、*Thurmanella acuticosta* 化石，双壳类 *Radulopecten fibrosus*、*Gervillella aviculoides*、*Pteroperna* cf. *polyyodom*、*Astarte mummus* 化石等，时代定为晚侏罗世牛津期。

四、古近系

这些钻井中，仅有羌地 17 井钻遇了古近系唢呐湖组地层，这是目前羌塘盆地首次钻遇的古近系地层。最初的唢呐湖组由西藏区调队以唢呐湖东剖面为代表建立，岩性为紫红色砾岩、含砾砂岩、砂岩、粉砂岩、泥岩夹多层石膏组合，不整合于侏罗系之上，与上覆石坪顶组火山岩也为不整合接触，厚约 4300m。

唢呐湖组自建组以来，至今没有获得较为确切的生物化石和年龄数据，通常将唢呐湖组置于康托组之上，时代暂定于中新世-早上新世。羌地 17 井钻遇了 466m 厚的唢呐湖组沉积地层，岩性主要为紫红-灰绿色湖泊相沉积，上部（4～168m）主要为透明石膏夹青灰色钙质泥岩和紫红色钙质泥岩组合，下部（168～470m）岩性以紫红色泥岩为主，夹青灰色粉砂质泥岩、泥质粉砂岩、粉砂岩、岩屑石英细砂岩和含砾中-粗砂岩，如图 2-24 所示。

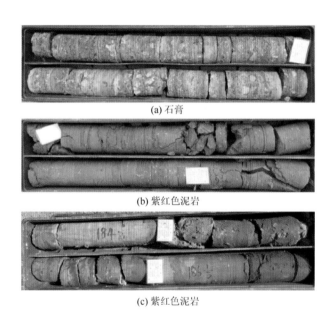

(a) 石膏

(b) 紫红色泥岩

(c) 紫红色泥岩

图 2-24 羌地 17 井古近系唢呐湖组石膏和泥岩岩心特征

值得注意的是，在井深 220.8m 处发现了一套厚约 15cm 的灰白色斑脱岩夹层，通过锆石 U-Pb 定年，得到唢呐湖组中部的斑脱岩的锆石 SIMS^{206}Pb/^{238}U 加权平均年龄为（46.57±0.30）Ma（图 2-25），时代为古近纪始新世，代表了该层斑脱岩的就位（沉积）时间，也代表着唢呐湖组的形成时间。因此，最新的斑脱岩的锆石 U-Pb 年龄表明，唢呐湖组和康托组应为盆地同期异相沉积，由于沉积时期古地理条件的差异而呈现出不同环境的沉积特征，因此，唢呐湖组与康托组可能不是所谓的上下接触关系。

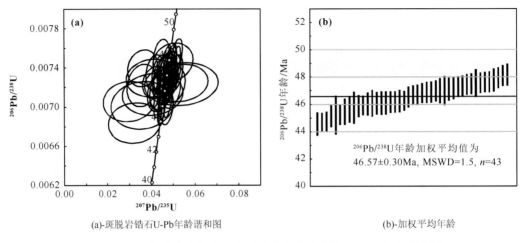

(a)-斑脱岩锆石U-Pb年龄谐和图   (b)-加权平均年龄

图 2-25　羌塘盆地羌地 17 井唢呐湖组斑脱岩锆石 U-Pb 年龄谐和图

第三节　钻遇地层岩性测井响应特征及地层对比

一、二叠系

羌资 5 井钻遇的主要岩性有硅质岩、块状凝灰岩、泥质灰岩、砂屑灰岩、石灰岩、白云岩、断层角砾岩、火山角砾岩、角砾岩、泥质砂岩和砂质泥岩等，其物性特征简述如下。

1. 岩性测井响应特征

1）硅质岩

龙格组硅质岩在测井曲线上较容易识别出来。它在自然伽马曲线上显示为中-高值，变化区间大（20～60API），视电阻率中值（500～1000Ω·m），低补偿密度（主要 2.2～2.3g/cm³），补偿声波变化大（250～450μs/m）。

展金组硅质岩的测井显示特征为：自然伽马高（100API），视电阻率高（3000～3500Ω·m），补偿中子高（60PU）。

2）块状凝灰岩

块状凝灰岩在测井曲线上表现为：自然伽马低（25～30API），自然电位较大（207～209mV），视电阻率显示为最小（300Ω·m），补偿密度较小，补偿声波幅低（250～300μs/m）。

3）泥质灰岩

龙格组泥质灰岩在测井曲线上可以准确而容易地识别。测井曲线表现为：自然伽马最低（10～20API），自然电位较低（155～170mV），视电阻率很高（3000Ω·m），补偿声波较高（400～500μs/m）。

4）砂屑灰岩

龙格组砂屑灰岩在测井曲线上表现为：自然伽马低（15～20API），自然电位较低，视电阻率中值（1000～1500Ω·m），补偿密度较大（2.6～2.7g/cm³），补偿声波较大（450～500μs/m）。

展金组砂屑灰岩的测井显示特征为：自然伽马中值（50～60API），自然电位较高，视电阻率中值偏小（600Ω·m），补偿中子中等（53～56PU），补偿声波中等（310～340μs/m）。

5）灰岩

龙格组石灰岩在测井曲线上表现为：很高的视电阻率（2000～4000Ω·m），自然伽马最低（10～20API），自然电位较大，补偿密度较大，补偿声波较高（400～500μs/m），补偿中子较大（58～60PU）。

6）白云岩

展金组白云岩在测井曲线上表现为：极高电阻率（3000～4000Ω·m），自然电位大（200～250mV），补偿密度较大（2.4～2.6g/cm³），自然伽马较高（100API），补偿中子值较大（60PU）。

7）断层角砾岩

展金组断层角砾岩在测井曲线上表现为：视电阻率高（2500～3500Ω·m），自然电位较低，补偿中子中等（56～58PU），自然伽马低（20～30API），补偿声波偏小（290～320μs/m）。

8）火山角砾岩

展金组火山角砾岩在测井曲线上可以容易识别。测井曲线表现为：视电阻率最低（200Ω·m），自然电位大（216～226mV），补偿中子中等（57～58PU），自然伽马低（15～25API）。与断层角砾岩相比，自然伽马更低，自然电位更高，视电阻率明显低得多。

9）角砾岩

展金组角砾岩在测井曲线上易于识别。测井曲线表现为：视电阻率低（200～300Ω·m），自然电位大（主要为223.5mV），补偿中子较低（49～51PU），自然伽马高（80～100API）。与断层角砾岩、火山角砾岩相比，自然伽马高得多，自然电位较高，视电阻率比火山角砾岩稍高但明显低于断层角砾岩，补偿中子明显低以上两种岩性。

10）泥质砂岩

展金组泥质砂岩在测井曲线上能准确而容易地识别。测井曲线表现为：视电阻率中—低（300～600Ω·m），自然电位较大（228～232mV），补偿密度中值（2.3～2.5g/cm³），自然伽马中值（50～60API）。

11）砂质泥岩

展金组砂质泥岩在测井曲线上表现为：自然伽马中值（40～60API），补偿中子值较大（54～56PU），视电阻率较低且变化大（220～700Ω·m），自然电位幅值较高（220～240mV）。

2. 交会图中岩性的识别

由于不同岩石矿物的电性、放射性和孔隙度等存在差异，因此将其测井响应值投点在交会图中将有助于我们区分和识别常见岩石种类。

由骨架岩性识别图（matrix identification plot，MID）（图2-26和图2-27）可以看出灰岩与泥岩和火山角砾岩的差异明显，灰岩的补偿密度和补偿声波值均比泥岩高，其补偿声波值主要为380～520μs/m，灰岩补偿密度为2.4～2.7g/cm³。然而，在骨架岩性识别图中灰岩与白云岩、泥岩、白云岩、火山角砾岩等不易区分。

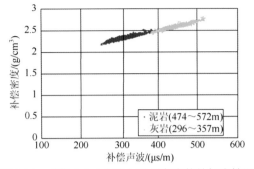

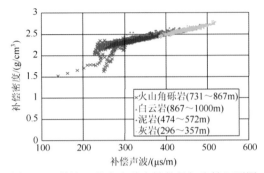

图 2-26　羌资 5 井中泥岩与砂屑灰岩的骨架岩性识　　　图 2-27　羌资 5 井中多种岩性的骨架岩性识别图
　　　　　别图

由自然伽马和补偿密度测井交会图（图 2-28）可以看出，自然伽马和补偿密度测井交会图可以较好地区分灰岩、白云岩和火山角砾岩，但白云岩和泥岩仍不易区分（图 2-29）。

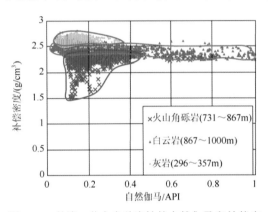

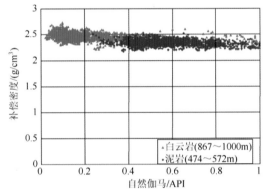

图 2-28　羌资 5 井中多种岩性的自然伽马和补偿密　　　图 2-29　羌资 5 井中泥岩与白云岩的自然伽马和补
　　　　　度测井交会图　　　　　　　　　　　　　　　　　偿密度测井交会图

在自然电位和补偿密度交会图（图 2-30）及自然电位和补偿声波交会图（图 2-31）中白云岩与泥岩能较好地区分和识别。

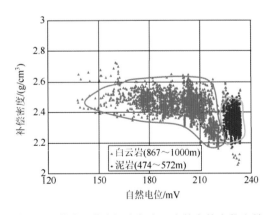

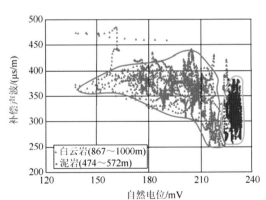

图 2-30　羌资 5 井中泥岩与白云岩的自然电位和补　　　图 2-31　羌资 5 井中泥岩与白云岩的自然电位和补
　　　　　偿密度测井交会图　　　　　　　　　　　　　　　偿声波测井交会图

二、三叠系

（一）甲丕拉组

甲丕拉组以灰色岩屑石英细砂岩、砾岩、含砾粉砂岩为主。如图 2-32 所示，羌资 16 井

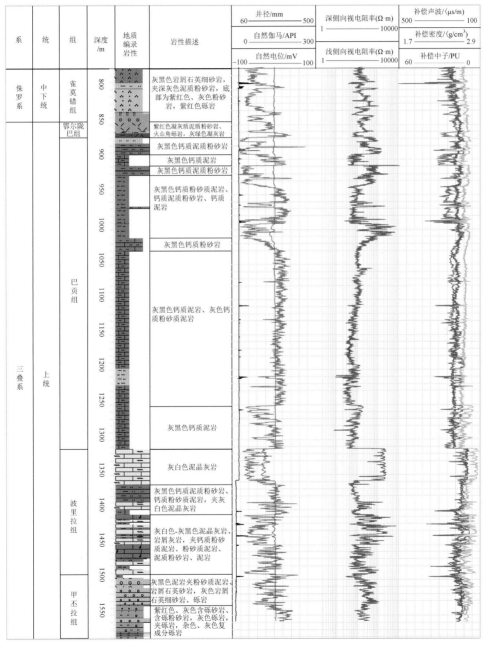

图 2-32　北羌塘玛曲地区上三叠统地层测井响应特征

甲丕拉组的主要测井响应特征表现为：自然伽马为 71～234API，平均为 148API；视电阻率为 26～1074Ω·m，平均为 265Ω·m；声波时差为 161～353μs/m，平均为 200μs/m；补偿密度平均为 2.60g/cm3；补偿中子平均为 9.7PU。

（二）波里拉组

波里拉组岩性主要为灰白色-灰黑色泥晶灰岩、岩屑灰岩，夹钙质粉砂质泥岩、粉砂质泥岩、泥质粉砂岩、泥岩，各岩性响应特征如下：

1. 灰岩

波里拉组地层以泥晶灰岩为主，其测井响应特征与砂泥岩地层有明显的区别。羌资 7 井波里拉组自然伽马曲线表现为明显的低值，一般为 15～92API，平均为 50API；相对于钙质泥岩，自然电位表现为负异常；部分层段由于地层破碎，泥晶灰岩存在扩径的现象；补偿密度为高值，一般在 2.73g/cm³ 以上，平均为 2.76g/cm³；补偿声波为低值，在未扩径处，声波时差一般为 138～260μs/m；补偿中子为中低值，一般为 3～10PU；视电阻率曲线为高值，一般为 260～1080Ω·m，深、浅双侧向视电阻率出现正差异；微梯度视电阻率大于微电位视电阻率，出现负差异现象（图 2-33）。

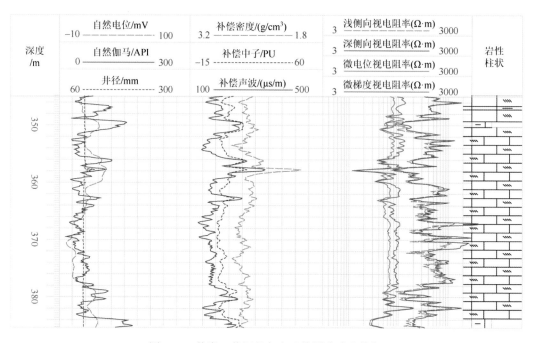

图 2-33　羌资 7 井泥晶灰岩及其测井响应特征

羌资 8 井波里拉组灰岩的自然伽马曲线也表现为明显的低值（图 2-34），一般为 28～92API，平均为 46API；地层岩心完整，井径无明显扩径现象；补偿密度为高值，一般在 2.74g/cm³

以上，平均为 2.80g/cm³；补偿声波为低值，在未扩径处，声波时差一般为 160～205μs/m；补偿中子为中低值，一般为 1～12PU；视电阻率为高值，一般为 218～2500Ω·m，深、浅双侧向视电阻率未出现明显差异化；微电位视电阻率和微梯度视电阻率出现负差异现象。

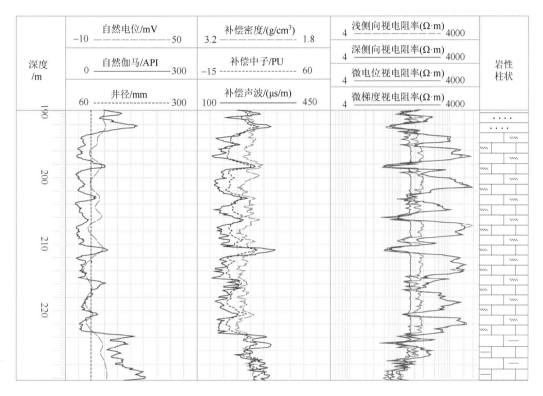

图 2-34　羌资 8 井泥晶灰岩及其测井响应特征

羌资 16 井波里拉组灰岩在测井曲线上一般表现为"两高三低"，即高视电阻率、高密度、低补偿声波、低补偿中子和低自然伽马，具体测井响应特征表现为：自然伽马为 38～237API，平均为 112API；视电阻率为 32～8203Ω·m，平均为 348Ω·m；补偿声波为 152～375μs/m，平均为 199μs/m；补偿密度为 2.2～2.74g/cm³，平均为 2.61g/cm³；补偿中子平均为 7.9PU；部分层段扩径明显（图 2-32）。

2. 泥质灰岩

泥质灰岩在羌资 8 井中主要分布在波里拉组下部。其测井响应特征介于泥晶灰岩与钙质泥岩之间，其井径规则；在本井中，自然伽马表现为中高值（图 2-35），介于钙质泥岩和泥晶灰岩之间，一般为 110～200API，平均为 160API；自然电位为正异常；视电阻率为 95～500Ω·m，深、浅侧向视电阻率差异现象不明显；补偿声波为中值，平均为 255μs/m；微电位和微梯度电阻率出现正差异；补偿密度平均在 2.70g/cm³；补偿中子平均为 13PU。

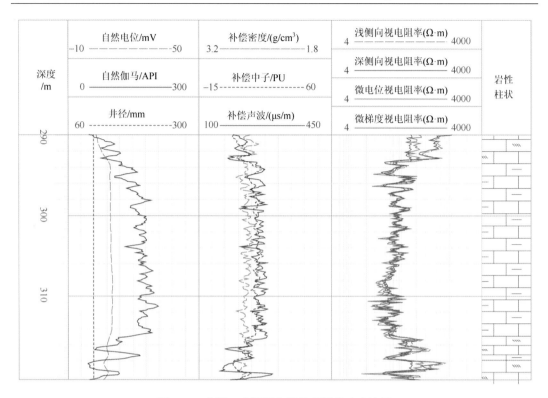

图 2-35　羌资 8 井泥质灰岩及其测井响应特征

3. 泥岩

波里拉组泥岩较少，在测井曲线上，泥岩自然伽马表现为高值，补偿声波相对高值，补偿密度值较低，补偿中子值较高，视电阻率为中低值。随着粉砂质含量的增加，自然伽马值降低、视电阻率升高（图 2-32）。

4. 粉砂岩

波里拉组粉砂岩较少，在测井曲线上表现为介于泥岩和细砂岩之间，即相对于细砂岩有较低的视电阻率，相对于泥岩有较高的视电阻率，相对于细砂岩有较高的自然伽马值和相对于泥岩有较低的自然伽马值。当泥质含量增大时，自然伽马值增大，电阻率降低（图 2-32）。

（三）巴贡组

巴贡组岩性主要有 5 种，分别为钙质泥岩、钙质粉砂岩、钙质泥质粉砂岩、泥晶灰岩、泥质灰岩等。岩性特征表述如下。

1. 钙质泥岩

巴贡组钙质泥岩颜色以深灰色-灰黑色为主，羌资 7 井测井曲线特征表现为：高自然伽马值，平均为 170API；自然电位为基线值或近于基线值；深侧向视电阻率一般为 75~

380Ω·m，深、浅侧向视电阻率曲线重合，或深侧向视电阻率略大于浅侧向视电阻率；微电位和微梯度视电阻率表现为无差异或有一定的正差异；补偿密度表现为中低值，平均为2.58g/cm³；补偿中子为中高值，一般为15～30PU，平均为24PU；补偿声波为280～240μs/m；除少部分井段有扩径现象外，其他大部分层段未扩径（图2-36）。

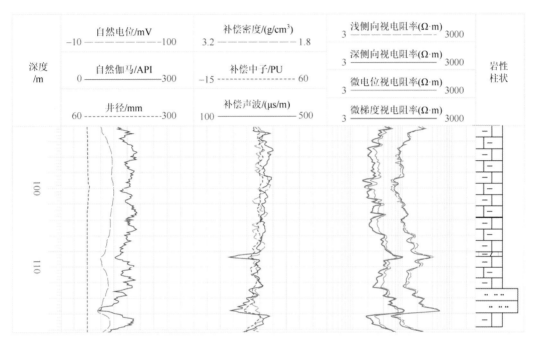

图2-36　羌资7井钙质泥岩及其测井响应特征

羌资8井中钙质泥岩主要发育在巴贡组的上部，颜色以深灰色-灰黑色为主。测井曲线特征表现为：高自然伽马值，平均为170API；自然电位为基线；井径未出现明显扩径现象；补偿密度值平均为2.62g/cm³；补偿中子为22～30PU；补偿声波为275～335μs/m；深侧向视电阻率值为70～350Ω·m，深、浅双侧向存在重合，无明显差异；微电位和微梯度未出现明显差异（图2-37）。

羌资16井巴贡组泥岩颜色以深灰色-灰黑色为主。测井曲线特征表现为：自然伽马为24～265API，平均为142API；视电阻率值变化较大，为7～10867Ω·m，平均为234Ω·m；补偿声波为中高值，平均为227μs/m；补偿密度平均为2.54g/cm³，补偿中子平均为11.1PU（图2-32）。

2. 粉砂岩

粉砂岩在该井不发育，一般呈薄层状夹在钙质泥岩之间，颜色一般为浅灰色，随着钙质含量的增加，其测井响应特征有一定程度的变化。在羌资7井测井曲线上，粉砂岩表现为自然伽马为中等值，一般为115～165API；相对于钙质泥岩，自然电位为负异常；深、浅双侧向视电阻率曲线差异不明显，曲线基本重合，视电阻率为350～550Ω·m，平均为420Ω·m；微电位视电阻率和微梯度视电阻率曲线差异性不明显，未出现较大的差异；井径未见明显扩

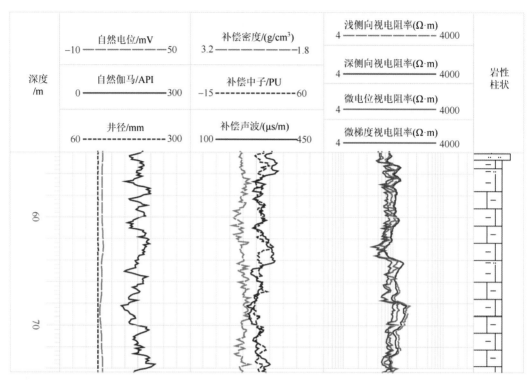

图 2-37 羌资 8 井钙质泥岩及其测井响应特征

径现象；与钙质泥岩相比，补偿密度值没有较大的区别，一般为 2.58g/cm^3，其原因可能是由于钙质使钙质泥岩变得致密；补偿中子表现为中值，一般为 15～23PU；补偿声波为中值，一般为 210～240μs/m，平均为 230μs/m。羌资 7 井粉砂岩测井响应特征见图 2-38 所示。

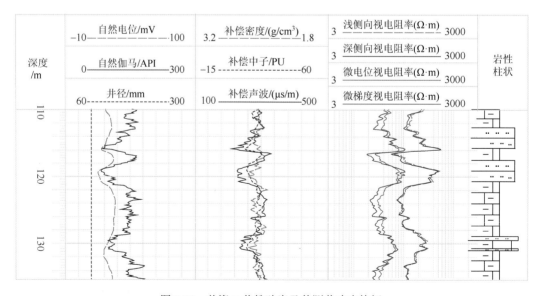

图 2-38 羌资 7 井粉砂岩及其测井响应特征

羌资 8 井粉砂岩在该井巴贡组下部发育，巴贡组上部呈薄层状夹于钙质泥岩之间，中部为中层状，下部与细粒砂岩互层，颜色一般为灰黑色，随着钙质含量或泥质含量的增加，其测井响应特征向钙质砂岩或钙质泥岩变化。在羌资 8 井测井曲线上（图 2-39），粉砂岩的自然伽马为中高值，一般为 150～210API；相对于钙质泥岩，自然电位无明显异常，或有小的正异常显示；深、浅双侧向视电阻率曲线差异不明显，基本重合，视电阻率在 210Ω·m 左右；微电位视电阻率和微梯度视电阻率曲线差有较小的正差异现象；井径未见明显扩径现象；和钙质泥岩相比，补偿密度值没有较大的区别，一般为 2.64g/cm³，其原因可能是由于钙质原因使得钙质泥岩变得致密；补偿中子表现为中值，一般为 15～21PU；补偿声波为中高值，一般为 240～310μs/m。

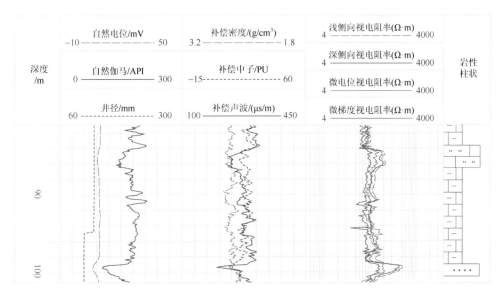

图 2-39　羌资 8 井粉砂岩及其测井响应特征

3. 细砂岩

细砂岩在羌资 8 井发育，主要分布在巴贡组下部。巴贡组下部岩性主要为浅灰色薄层状石英岩屑细砂岩，夹深灰色薄层状粉砂质泥岩，偶含少量灰黑色泥质条带。如图 2-40 所示，细粒砂岩井径规则，未出现扩径；自然伽马表现为中低值，介于钙质泥岩和泥晶灰岩之间，曲线形态呈起伏变化，一般为 63～140API，平均为 110API；自然电位为正异常；电阻率为 100～1000Ω·m，深、浅侧向视电阻率差异现象不明显，或有小的负差异；补偿声波为中低值，一般为 180～275μs/m；微电位和微梯度视电阻率出现正差异；补偿密度一般为 2.60～2.72g/cm³；补偿中子为 6～15PU。

（四）鄂尔陇巴组

鄂尔陇巴组岩性主要包括：紫红色火山角砾岩、灰绿色凝灰岩及暗红色凝灰质泥质粉砂。羌塘盆地首次井下钻遇鄂尔陇巴组地层，通过地球物理测井，为了解该地

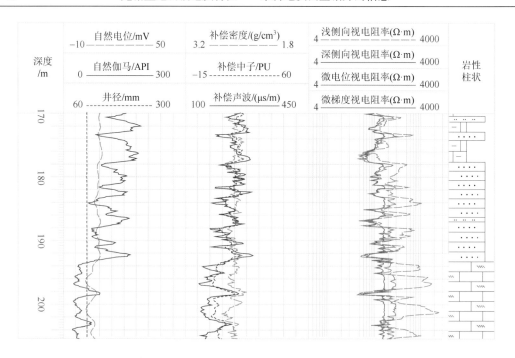

图 2-40　羌资 8 井细砂岩及其测井响应特征

层组火山碎屑岩的基本地质特征提供了有利的基础数据，在测井响应曲线（图 2-32）上总体表现如下。

（1）凝灰质泥质粉砂岩自然伽马平均为 130API；视电阻率平均为 175Ω·m；补偿声波平均为 222μs/m；补偿密度平均为 2.60g/cm³；补偿中子平均为 9.5PU。

（2）火山角砾岩自然伽马为 58API；视电阻率为 641Ω·m；补偿声波为 184μs/m；补偿密度平均为 2.63g/cm³；补偿中子平均为 7.3PU。

（3）凝灰岩自然伽马为 69API；视电阻率为 478Ω·m；补偿声波为 204μs/m；补偿密度平均为 2.59g/cm³；补偿中子平均为 8.4PU。随着泥质含量的增加，自然伽马增大，电阻率降低，补偿声波和补偿中子增大，补偿密度降低。

（五）地层对比

测井曲线是地下各种地质信息的综合反映，从测井曲线中提取单层对比信息是获得地层对比可靠结果的重要保证。羌塘盆地玛曲地区羌资 7 井、羌科 8 井（QK-8）、羌资 8 井和羌资 16 井相距较近，这 4 口井都钻遇了巴贡组和波里拉组地层。因此，将羌资 7 井、羌资 8 井、羌科 8 井及羌资 16 井 4 口井的资料进行对比分析，为后续研究提供重要的参考。借助于测井、录井、编录等综合解释结果，将 4 口井的四性关系进行对比。

选取波里拉组顶部泥晶灰岩作为标志层，该标志层在 4 口井均存在，自然伽马曲线和视电阻率曲线相对围岩地层明显，岩性一致，以该标志层对巴贡组和波里拉组开展地层对比研究，这两组地层的测井曲线特征及岩性特征有以下差异（图 2-41，表 2-4）。

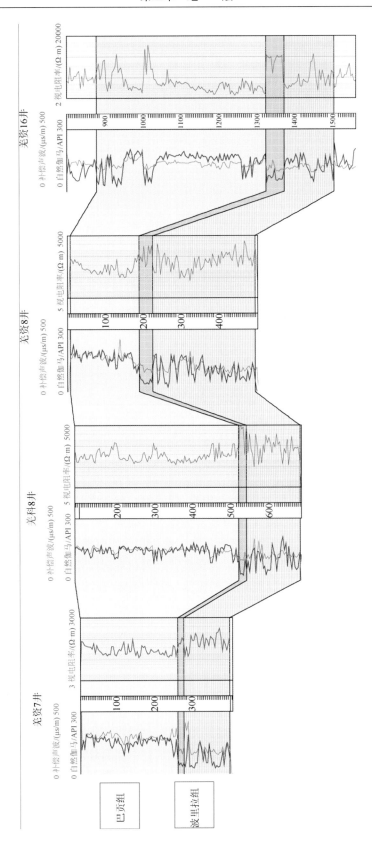

图 2-41　羌资 7 井、羌资 8 井、羌科 8 井和羌资 16 井地层对比图

表 2-4　巴贡组和波里拉组测井响应特征统计表

序号	曲线	取值	巴贡组				波里拉组			
			羌资 7 井	羌资 8 井	羌科 8 井	羌资 16 井	羌资 7 井	羌资 8 井	羌科 8 井	羌资 16 井
1	自然伽马/API	最大值	212	241	212	265	231	208	213	237
		最小值	65	62	38	24	16	13	24	38
		平均值	153	162	144	142	78	94	100	122
2	深侧向视电阻率/(Ω·m)	最大值	831	970	3146	10867	4055	4268	18254	7500
		最小值	37	30	39	7	28	32	43	26
		平均值	160	161	186	226	432	456	920	588
3	浅侧向视电阻率/(Ω·m)	最大值	717	1073	2699	9861	1609	4023	15616	5680
		最小值	30	28	42	6	28	27	46	26
		平均值	155	174	176	220	337	440	792	581
4	补偿声波/(μs/m)	最大值	419	434	347	369	486	370	345	367
		最小值	207	171	168	173	150	147	160	153
		平均值	296	275	247	227	212	203	210	196
5	补偿中子/PU	最大值	29.4	32.3	35.9	22.8	34.3	27.5	19.3	18.4
		最小值	10.1	5.9	7.5	2.6	0.5	−1.2	3.8	0.7
		平均值	21.2	20.8	20.8	11.1	9.7	9.5	9.5	8.3
6	补偿密度/(g/cm³)	最大值	2.67	2.77	2.64	2.65	2.75	2.87	2.67	2.74
		最小值	1.91	2.25	2.35	2.18	1.57	2.36	2.44	2.20
		平均值	2.50	2.63	2.59	2.54	2.54	2.69	2.60	2.61

从纵向上来看，巴贡组与波里拉组相比，巴贡组自然伽马均值高，视电阻率较低，补偿声波较大，补偿中子较高，补偿密度相对偏低；从横向上来看，巴贡组羌资 7 井、羌资 8 井与羌科 8 井、羌资 16 井相比，羌资 7 井、羌资 8 井的自然伽马较高，视电阻率较低，补偿声波较大；波里拉组的羌资 7 井、羌资 8 井与羌科 8 井、羌资 16 井相比，羌资 7 井、羌资 8 井的自然伽马相对较低，视电阻率较低，补偿声波、补偿密度和补偿中子相差不大。

三、侏罗系

（一）雀莫错组

羌资 16 井雀莫错组以泥岩、粉砂岩、细砂岩、石膏岩为主，雀莫错组上部主要为灰白色-深灰色细砂岩、粉砂岩、泥岩，紫红色细砂岩，在测井响应特征上表现为自然伽马为相对高，补偿声波较大，视电阻率较低，主要为碎屑岩；中部为膏岩层，自然伽马为明显低值，补偿声波低，视电阻率为明显高值；下部为灰色-灰黑色泥岩粉砂岩、细砂岩，自然伽马增大，补偿声波降低，视电阻率降低。不同岩性测井响应特征差异明显（图 2-42，表 2-5）。

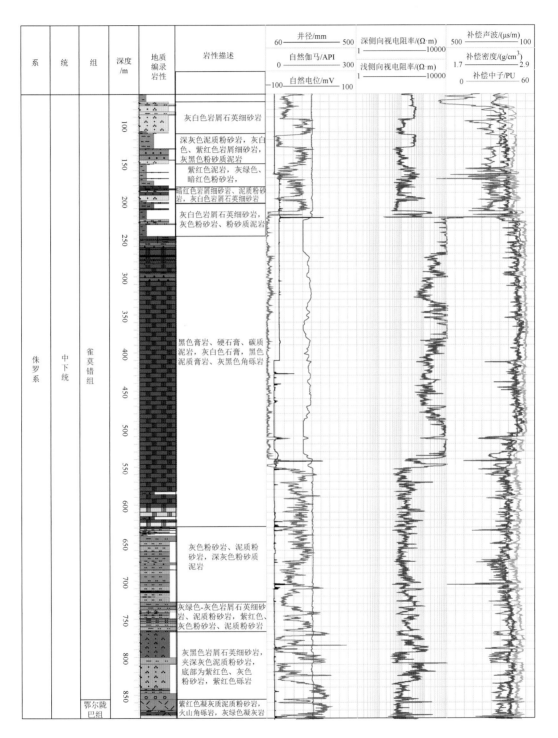

图 2-42　北羌塘玛曲地区中侏罗统雀莫错组测井响应特征

表 2-5　雀莫错组不同岩性测井响应特征

岩性	视电阻率/(Ω·m)	自然伽马/API	补偿声波/(μs/m)	补偿中子/PU	补偿密度/(g/cm³)
角砾岩	7223	8	179	8.1	2.56
灰岩	1492	14	190	8.6	2.57
硬石膏	8888	5	180	7.4	2.82
石膏	3460	9	183	7.2	2.64
粉砂岩	230	71	256	12.6	2.51
碳质泥岩	1218	46	272	16.2	2.32
石英砂岩	806	42	232	10.8	2.55
泥岩	88	118	296	14.6	2.50

（1）硬石膏、石膏的视电阻率为高值，特别是硬石膏视电阻率平均达 8888Ω·m，为全井最大；自然伽马为低值，一般低于 10API；补偿声波较小，平均为 180～183μs/m；补偿中子平均为 7.3PU；补偿密度为高值，硬石膏密度达 2.82g/cm³。同时建立补偿密度与视电阻率交会图，能够很好地识别出两者的区别（图 2-43）。

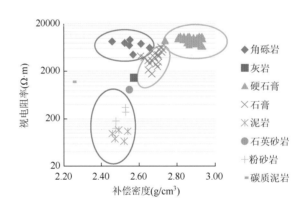

图 2-43　雀莫错组补偿密度与视电阻率交会图

（2）除补偿密度外，角砾岩整体的测井响应特征与硬石膏相似，角砾岩的补偿密度平均为 2.56g/cm³，相对较低。

（3）石灰岩视电阻率为中等，平均为 1492Ω·m；自然伽马平均为 14API；补偿密度为中值，平均为 2.57g/cm³。

（4）碎屑岩地层中，泥岩表现为明显的低视电阻率、高自然伽马、高补偿声波、低补偿密度的测井响应特征；砂岩的视电阻率相对泥岩为高值，平均为 806Ω·m；补偿密度值为中值，平均为 2.55g/cm³；粉砂岩的测井响应特征介于泥岩和石英砂岩之间。

（5）碳质泥岩补偿密度值最低，平均为 2.32g/cm³；视电阻率相对碎屑岩表现为高值，平均为 1218Ω·m。

（二）色哇组

根据地质编录资料，结合测井曲线特征，对本工区羌资 9 井和羌资 10 井色哇组岩性进行了细致的划分工作，共识别出泥岩、粉砂质泥岩、泥质粉砂岩和粉砂岩四种岩性。

1. 粉砂岩测井曲线特征

羌资 9 井 283.4～285.3m 和 297.1～304.0m 粉砂岩常规测井曲线见图 2-44，粉砂岩层段的井径较平直，自然伽马值较低，平均为 48API，补偿声波较低，一般为 170μs/m，补偿密度中-低值，一般为 $2.52g/cm^3$，补偿中子值相对围岩明显降低，一般为 4PU，深、浅侧向视电阻率相对围岩都变大，一般大于 $300\Omega\cdot m$，283.4～285.3m 粉砂岩段深侧向视电阻率值最大达到 $1509\Omega\cdot m$，297.1～304.0m 粉砂岩深侧向视电阻率一般值为 $540\Omega\cdot m$。

羌资 10 井 31.4～35.4m 粉砂岩段测井曲线如图 2-45 所示，从图中可以看出，粉砂岩段自然伽马值较低，一般为 49API，井径略有扩径，扩径段补偿声波增大，一般为 445μs/m，补偿中子值增大，一般为 20PU，补偿密度值降低，一般为 $2.34g/cm^3$，深、浅侧向视电阻率值较高，深侧向视电阻率一般为 $350\Omega\cdot m$。

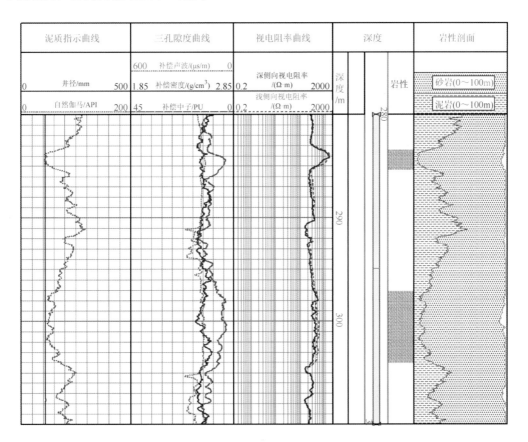

图 2-44　羌资 9 井粉砂岩及其测井响应特征

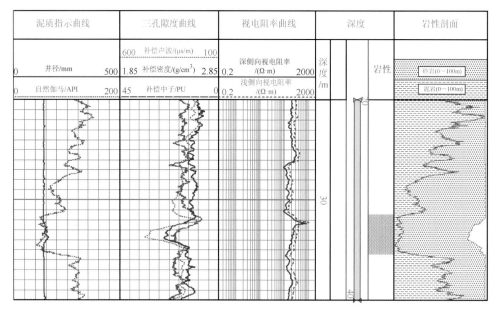

图 2-45　羌资 10 井粉砂岩及其测井响应特征

2. 泥岩测井曲线特征

羌资 9 井 220.7～231.9m 泥岩层段测井曲线如图 2-46 所示。

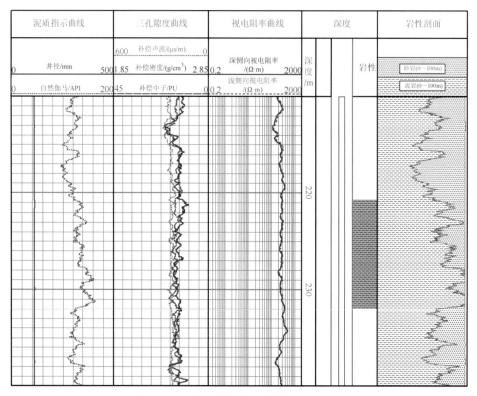

图 2-46　羌资 9 井泥岩及其测井响应特征

从图 2-46 中可以看出，泥岩段井径曲线较平直，自然伽马较高，一般为 140API，补偿声波较高，曲线变化较缓，一般为 220μs/m，补偿中子较高，曲线变化也较缓，一般为 15PU，由于泥岩纯度较低，都含有一定量的钙质和粉砂质，因此，泥岩段的补偿密度较高，一般为 2.53μs/m，由于含有一定的有机质、钙质及粉砂质，泥岩段的深、浅侧向视电阻率较高，深侧向视电阻率一般为 265Ω·m。

羌资 10 井 71.5～73.6m、74.5～89.6m、90.4～96.4m、97.7～100.9m 和 103.2～104.7m、105.4～108m 泥岩段测井曲线如图 2-47 所示。从图中可以看出，羌资 10 井泥岩段自然伽马较高，一般为 151API 以上，井径曲线较为平直，少数段略有扩径现象，但是扩径现象不明显，补偿中子中等，一般为 9PU，补偿声波较大，一般为 225μs/m，随着有机质成熟度、含气量的增加，井径扩径，补偿声波增大。补偿密度较低，一般为 2.52g/cm³。由于受有机质成熟度，泥岩中粉砂质、钙质，吸附气量的影响，泥岩段的深浅侧向视电阻率变化均很大，深侧向视电阻率一般为 80～473Ω·m。

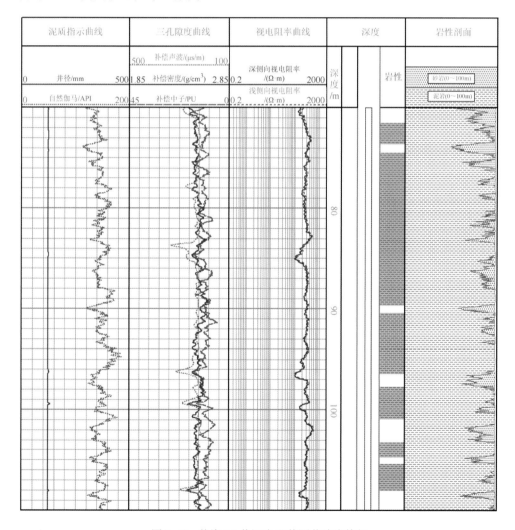

图 2-47 羌资 10 井泥岩及其测井响应特征

3. 泥质粉砂岩测井曲线特征

羌资 9 井 140.4~144.8m，145.7~152.0m，153.2~159.9m 泥质粉砂岩测井曲线图如图 2-48 所示。从图中可以看出，泥质粉砂岩的自然伽马较高，一般为 120API，井径曲线较平直，补偿声波较高，一般为 195μs/m，补偿中子较大，一般为 11PU，视电阻率较高，深侧向视电阻率一般大于 400Ω·m。

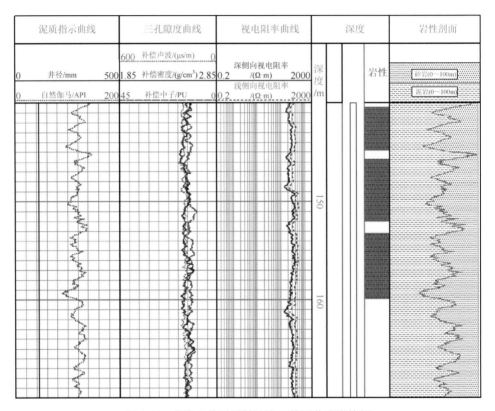

图 2-48 羌资 9 井泥质粉砂岩及其测井响应特征

羌资 10 井 62.0~64.4m 泥质粉砂岩段测井曲线如图 2-49 所示。从图中可以看出，羌资 10 井泥质粉砂岩段自然伽马较低，一般为 81API，井径曲线较为平直，补偿声波较低，一般为 182μs/m，补偿中子较低，一般为 3PU，补偿密度较高，一般为 2.59g/cm³，视电阻率值较高，深侧向视电阻率可达 821Ω·m。

4. 粉砂质泥岩测井曲线特征

羌资 9 井 235~242.3m 和 243.6~258.3m 粉砂质泥岩段测井曲线如图 2-50 所示。从图中可以看出，粉砂质泥岩段的测井曲线特征为：井径曲线较为平直，某些层段有扩径现象，但扩径率较低，补偿声波较大，一般为 225μs/m，补偿中子较大，一般为 15PU，补偿密度较高，一般为 2.55g/cm³，由于受粉砂质、泥质和一定含量有机碳的影响，深、浅侧向视电阻率值变化很大，变化范围为 125~394Ω·m。

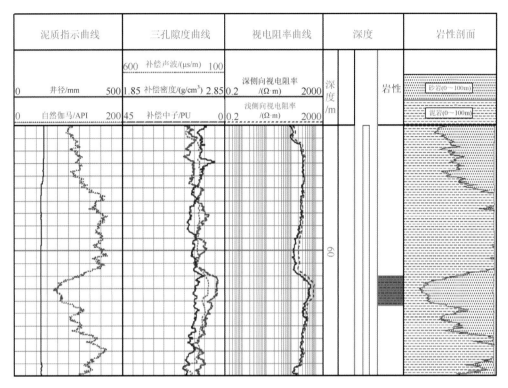

图 2-49　羌资 10 井泥质粉砂岩及其测井响应特征

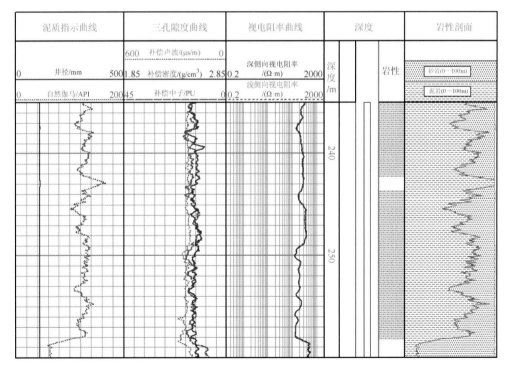

图 2-50　羌资 9 井粉砂质泥岩及其测井响应特征

羌资 10 井 224.4～243.2m 粉砂质泥岩段测井曲线如图 2-51 所示。从图中可以看出,粉砂质泥岩自然伽马较高,一般为 134API,井径曲线变化较大,显示粉砂质泥岩段井壁从完整到扩径,补偿声波、补偿中子和补偿密度变化较大,在井壁完整段补偿声波一般为238μs/m,补偿中子一般为 13PU,补偿密度一般为 2.49g/cm³。深、浅侧向视电阻率随粉砂质、钙质含量的变化,其变化范围较大,一般为 77～430Ω·m。

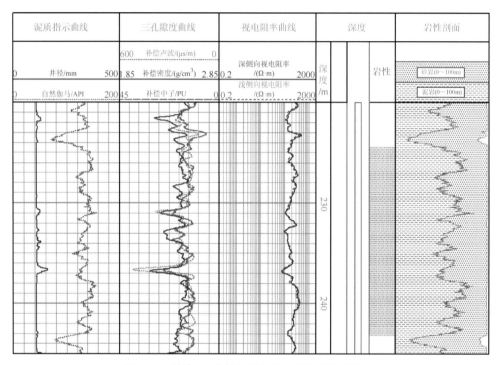

图 2-51 羌资 10 井粉砂质泥岩及其测井响应特征

(三)布曲组

羌地 17 井布曲组主要岩性为灰岩夹泥岩、泥质粉砂岩,灰岩具有明显低自然伽马,相对高补偿密度,低声波时差,低补偿中子,井径规则,以及高视电阻率的特征(图 2-52)。

自然伽马曲线表现为上低下高的特征,一般为 4～229API,平均为 63API;视电阻率较高,一般为 83～4079Ω·m;井径较为完整;补偿声波为 151～348μs/m,平均为 189μs/m,补偿密度一般为 2.06～2.73g/cm³,平均为 2.63g/cm³,补偿中子一般为 0.8～21.9PU,平均为8.0PU。

(四)夏里组

羌地 17 井 469.82～1143.74m 为夏里组地层,夏里组主要岩性为泥岩、泥质粉砂岩、粉砂质泥岩、粉砂岩,含钙质,夹泥晶灰岩与生屑灰岩、钙质细砂岩。测井响应特征总体表现为相对较高的自然伽马(图 2-53),反映其泥质含量增大,自然伽马一般为 15～313API,

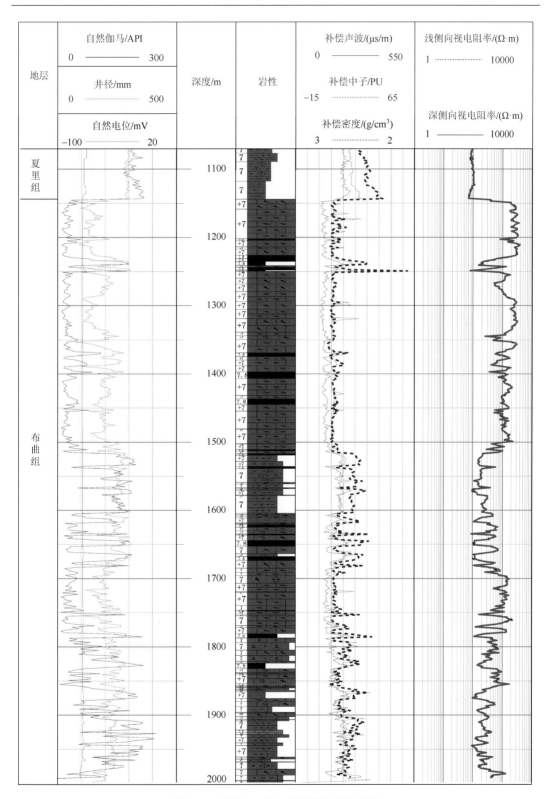

图 2-52 羌地 17 井布曲组测井响应特征

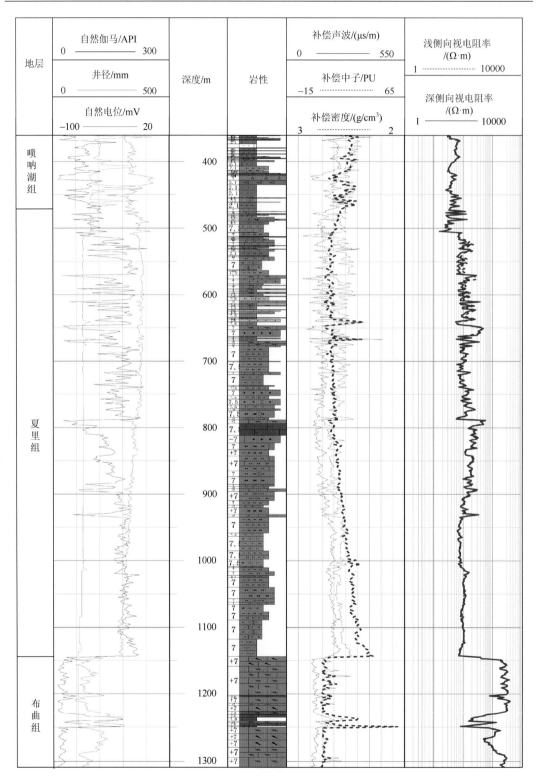

图 2-53　羌地 17 井夏里组测井响应特征

平均为 156API；视电阻率变化较大，一般为 15～1039Ω·m；井径较为完整；补偿声波为 152～475μs/m，平均为 243μs/m；补偿密度一般为 2.22～2.70g/cm³，平均为 2.57g/cm³；补偿中子一般为–5～65 PU，平均为 11PU。

1. 泥岩

夏里组泥岩含有一定量的钙质，但粉砂质含量也较高，测井曲线上表现为高自然伽马，井径较规则，在三孔隙度曲线上表现为高补偿声波，高补偿中子以及低补偿密度的特征，视电阻率曲线上为中低视电阻率特征（图 2-53）。夏里组 933.92～1015.22m 含钙粉砂质泥岩自然伽马平均为 179API；补偿密度平均为 2.48g/cm³；补偿声波平均为 256μs/m；补偿中子平均为 16.1PU；深侧向视电阻率平均为 78Ω·m。

2. 钙质细砂岩

夏里组钙质细砂岩相对围岩具有自然伽马较低，补偿密度高，补偿声波低，补偿中子低，井径规则，以及视电阻率高的特征（图 2-53）。夏里组灰岩（506.02～507.36m）的自然伽马平均值为 52API；补偿密度平均值为 2.64g/cm³；补偿声波平均值为 192μs/m；补偿中子平均值为–0.01PU；深侧向视电阻率平均值为 95Ω·m。

3. 粉砂岩

夏里组粉砂岩有一定的泥质含量，多为泥质粉砂岩，夏里组泥质粉砂岩相对泥岩具有自然伽马较低，补偿密度低，补偿声波高，补偿中子高，井径规则，以及低视电阻率的特征（图 2-53）。夏里组粉砂岩（741.66～751.44m）的自然伽马平均值为 153API；补偿密度平均值为 2.61g/cm³；补偿声波平均值为 222μs/m；补偿中子平均值为 5.8PU；深侧向视电阻率平均值为 151Ω·m。

4. 灰岩

夏里组灰岩多为生屑灰岩和泥晶灰岩，相对围岩具有自然伽马较低，补偿密度高，补偿声波低，补偿中子低，井径规则，以及视电阻率高的特征（图 2-53）。夏里组灰岩（645.82～652.30m）的自然伽马平均值为 40API；补偿密度平均值为 2.67g/cm³；补偿声波平均值为 176μs/m；补偿中子平均值为 2.4PU；深侧向视电阻率平均为 546Ω·m。

（五）地层对比

羌塘盆地羌资 13 井和羌地 17 井都钻遇了夏里组和布曲组地层。由于两口井相距较远，地层岩性差异较大，无明显标志层进行对比，故根据两组地层对应的深度段进行对比分析（图 2-54），这两组地层的测井曲线特征以及岩性特征有以下差异：羌地 17 井岩性以粉砂质泥岩和泥岩夹泥质灰岩为主，羌资 13 井岩性以粉砂质泥岩、泥质粉砂岩和泥岩为主，几乎不含灰岩。夏里组自然伽马曲线整体表现为高值，地层视电阻率曲线相似度较高，且整体表现为低值。羌地 17 井布曲组岩性主要为灰岩夹泥岩、泥质粉砂岩，羌资 13 井布曲组岩性主要为灰岩；羌地 17 井岩性复杂，自然伽马曲线值有高有低，但布曲组顶部灰岩曲线特征明显，可作为标志层位。

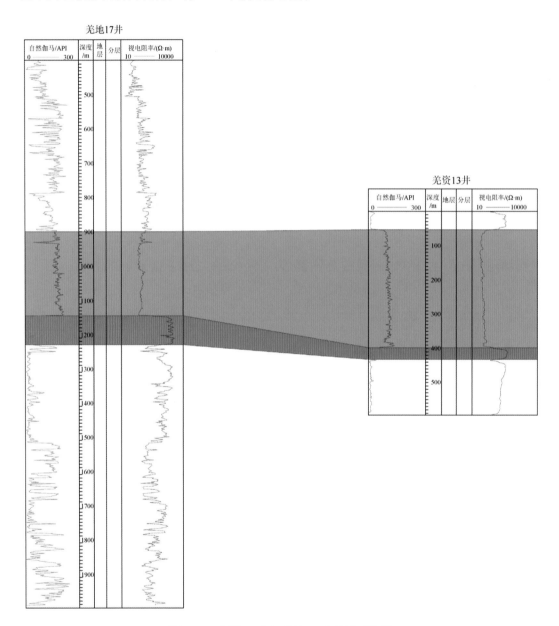

图 2-54　羌资 13 井与羌地 17 井地层对比图

从表 2-6 中可以看出，两口井夏里组和布曲组主要测井曲线特征值存在一定程度的差异。从纵向上来看，夏里组与布曲组相比，其自然伽马较高，视电阻率较低，补偿声波较高，补偿中子较高，补偿密度相对较低；从横向上来看，夏里组羌资 13 井与羌地 17 井相比，其自然伽马较低，视电阻率较低，补偿声波较高，补偿密度较低，补偿中子较高；布曲组羌资 13 井与羌地 17 井相比，其自然伽马相对较低，视电阻率较高，补偿密度较高、补偿中子和补偿声波均较低。

表 2-6　夏里组和布曲组测井响应特征统计表

序号	曲线	取值	夏里组		布曲组	
			羌资 13 井	羌地 17 井	羌资 13 井	羌地 17 井
1	自然伽马/API	最大值	139	330	57	229
		最小值	36	19	4	4
		平均值	103	159	12	63
2	深侧视电阻率/(Ω·m)	最大值	696	1020	3472	4079
		最小值	20	15	21	84
		平均值	40	128	1492	1072
3	浅侧视电阻率/(Ω·m)	最大值	136	620	3489	3893
		最小值	20	16	21	77
		平均值	40	128	1484	1084
4	补偿声波/（μs/m）	最大值	590	471	280	348
		最小值	174	153	143	151
		平均值	319	245	157	189
5	补偿中子/PU	最大值	55	65	21	22
		最小值	2	−5	0	1
		平均值	22	12	1	8
6	补偿密度/(g/cm^3)	最大值	2.65	2.70	2.71	2.73
		最小值	2.00	2.22	2.27	2.06
		平均值	2.42	2.55	2.66	2.63

四、古近系

羌地 17 井 4.40～469.82m 井段为古近系唢呐湖组，岩性为石膏与泥岩互层，底部为粉砂质泥岩，含一定量的钙质。测井响应特征总体表现如下：自然伽马一般为 1～249API，平均为 51API；视电阻率为 3～165Ω·m，平均为 25Ω·m；该地层井径扩径明显，上部含石膏地层补偿声波平均为 281μs/m；补偿密度为 2.42g/cm^3；补偿中子平均为 21.9PU。下部粉砂质泥岩段补偿声波平均为 288μs/m；补偿密度为 2.48g/cm^3；补偿中子平均为 17.1PU（图 2-55）。

1. 石膏层

唢呐湖组顶部石膏层（22.74～37.12m）具有低自然伽马，相对高补偿密度，低补偿声波，低补偿中子，井径相对较完整，以及高视电阻率的特征（图 2-55）。该段石膏层的自然伽马平均为 46API，补偿密度平均为 2.53g/cm³；补偿声波平均为 203μs/m；补偿中子平均为 10.8PU；深侧向视电阻率平均为 1233Ω·m。

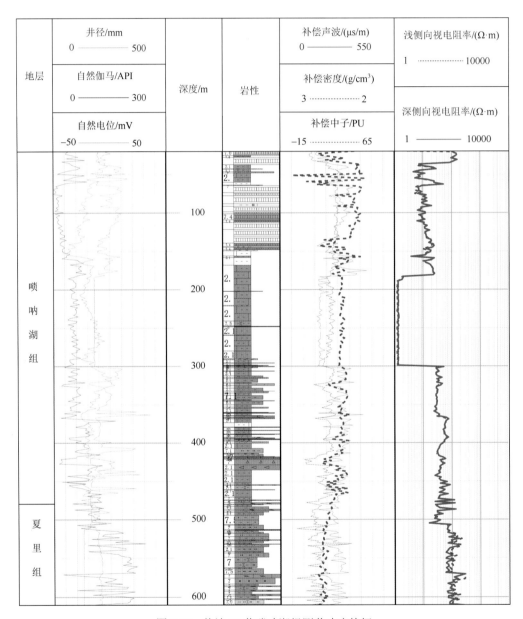

图 2-55　羌地 17 井唢呐湖组测井响应特征

唢呐湖组中上部石膏层（62.04～151.40m）具有低自然伽马，井径扩径严重，低补偿密度，高补偿声波，高补偿中子，以及低视电阻率的特征（图 2-55）。该段石膏层的自然伽马平均为 17API；补偿密度平均为 2.38g/cm³；补偿声波平均为 284μs/m；补偿中子平均为 23.7PU；深侧视电阻率平均为 13Ω·m。

2. 泥岩

唢呐湖组泥岩较疏松，易垮塌，夏里组泥岩粉砂质含量较唢呐湖组泥岩高，岩性较为致密，井壁较完整，在测井曲线上呈现出明显的差异。唢呐湖组泥岩含有一定的钙质，测井曲线上表现如下：中高自然伽马，受井径扩径影响，该地层的泥岩在三孔隙率曲线上表现为高补偿声波、高补偿中子及低补偿密度的特征，在视电阻率曲线上表现为低视电阻率的特征（图 2-55）。唢呐湖组 368.37～407.16m 井段钙质泥岩自然伽马平均为97API；补偿密度平均为 2.37g/cm^3；补偿声波平均为 339μs/m；补偿中子平均为 20.9PU；深侧视电阻率平均为 51Ω·m。

第三章 沉积特征

岩石类型及其沉积相组合受大地构造背景、沉积环境等诸多条件的控制，不同时期发育的岩石类型和沉积相组合是明显不同的，不同的沉积相带控制着盆地烃源岩、储层和盖层的分布，同时它也与成岩作用阶段划分、油气成藏演化等关系密切。因此，开展沉积岩类型和沉积相的研究，对羌塘盆地井下石油地质条件评价具有非常重要的意义。

第一节 岩石学特征

一、二叠系

根据羌资 5 井钻孔岩心编录和室内薄片鉴定结果，可将二叠系沉积岩划分为碎屑岩和碳酸盐岩、硅质岩和火山角砾岩四大类。

碎屑岩分布于下二叠统展金组中，以浅灰-深灰色薄层状-中层状粉砂质泥岩、灰质粉-中粒砂岩、岩屑石英细砂岩、细-中粒岩屑砂岩为主（图 3-1），成分成熟度和结构成熟度为低-中等。

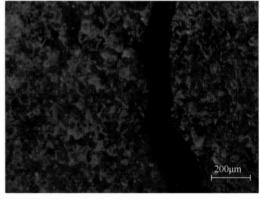

图 3-1 羌塘盆地羌资 5 井中浅灰-深灰色薄层状粉砂质泥岩和泥质粉砂岩

碳酸盐岩主要分布于中二叠统龙格组中，以泥晶灰岩、微晶灰岩为主，夹角砾灰岩、生屑灰岩、砂屑灰岩（图 3-2）；下二叠统展金组中碳酸盐岩则以白云岩为主（图 3-3），夹少量微晶灰岩、白云质灰岩、灰质白云岩及少量黏土质泥岩。硅质岩则在全井均有出现，以薄层状硅质岩为主，龙格组上部和展金组中部较发育，其他井段则为硅质条带和结核（图 3-4）。

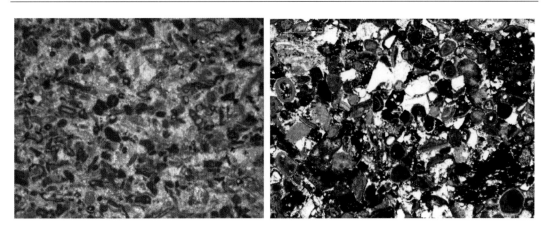

图 3-2 羌塘盆地羌资 5 井中浅灰色薄层状砂屑灰岩

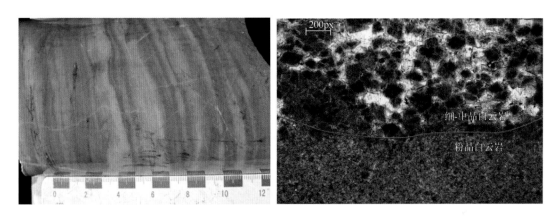

图 3-3 羌塘盆地羌资 5 井中浅灰-深灰色薄层-极薄层状粉晶-中晶白云岩

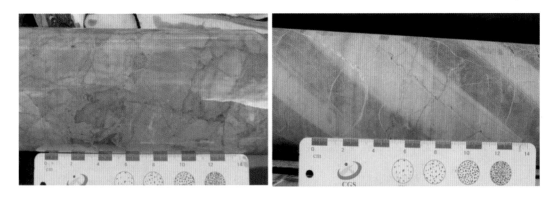

图 3-4 羌塘盆地羌资 5 井中角砾灰岩及硅质岩

  火山角砾岩主要发育于展金组,以灰绿-墨绿色含火山集块的中层-块状火山角砾岩为主(图 3-5),夹少量灰绿色中层状凝灰岩。

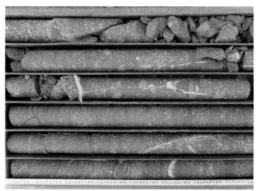

图 3-5 羌塘盆地羌资 5 井中火山角砾岩

二、三叠系

（一）甲丕拉组

甲丕拉组发育一套粗碎屑岩层，岩性主要为一套紫红色含砾砂岩、砾岩，灰绿色复成分砾岩。由羌资 16 井揭示的甲丕拉组厚 84m，其中上部分以灰绿色复成分砾岩为主，底部逐渐过渡为紫红色复成分砾岩和含砾砂岩。砾岩的粒径大小不一，最大者可以达到 4～6cm，砾石分选、磨圆较差，为棱角-次棱角状，砾石为基底式接触，泥质胶结，砾石成分较为复杂，见火山岩砾石、硅质岩砾石及碳酸盐岩砾石，成分成熟度和结构成熟度偏低。

（二）波里拉组

波里拉组在羌资 7 井井段为 244.85～402.50m，以棕灰色-深灰色薄层-中层状泥晶灰岩为主，夹少量灰黑色薄层状钙质泥岩、浅灰色薄层-中层状泥晶含生屑砂屑灰岩、粉屑灰岩、纹层状灰岩（图 3-6～图 3-8）。在羌资 8 井同样钻遇了波里拉组地层，岩性组合与羌资 7 井一致。

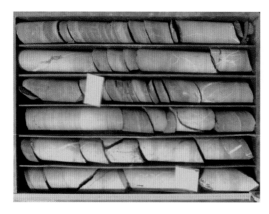

图 3-6 羌资 7 井波里拉组泥晶灰岩

(a) 纹层状灰岩　　　　　　　　　　(b) 砂屑灰岩

图 3-7　羌资 7 井波里拉组纹层状灰岩和砂屑灰岩

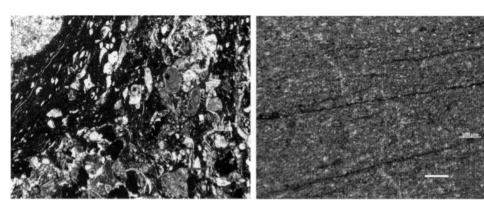

(a) 含生屑砂屑灰岩　　　　　　　　(b) 纹层状泥晶灰岩

图 3-8　羌资 7 井波里拉组含生屑砂屑灰岩与纹层状泥晶灰岩

（三）巴贡组/土门格拉组

巴贡组主要为灰黑色块状钙质泥岩和粉砂岩，底部夹少量粉砂岩（图 3-9）。钙质泥岩硬度中等，断口多呈贝壳状，断面比较光滑，其中偶见双壳化石（图 3-10），双壳化石普遍较小，大小为 1～2cm 不等，多呈碎片状，少量保存较完整。粉砂岩呈浅灰色、薄层状夹于钙质泥岩之中。

（四）鄂尔陇巴组

鄂尔陇巴组为一套水下火山碎屑岩沉积，主要为灰绿色晶屑岩屑凝灰岩（图 3-11）及紫红色凝灰质泥质粉砂岩，其上部被雀莫错组紫红色河流相砾岩沉积超覆。

晶屑岩屑凝灰岩具凝灰结构，岩石主要由岩屑组成（约 46%），岩屑呈不规则状，岩屑大小为 0.3～1mm，且岩屑主要为流纹质，主要由微晶或隐晶的石英和长石矿物组成，

图 3-9　羌资 7 井巴贡组钙质泥岩及镜下特征

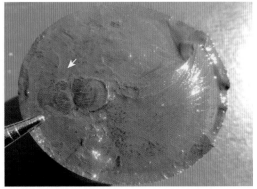

图 3-10　羌资 7 井巴贡组钙质泥岩中双壳化石

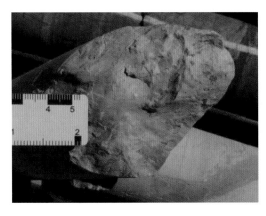

图 3-11　羌资 16 井鄂尔陇巴组晶屑岩屑凝灰岩岩心及镜下特征

其中可见岩屑多具有流动定向构造，部分岩屑为安山质，且可见岩屑多被方解石交代。其次为晶屑（约 25%），主要是棱角状的长石和石英矿物，且可见部分矿物晶粒被熔蚀呈港湾状，晶粒大小为 0.05～0.6mm，可见长石多发育双晶，且矿物多被方解石交代。少量玻屑（约 2%），呈黑色粒状零散分布在岩石中。部分泥质组分（约 10%）主要是黏土矿物的集合体，充填在碎屑组分之间。方解石含量约为 17%，多以细小的泥晶形式分布在岩石中，部分呈亮晶交代矿物组分。

三、侏罗系

（一）雀莫错组

雀莫错组一段和三段主要岩石类型为碎屑岩，雀莫错组二段主要为石膏夹碳酸盐岩。

雀莫错组一段为紫红色厚层状复成分砾岩（图 3-12），向上过渡到雀莫错组三段为暗红、紫红、灰色中层状岩屑石英砂岩（图 3-13）和粉砂岩。

图 3-12 羌资 16 井雀莫错组一段紫红色砾岩

图 3-13 羌资 16 井雀莫错组三段细粒极细粒岩屑石英砂岩

雀莫错组二段主要为硬石膏，夹泥晶白云岩和球粒灰岩等（图 3-14、图 3-15）。硬石膏由较细小硬石膏及少量白云石组成。硬石膏多呈板状及粒状，略具定向性。白云石零星分布，以泥、粉晶为主，形状不规则。泥晶白云岩具有泥晶结构，白云石细小紧密，硬石膏多呈单晶或聚合体分布，见去膏化作用。白云石交代硬石膏。亮晶似球粒灰岩具有亮晶似球粒结构，似球粒形状多近圆形，部分形状各异，不规则，可能为内碎屑或微生物形成。亮晶胶结为主，亮晶胶结物无世代性。膏质为石膏及硬石膏，含量低。石膏多为单晶体。硬石膏多分布于缝合线内部，粒状。岩石见少量黄铁矿零星分布。

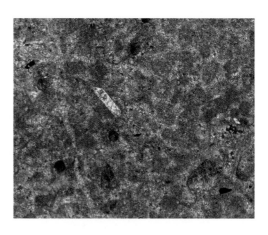

图 3-14　羌资 16 井硬石膏（326m）　　　图 3-15　羌资 16 井雀莫错组二段似球状灰岩白云石化

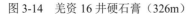

（二）色哇组

色哇组的岩性特征以羌资 2 井为代表，砂岩分类采用曾允孚等于 1986 年的成分-成因分类方案，色哇组陆源碎屑的岩石类型主要为岩屑石英砂岩、岩屑砂岩、粉砂-粗砂岩、灰云质砂岩、黏土质粉砂岩、杂粉砂岩、粉砂质泥岩（粉砂质黏土岩）和泥岩（黏土岩）等，其结构成熟度和成分成熟度为差-中等。

1. 砂岩类

岩屑石英砂岩：具中-细粒砂状结构，其骨架矿物成分以石英为主（75%～87%），次为岩屑（5%～15%），并兼有少量的长石（0～2%）和内碎屑（0～3%）等；胶结物主要为白云石（0～10%），次为杂基（0～15%）、方解石（0～3%）、硅质（0～3%）和黏土矿物（0～8%）等。石英砂岩分选为较差-中等，磨圆度差，颗粒呈棱角状-次棱角状；岩屑主要为浅变质石英岩、微粒燧石和火山岩屑，偶见沉积岩屑；具颗粒支撑和杂基支撑结构，呈点-线-凸凹接触关系；胶结类型为基底式-接触式-孔隙式胶结，岩石成岩作用为中等-强；岩石局部可见白云石化作用，以及方解石、硅质的重结晶作用等；岩石压实作用强烈，导致原生孔隙大大减少；由于黏土的充填作用，致使原生孔隙基本消失。岩石成岩后的溶蚀作用极其轻微，且多沿裂缝和粒间进行。

细-粗粒岩屑砂岩：具细-粗粒砂状结构，其骨架矿物成分以石英为主（58%～75%），次为岩屑（15%～30%），并兼有少量的斜长石（0～2%）；胶结物主要为白云石（0～25%），次为杂基（0～5%）。石英砂岩分选为差-中等，粗细混生，磨圆度差，颗粒呈棱角状，以单晶为主，波状消光，含少量杂质；岩屑主要为浅变质石英岩、微粒石英状燧石和火山岩屑，偶见沉积岩屑；具颗粒支撑结构，呈点-线-凸凹接触关系；胶结类型为接触式胶结，岩石成岩作用强烈，颗粒间呈线-点-凸凹接触。压实作用强烈，碎屑呈紧密的镶嵌接触，导致岩石的粒间孔隙几乎荡然无存；白云石化作用，使岩石中所有剩余的粒间孔隙被白云石晶粒充填，原生孔隙基本消失。岩石成岩后的溶蚀作用较弱，仅见少量溶缝和溶孔。

粉砂-粗砂岩：具粗砂状-粉砂状结构，其骨架矿物成分以石英为主（60%～75%），次为岩屑（5%～12%），并兼有少量的斜长石（0～2%）和内碎屑（0～5%）等；胶结物主要为白云石（10%～30%），次为杂基（0～5%）和方解石（0～5%）。石英砂岩分选为差-中等，粗细混生，磨圆度差，颗粒呈棱角状，以单晶为主，多具波状消光，有少量的裂纹和杂质；岩屑主要为石英岩、微粒燧石和火山岩屑；具颗粒支撑结构，呈点-线-凸凹接触关系；胶结类型为接触式-孔隙式胶结；岩石成岩作用强烈，颗粒间呈线-点-凸凹接触。压实作用为微-强烈，所以部分为凸凹接触，部分为点接触；由于成岩阶段末-后生成岩阶段的白云石化作用和充填作用，导致粒间孔被白云石广泛充填。压溶作用较弱，产生的缝合线被黑色的沥青脉充填，呈残余状。岩石的溶蚀作用极其微弱，主要沿粒间孔进行。

中-细粒灰云质砂岩：具砂状结构，其骨架矿物成分以石英为主（45%～65%），次为岩屑（大于3%），并兼有少量的斜长石（1%）和内碎屑（1%～3%）；胶结物为方解石和白云石（总含量为25%～50%）。石英分选差，磨圆度差，颗粒主要呈次棱角状，以单晶为主，表面干净，部分具波状消光；岩屑主要为硅质岩、石英岩和内碎屑等；胶结类型为孔隙式-基底式胶结。成岩作用有压实作用和胶结充填作用等。岩屑主要为浅变质石英岩、微粒燧石和火山岩屑。岩石局部发生相对明显的白云石化作用；经压溶作用而形成缝合线，半充填沥青；岩石的溶蚀作用极其微弱，主要沿裂缝进行。

杂粉砂岩：具粉砂状结构，其骨架矿物成分以石英为主（60%～75%），次为岩屑（5%～7%）；胶结物主要为杂基（15%～30%），次为白云石（0～3%）和黏土矿物（0～5%）。石英分选为差-中等，磨圆度差，颗粒呈棱角状；岩屑主要为石英岩及微粒石英等；具杂基支撑组构，呈点-线接触关系；胶结类型为基底式胶结。压实作用为轻微-中等，所以部分为凸凹接触，部分为点接触，故保存了大量粒间孔；压溶作用较弱，产生的缝合线被黑色的沥青脉充填。岩石的溶蚀作用极其微弱，主要沿粒间孔进行。

2. 泥岩类

色哇组的泥岩分布较为广泛，多呈夹层产出，总体上纯的泥岩很少，大都为粉砂质泥岩，在颜色上多呈紫红-灰绿色。

泥岩（黏土岩）：具泥质结构，岩石几乎全由黏土矿物组成（80%～90%），次为陆源碎屑石英（15%），并兼有少量杂基（小于5%），手摸有滑腻感，贝壳状断口。岩石经压实作用，使黏土矿物略具定向排列；岩石的溶蚀作用主要沿裂缝进行，可产生微量溶孔。

粉砂质泥岩（粉砂质黏土岩）：具粉砂泥质结构，岩石主要由黏土矿物组成（50%～73%），次为粉砂（25%～35%），并兼有少量岩屑（0～2%）和杂基（2%～3%）。手摸感粗糙，刀切面不平整，断口粗糙。岩石分选差，磨圆度差，颗粒呈棱角状；具杂基支撑组构，悬浮接触关系；胶结类型为基底式胶结。岩石经压实作用，使黏土矿物具定向排列趋势；岩石的溶蚀作用主要沿裂缝和粒间进行，可产生微量溶孔。

（三）布曲组

羌资 1-2 井布曲组岩石类型主要为各种颗粒灰岩、泥微晶灰岩、白云质灰岩和少量白云岩夹钙质粉砂质泥岩、含钙质石英粉砂岩，碳酸盐岩与砂岩含量比为 10：1～15：1。

1. 碳酸盐岩

井区布曲组碳酸盐岩为含生屑砂屑泥晶灰岩、粉砂质泥晶灰岩、生屑泥晶灰岩、藻灰岩、泥晶灰岩。羌资 1 井、羌资 2 井布曲组碳酸盐岩以泥晶灰岩为主，颗粒组分包括生屑、砂屑、鲕粒、球粒及陆源碎屑等。另外，在每个韵律的顶部可见白云岩和白云质灰岩发育。主要岩石类型及其特征如下。

亮晶生屑灰岩：矿物成分主要为方解石（85%）和陆源碎屑（15%）。颗粒组分主要为生屑，其中有孔虫为 44%、介形虫为 2%、棘皮类为 5%、腕足类为 2%，合计约为 53%。另外，含少量鲕粒和砂屑，含量小于 4%，填隙物包括亮晶和泥晶，其中亮晶约为 18%，泥晶为 10%。岩石裂缝发育，主要有应力缝和压溶缝，压溶缝充填沥青和残余石英及硅质等，应力缝具有多期性，不规则，均全充填方解石。孔隙以溶缝孔为主，孔隙度小于 4%。

粉微晶白云岩：矿物成分包括方解石（10%）、白云石（83%）和硅质（5%）及少量陆源碎屑（2%）。岩石为晶粒结构，白云石以微晶为主，为半自形-自形晶，其次为粉细晶，但晶形不好，晶粒大小混生，紧密镶嵌；方解石和硅质充填于白云石晶间或裂缝中。裂缝全为张性，为方解石全充填。岩石致密，孔隙度小于 1%。

不等晶粒灰云岩：矿物成分包括方解石（25%）、白云石（60%）、硅质（15%）。岩石具晶粒结构，白云石为不等晶粒结构，微晶-中晶都有，晶粒越大，自形程度越好，晶粒为粗细紧密镶嵌。硅质为微粒石英状燧石，分布不均。岩石裂缝和孔隙均不发育，孔隙度小于 1%。

微晶灰岩：岩石基本全为微晶方解石组成，含少量粉砂，黑色沥青主要充填在压溶缝中，岩石结构简单，未见粒屑组分。应力缝发育，但均为方解石全充填，岩石孔隙度小于 2%。

粉砂质条带泥晶灰岩：矿物成分由方解石（55%）、陆源碎屑（43%）和少量泥质（2%）组成。粉砂条带厚度小于 1mm，断续延伸，粉砂主要为石英，分选、磨圆差，条纹垂向间隔为 0.5～5mm，砂粒间充填方解石。粉砂质泥晶灰岩中粉砂粒度较细且分布均匀。

白云质泥晶灰岩：矿物成分由方解石（63%）、白云石（30%）、泥质和硅质等（7%）组成。粒屑可见少量鲕粒、球粒和生物屑。白云石干净明亮、粒度均匀、分布均匀（悬浮状态或称为侵染状）。鲕粒圈层间呈放射状。裂缝以压溶缝为主，有少量溶孔。

生屑球粒泥晶灰岩：岩石主要由泥晶方解石、球粒和生屑组成。生屑主要为棘屑，为圆形单晶，呈星散分布；球粒主要为内碎屑，圆或椭圆，大小相近，成群分布。裂缝有应力缝和压溶缝，压溶缝半充填，有溶孔；应力缝虽多，但均为方解石全充填。

2. 碎屑岩

布曲组碎屑岩含量很少，呈夹层产出，主要见于布曲组二段 132～138 回次的 110 和 112 小层，普遍含钙质，发育纹层状构造或条带（主要为粉砂）。

钙质黏土质粉砂岩：矿物成分有石英（60%）、方解石（10%）、黏土矿物（30%）等组成。发育纹层状构造，裂缝发育，但主要为应力缝，充填方解石或黑色沥青质，压溶缝半充填，有少量溶孔。

钙质粉砂岩与黏土质粉砂岩：钙质粉砂岩常形成条带，宽 1～2.5mm，条带内无粒度变化，与黏土质粉砂岩为渐变关系。石英分选中等，磨圆差，岩石致密，孔隙不发育。

（四）夏里组

夏里组三段岩性特征明显，其中一段为细碎屑岩夹碳酸盐岩组合，二段为碳酸盐岩组合，向上部砂泥岩增多，三段为细碎屑岩夹碳酸盐岩。夏里组的岩石学特征以羌资 1 井为代表，该井仅钻遇一段，其碳酸盐岩、陆源碎屑岩及膏岩特征如下。

1. 碳酸盐岩

夏里组碳酸盐岩主要为各种颗粒灰岩、含生屑泥晶灰岩、微晶灰岩、泥晶灰岩和纹层状、条带状泥晶灰岩。

生屑泥晶灰岩：具粒屑结构，其矿物组分主要由方解石组成（大于 98%），见少量陆源石英粉屑。灰岩中生物碎屑较多，以腕足为主，占 35%，棘屑（海百合茎、海胆）占 5%，双壳占 5%，另有少量有孔虫、介形虫，填隙物为泥晶方解石，约为 55%。陆源石英磨圆分选差。成岩后期应力缝发育，并为方解石脉全充填，孔洞极不发育。

泥晶灰岩：方解石含量约为 95%，陆源碎屑为 5%（主要为粉砂级石英碎屑）。成岩后期应力缝发育，可分出三期，均为张性，全充填方解石。

（砂质）砂屑生屑泥晶灰岩：矿物成分由方解石（65%）、陆源碎屑（35%）构成。粒屑主要为鲕粒（15%）、生屑（15%），其中生屑包括有孔虫、介形虫、棘屑、腕足等；鲕粒发育放射状外圈，钙质颗粒与内碎屑合计达 65%，填隙物为泥晶方解石。

亮晶生屑灰岩：方解石含量达 98%，另有少量陆源碎屑（2%）。粒屑主要为生屑和鲕粒，生屑又主要包括有孔虫（25%）、介形虫（10%）、棘屑（5%）、双壳类（5%），鲕粒含量约为 5%。亮晶方解石含量为 40%。鲕粒粒径小，多数未见同心圈层，只见最外部的放射状圈层。岩石发育少量粒间溶孔，未充填，裂缝不发育。

亮晶砂粒屑灰岩：矿物成分由方解石（65%）、陆源碎屑（35%）构成。粒屑主要为有孔虫（35%）、亮晶方解石（30%），内碎屑（35%）主要为粉砂级石英，分选好，磨圆差。岩石孔隙极不发育。

纹层状粉砂质泥晶灰岩：矿物成分由方解石（65%）、陆源碎屑（30%）和泥质（5%）构成。岩石具有清晰的毫米级纹层构造，方解石和粉砂级石英碎屑均相对集中分布，形成纹层，黏土与微晶方解石混生在一起，裂缝和孔隙不发育。

微晶灰云岩：矿物成分由方解石（36%）、白云石（60%）、陆源石英碎屑和泥质（3%）构成。白云石呈他形微晶，相对干净，粒度均匀、分布也均匀，未见生物和其他沉积构造，原岩可能为泥晶灰岩。后期应力缝发育，均为方解石全充填，岩石致密，孔隙度小于0.5%。

微晶白云岩：矿物成分由方解石（15%）、白云石（82%）、陆源石英碎屑和泥质（3%）构成。白云石呈自形-半自形微晶，相对干净，粒度均匀，分布也均匀，未见生物和其他沉积构造，原岩可能为泥晶灰岩。后期应力缝发育，但均为方解石充填，岩石致密，孔隙度小于1%。

2. 陆源碎屑岩

夏里组陆源碎屑岩主要为钙质粉砂质泥岩、石英粉细砂岩、岩屑石英粉砂岩等，岩石类型单调，砂岩成分成熟度及结构成熟度均较高，岩石中矿物成分以石英为主，几乎不含稳定性较差的钾长石，斜长石少见，岩屑成分亦较单调，黑尖山剖面主要为硅质岩屑，黑石河剖面则以碳酸盐岩屑为主，几乎不含岩浆岩和变质岩岩屑；胶结物中普遍含钙质，其余则为黏土矿物。羌资1井的夏里组一段陆源碎屑岩以发育纹层状或条带状构造为特征，胶结物主要为黏土矿物和钙质，岩石致密，裂缝较灰岩不发育。

钙质粉砂岩：具粉砂状结构，其骨架矿物成分为石英（73%），偶见云母片，胶结物以方解石为主（25%），次为白云石（1%～2%）。石英砂分选良好，粒度均匀，直径为0.01～0.03mm，磨圆差，颗粒支撑，以点接触为主，凹凸接触次之，胶结类型以孔隙式为主，次为接触式。填隙物为亮晶方解石。白云石仅见于裂缝中，常与沥青伴生。岩石中黏土含量极少，反映水动力较强。岩石致密，仅见少量晶间溶孔和溶缝孔。

粉砂质黏土岩：岩石由黏土（73%）、粉砂（25%）及少量钙质（2%）组成。黏土为鳞片状矿物，是岩石的主要组分；粉砂分选、磨圆差，泥质支撑，基底式胶结。岩石孔隙极不发育，仅见少量溶缝孔。

含灰质砂砾屑粉砂质黏土岩：岩石主要由黏土（63%）和粉砂（25%）组成，含灰质砂砾屑（5%～12%）。粉砂磨圆、分选差，分布均匀；灰质砂砾屑由微晶方解石组成，粒度为0.2～5mm，最大达5mm×3mm，分选差，形状以椭圆形为主，磨圆较好，星散分布。灰质砂砾屑的出现可能意味着是重力流沉积（整个岩石无分选）。

黏土质粉细砂岩：岩石主要由石英（82%）、黏土矿物（10%）、少量白云石（1%）及杂基（7%）组成。砂屑以粉砂为主，约为70%，细砂约占12%，黏土呈鳞片状分布于砂屑周围，黏土与砂屑混生；白云石主要分布在裂缝中；杂基主要为硅质。岩石孔隙不发育，仅见少量溶缝孔。

粉-细粒石英岩屑砂岩：石英以细粒为主，约为50%，粉砂约占28%；岩屑约占15%，主要为浅变质的片岩、石英岩及微粒石英状燧石等，火成岩岩屑较少。岩石中长石很少，且主要为斜长石。岩石中不同碎屑成分、不同粒级混生，结构成熟度和成分成熟度均较差。

钙质细砂岩：岩石主要由石英（63%）、方解石（25%）、岩屑（10%）和少量长石（小于2%）组成。石英以细粒为主，约占50%，其次为粉砂级，约占10%，中粒较少，约占3%；岩屑主要为浅变质的片岩、石英岩及微粒石英状燧石等，火成岩岩屑较少。岩屑与石英混生，但分布不均，其圆度和粒度与石英相似，磨圆差，分选中等。岩石总体结构成熟度和成分成熟度均很差，孔隙不发育，孔隙度小于 2%。

粉-细粒岩屑砂岩：岩石主要由石英（70%）、岩屑（18%）、方解石（3%）、少量长石（4%）和白云石（5%）组成。石英以细粒为主，约占 50%，粉砂级约占 20%，磨圆很差，普遍见波状消光。岩屑以浅变质的片岩、微粒石英状燧石和石英岩等为主，火成岩岩屑较少，且主要为浅成-喷出类型。长石主要为斜长石。岩石中各种碎屑混生，分选中等，磨圆很差，成分和结构成熟度均差。岩石孔隙不发育。

纹层状粉砂岩：岩石主要由石英（82%）、岩屑（10%）、黏土矿物（小于 5%）和白云石（3%）组成。石英以粉砂级为主，分选、磨圆差，岩屑以浅变质片岩、石英岩为主，棱角状、粉砂级。黏土呈鳞片状分布于碎屑间。岩石具纹层状构造。

3. 膏岩

羌资 1 井膏岩主要发育在一段上部的潟湖相沉积序列中，发育有两层，分别为 45.9～48.9m 和 127.0～132.2m，总厚度约为 6.65m。岩石由石膏、硬石膏及少量方解石和泥质组成。晶体呈粒或板状，{010}解理发育，具有很强的干涉色，晶粒紧密镶嵌。岩石孔隙和裂缝极不发育。

（五）索瓦组

根据羌资 3 井的钻孔岩心编录成果，将本井所钻遇的岩石类型划分为碎屑岩和碳酸盐岩两大类（图 3-16）。

1. 碎屑岩

泥岩：本井岩心中泥岩出现频率最高，其多以薄层或夹层形式产出，也有部分井段泥岩单层厚度可达 6～8m，总体呈现出与其他岩类互层产出的特征。泥岩的颜色主要为灰色、深灰色和灰黑色，在具有砂纹层理的中砂岩中以夹层形式产出的泥岩主要呈浅灰至灰白色，在缝合线比较发育的灰岩层附近的泥岩颜色往往较深，部分泥岩呈黑色，总体上具有地层埋深越大，泥岩颜色越深的特征。

砂岩：本井岩心见有的砂岩主要有粉砂岩、细砂岩和中砂岩，以及局部见有的含石英砂岩，砂岩在整个岩心中的出现频率较高，在井段 90.37～317.6m 岩心主要由不等厚互层的砂岩和泥岩组成。在 317.6m 以下，砂岩、泥岩、灰岩呈不等厚互层状产出。总体上砂岩以中—厚层状产出，砂岩颜色以浅灰—灰白色为主，由浅至深砂岩的颜色变化不大。总体上砂岩的成熟度不高，仅局部出现成熟度相对较高的含石英砂岩。砂岩以钙质胶结为主，砂岩内的裂缝也常为方解石所充填。砂岩的层理发育，中砂岩中主要发育有砂纹层理、平行层理，粉砂岩、粉细砂岩中常见有水平层理发育。砂岩与泥岩形成的波状层理、脉状层理及透镜状层理中，砂岩常与泥岩呈突变式接触关系产出。与砂岩呈互层产出的灰岩大多以亮晶灰岩为主，局部见有鲕粒灰岩和颗粒灰岩。

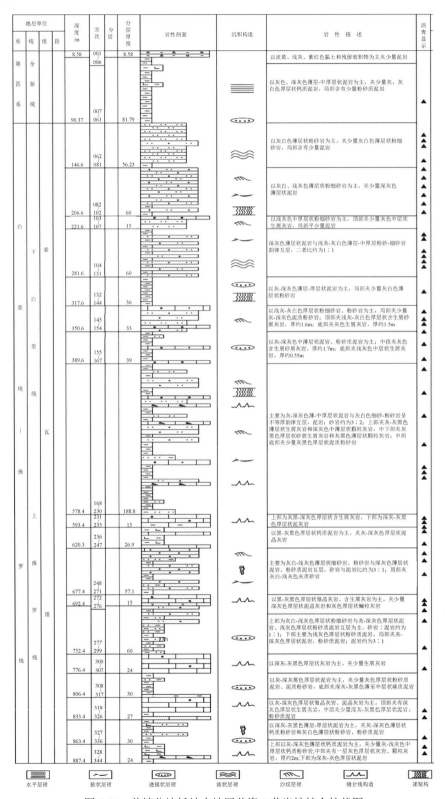

图 3-16 羌塘盆地托纳木地区羌资 3 井岩性综合柱状图

2. 碳酸盐岩

本井岩心中见有的碳酸盐岩以微晶灰岩为主，其次为生屑灰岩、泥灰岩，及少量鲕粒灰岩、颗粒灰岩。其主要出现于井段317.6～887.4m，多以中—中厚层状产出，整体具有随着埋深的加大，其在地层中所占比重逐渐增大的微弱趋势。其内生屑尺寸差异较大，大者可达3～4cm，小者不足5mm，生屑富集层大多成层产出，但其内的化石排列不具明显的定向性，化石多被方解石所交代，交代程度较高。

四、古近系

根据羌地17井钻遇的古近系地层岩心特征，唢呐湖组的主要岩石类型为碎屑岩和蒸发岩类。

1. 碎屑岩

羌地17井钻遇的唢呐湖组的碎屑岩以泥岩、粉砂质泥岩和泥质粉砂岩为主，主要分布在唢呐湖组下部。

钙质含砾中-粗砂岩：中-粗砂结构，块状构造，砂岩主要由石英、岩屑及少量长石组成（图3-17）。砾石主要呈次棱角状-次圆状，少数呈棱角状，分选中等，粒径为0.2～1.5cm，含量约为20%，主要由灰色灰岩、灰绿色泥岩、白色石英组成。与上部地层呈渐变接触，与下部地层呈突变接触。

长石石英细砂岩：细粒砂状结构，块状构造，主要由石英、长石、岩屑组成，可见发育平行层理，产状水平，颗粒支撑，含钙质（图3-18）。

钙质泥质粉砂岩：为灰绿、紫红色钙质泥质粉砂岩互层产出，可见两层紫红色，两层灰绿色钙质泥质粉砂岩，两者之比约为1∶2，含钙质。

钙质泥岩：泥质结构，块状构造，钙质胶结。可见裂缝充填的白色石膏（图3-19、图3-20）。

图3-17 羌地17井长石石英细砂岩

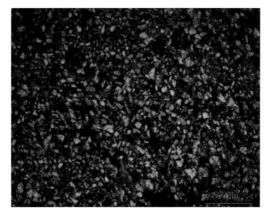

图3-18 羌地17井长石石英细砂岩镜下特征（185m）

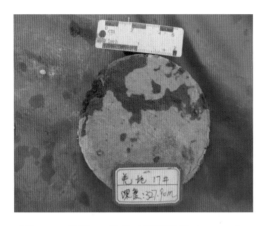 

图 3-19　羌地 17 井唢呐湖组泥岩（327.9m）　　图 3-20　羌地 17 井唢呐湖组泥岩镜下特征（220m）

2. 特殊岩类

唢呐湖组特殊岩类主要为石膏（图 3-21、图 3-22），分布在羌地 17 井 4.4～155m 井段，主要岩石类型为灰-灰黑色板状石膏夹薄层状泥岩，石膏呈透明-半透明，钻具磨损后呈白色粉末状，膏岩层偶见灰黄色泥质。

图 3-21　羌地 17 井唢呐湖组石膏　　图 3-22　羌地 17 井唢呐湖组石膏镜下特征（26.4m）

第二节　单井相分析

一、沉积相类型划分

根据羌塘盆地地质浅钻钻遇地层的岩性组合和沉积特征，划分出的沉积相列于表 3-1。

表 3-1　钻遇地层沉积相体系与沉积相划分表

沉积体系	沉积相	沉积亚相	地层单元	代表浅井
河流	辫状河	河道、边滩、心滩、泛滥平原	雀莫错组	羌资 16 井
扇三角洲	扇三角洲		甲丕拉组	羌资 16 井
三角洲	河控三角洲、潮控三角洲	三角洲平原、三角洲前缘、前三角洲	雀莫错组、色哇组、夏里组、巴贡组/土门格拉组	羌资 2 井、羌资 3 井、羌资 7 井、羌资 8 井、羌资 15 井、羌资 16 井
湖泊	陆缘近海湖、淡水湖	滨浅湖、蒸发潟湖	雀莫错组、唢呐湖组	羌资 16 井、羌地 17 井
障壁型碳酸盐岩沉积海岸	台缘斜坡、台缘浅滩（礁）、浅海、开阔台地（鲕粒滩）、局限台地（潮坪、潟湖、萨布哈、滩间）	龙格组、展金组、布曲组、索瓦组、夏里组二段	羌资 1 井、羌资 2 井、羌资 5 井、羌资 11 井、羌资 12 井
障壁型碎屑岩沉积海岸	潮坪、潟湖	夏里组一段、三段	羌资 1 井、羌地 17 井
无障壁型海岸-浅海	海湾（三角洲、潟湖、潮坪）、内陆棚、外陆棚	波里拉组、夏里组、索瓦组上段	羌资 1 井、羌资 13 井、羌资 16 井

二、单井沉积特征

（一）二叠系沉积相特征

二叠系地层主要包括下二叠统展金组和中二叠统龙格组。主要发育局限台地相、火山岩相和台地边缘斜坡相（图 3-23）。

局限台地相：发育于展金组下段，主要岩性为浅灰色薄-中层状粉细晶白云岩夹部分含砾屑白云岩，夹少量角砾状白云岩、极薄层-纹层状白云岩和深灰色硅质岩。偶见缝合线构造，构造微裂缝不发育，白云石晶间孔隙较发育。

火山岩相：发育于展金组中段，主要岩性为墨绿色块状火山角砾岩、凝灰岩，为火山爆发相。

台地边缘斜坡相：发育于展金组上段和龙格组一段、二段和三段。具体分为下斜坡和上斜坡亚相。下斜坡亚相以深灰色粉砂质泥岩、灰黑色薄-中层泥灰岩夹少量浅灰色岩屑粉砂岩，灰黑色粉砂质泥岩、含粉砂泥岩夹浅灰色泥质粉砂岩为主，其中发育䗴、腕足、腹足、海百合等生物化石。上斜坡亚相主要发育于整个钻遇的龙格组，主要岩性为一套棕灰色薄层-中层状泥晶灰岩、粉屑灰岩、砂屑灰岩及含生物砂屑灰岩，含大量的䗴、海百合、腕足、腹足等生物化石。

（二）三叠系沉积相特征

根据羌塘盆地钻遇上三叠统地层（甲丕拉组、波里拉组、巴贡组和鄂尔陇巴组）的单井岩心特征和室内研究，三叠系主要发育 3 类沉积体系：扇三角洲沉积体系、三角洲沉积体系和无障壁海岸沉积体系。

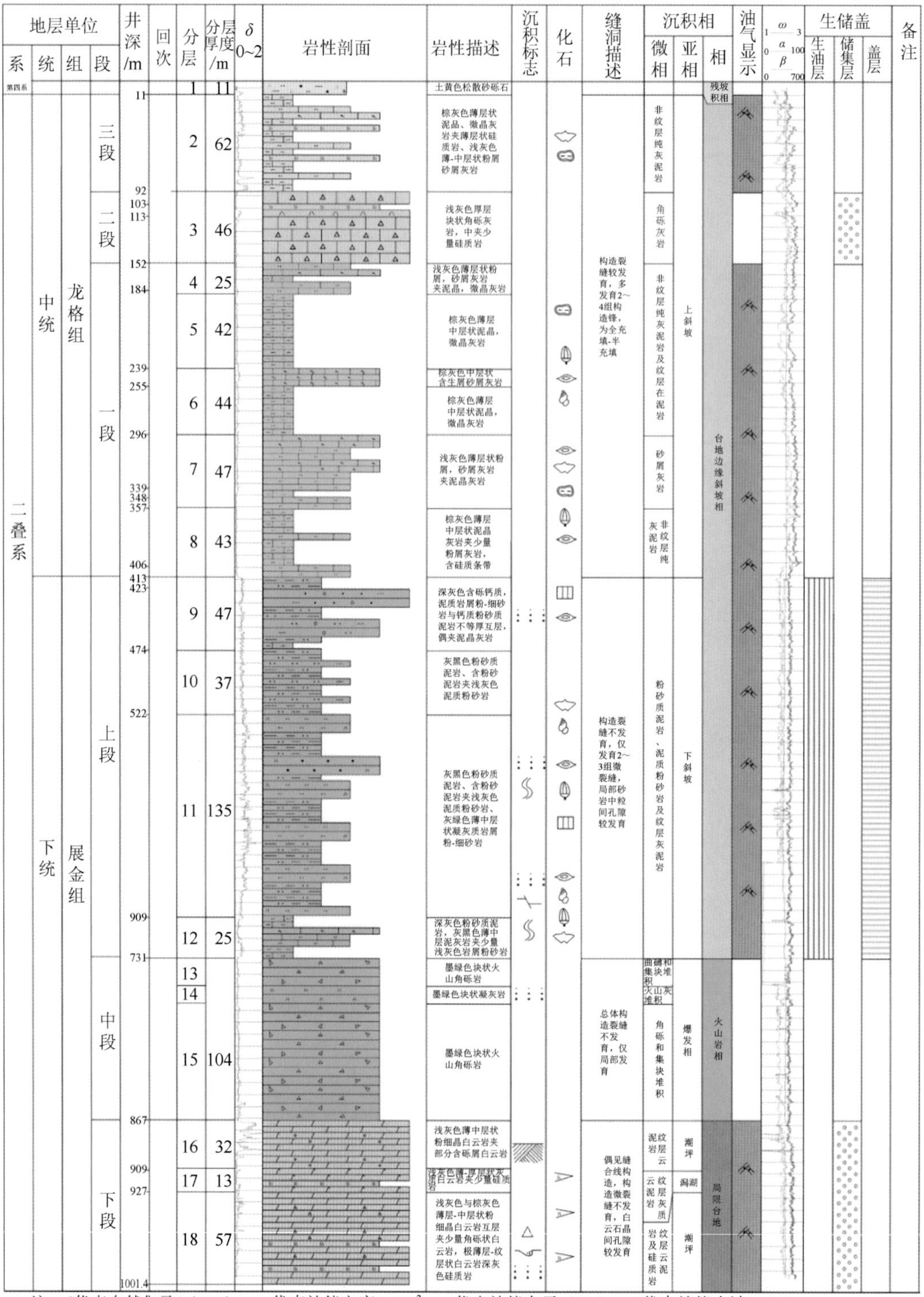

注：δ代表自然伽马/（API）；ω代表补偿密度(g/cm³)；α代表补偿中子（PU）；β代表补偿声波(μs/m)。

图 3-23　羌资 5 井综合柱状图

1. 扇三角洲沉积体系

扇三角洲沉积体系主要见于甲丕拉组底部（图 3-24），代表岩性为紫红色、杂色厚层-块状砾岩夹含砾粉砂岩等。砾石一般呈次棱角状，分选磨圆较差。砾石大小不一，最大者可以达到 4~6cm。填隙物为砂级和粉砂级的石英、岩屑和泥质等，颗粒支撑，无定向性排列，砾石成分较为复杂，见火山岩砾石、硅质岩砾石及碳酸盐岩砾石，成分成熟度和结构成熟度偏低。砂岩类型为岩屑石英砂岩，碎屑成分中不稳定组分（如变质岩、火山岩岩屑）含量高，石英矿物相对较少，泥质填隙物含量亦较高。总体上本类型的岩石具有较低的成分成熟度和结构成熟度。

2. 三角洲沉积体系

三角洲沉积体系主要见于上三叠统土门格拉组和巴贡组地层中（图 3-24~图 3-27）。发育三角洲前缘相、三角洲平原相和前三角洲相。

三角洲前缘相：主要由灰黑色钙质泥岩、粉砂质泥岩和泥质粉砂岩组成。主要见于羌资 16 井巴贡组上部地层。三角洲前缘的河口砂坝亚相常叠置于远砂坝亚相之上，与前三角洲相一起形成下细上粗的沉积层序。发育砂纹层理及平行层理，见较丰富的植物化石碎片。

三角洲平原相：主要由灰色、灰黑色中薄层状岩屑石英细砂岩、粉砂岩与泥岩，夹煤线，在羌资 15 井钻井岩心中，共发现 6 层含煤夹层。

前三角洲相：主要由深灰色泥岩夹薄层状泥质粉砂岩组成，在羌资 7 井和羌资 8 井可见大量双壳类化石，发育水平层理，富含有机质。在羌资 16 井粉砂质泥岩中可见大量黄铁矿脉体。

3. 无障壁海岸沉积体系

该体系主要发育于波里拉组（图 3-24、图 3-26、图 3-27），主要为浅水陆棚相沉积，岩性以棕灰色-深灰色-灰黑色薄层-中层-块状泥晶灰岩为主，夹灰黑色薄层状钙质泥岩、浅灰色薄层-中层状泥晶砂屑灰岩、粉屑灰岩和浅灰色薄层状石英岩屑细砂岩。波里拉组顶界以灰岩的消失及砂岩出现作为划分标志，是水体逐渐变浅的进积型组合，属浅水陆棚相。

（三）侏罗系沉积相特征

依据羌资 1~3 井、9~13 井和 16~17 井的钻遇地层（中-下侏罗统雀莫错组、中侏罗统色哇组、布曲组、夏里组和上侏罗统索瓦组），并结合前人的研究成果，研究区共发育 3 种类型的沉积体系，即河流沉积体系、三角洲沉积体系和碳酸盐台地沉积体系。

1. 河流沉积体系

河流沉积体系主要见于雀莫错组底部（图3-24），具有如下特点：①剖面上可见典型的二元结构，由砾岩、砂岩、粉砂岩组成由粗到细的正旋回沉积层序；②岩性以灰色、紫红色石英质砾岩、岩屑石英砂岩、粉砂岩等为主；③砾岩、砂岩中碎屑组分具一定磨圆，颗粒支撑；④少见生物化石。

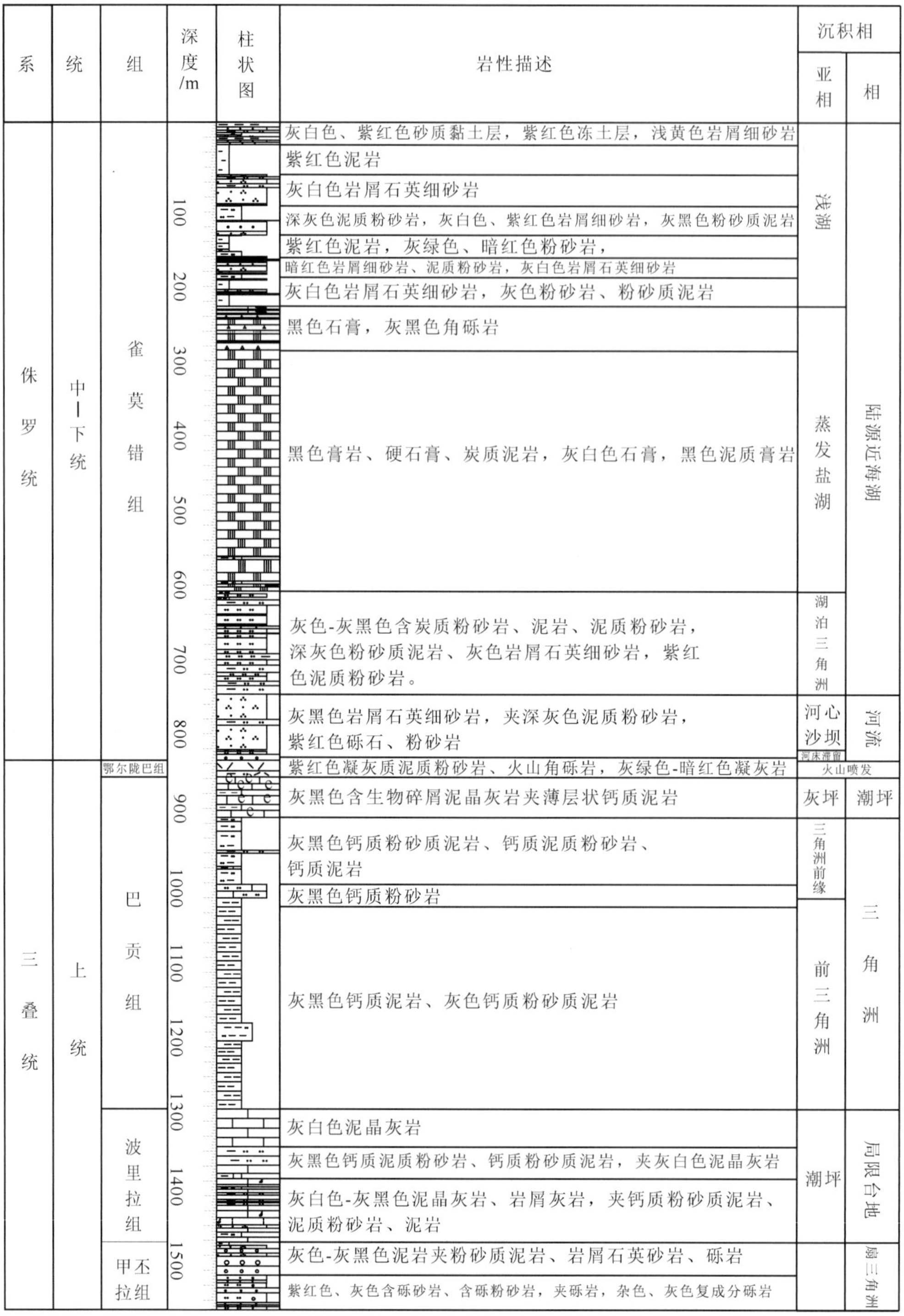

系	统	组	深度/m	柱状图	岩性描述	沉积相	
						亚相	相
侏罗统	中—下统	雀莫错组	100 200		灰白色、紫红色砂质黏土层，紫红色冻土层，浅黄色岩屑细砂岩	浅湖	陆源近海湖
					紫红色泥岩		
					灰白色岩屑石英细砂岩		
					深灰色泥质粉砂岩，灰白色、紫红色岩屑细砂岩，灰黑色粉砂质泥岩		
					紫红色泥岩，灰绿色、暗红色粉砂岩，		
					暗红色岩屑细砂岩、泥质粉砂岩，灰白色岩屑石英细砂岩		
					灰白色岩屑石英细砂岩，灰色砂砾岩、粉砂质泥岩		
			300 400 500 600		黑色石膏，灰黑色角砾岩	蒸发盐湖	
					黑色膏岩、硬石膏、炭质泥岩，灰白色石膏，黑色泥质膏岩		
			700 800		灰色-灰黑色含炭质粉砂岩、泥岩、泥质粉砂岩，深灰色粉砂质泥岩、灰色岩屑石英细砂岩，紫红色泥质粉砂岩。	湖泊三角洲	
					灰黑色岩屑石英细砂岩，夹深灰色泥质粉砂岩，紫红色砾石、粉砂岩	河心沙坝 河床滞留	河流
		鄂尔陇巴组			紫红色凝灰质泥质粉砂岩，火山角砾岩，灰绿色-暗红色凝灰岩	火山喷发	
三叠统	上统	巴贡组	900 1000 1100 1200		灰黑色含生物碎屑泥晶灰岩夹薄层状钙质泥岩	灰坪	潮坪
					灰黑色钙质粉砂质泥岩、钙质泥质粉砂岩、钙质泥岩	三角洲前缘	三角洲
					灰黑色钙质粉砂岩		
					灰黑色钙质泥岩、灰色钙质粉砂质泥岩	前三角洲	
		波里拉组	1300 1400 1500		灰白色泥晶灰岩	潮坪	局限台地
					灰黑色钙质泥质粉砂岩、钙质粉砂质泥岩，夹灰白色泥晶灰岩		
					灰白色-灰黑色泥晶灰岩、岩屑灰岩，夹钙质粉砂质泥岩、泥质粉砂岩、泥岩		
		甲丕拉组			灰色-灰黑色泥岩夹粉砂质泥岩、岩屑石英砂岩、砾岩		扇三角洲
					紫红色、灰色含砾砂岩、含砾粉砂岩，夹砾岩，杂色、灰色复成分砾岩		

图 3-24　羌塘盆地羌资 16 井上三叠统岩性综合柱状图

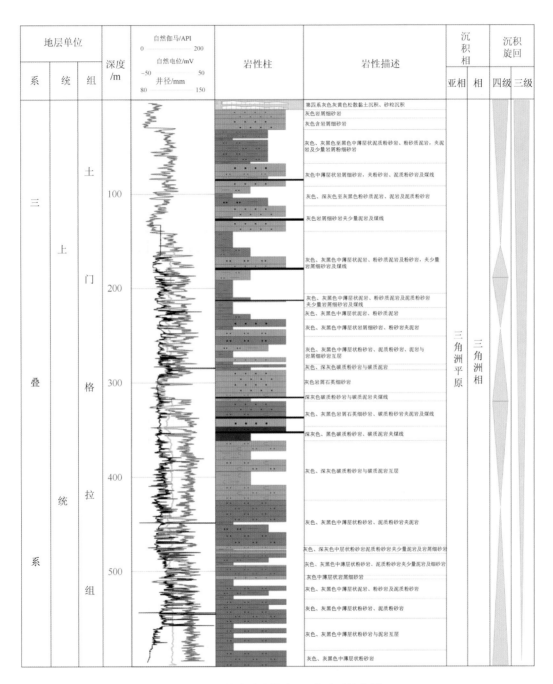

图 3-25 羌塘盆地羌资 15 井地层柱状图

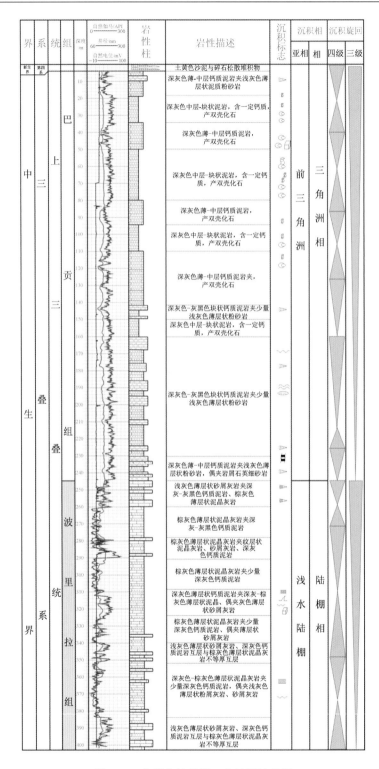

图 3-26 羌塘盆地羌资 7 井地层柱状图

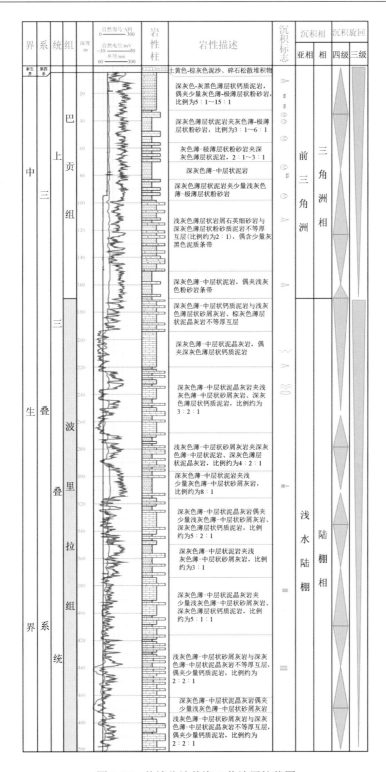

图 3-27 羌塘盆地羌资 8 井地层柱状图

2. 三角洲沉积体系

三角洲沉积体系在羌塘盆地地质浅钻中较为发育,在夏里组、色哇组和雀莫错组都有发育,以羌资 2 井色哇组为例,在井深 611.70～812.00m 的中侏罗统色哇组中,根据对钻孔岩心的野外精细描述,结合粒度分析,可进一步划分为前三角洲亚相和三角洲前缘亚相,整体具下细上粗的沉积相序(图 3-28)。

1)三角洲前缘亚相

三角洲前缘亚相是三角洲沉积的主体部分,是三角洲分流河道进入海域的水下沉积部分,在羌资 2 井色哇组中,该相由水下分流河道、河口砂坝、远砂坝、水下分流间湾等微相构成。

水下分流河道:水下分流河道是三角洲平原分流河道的水下延伸部分,岩性上主要为含砾砂岩、粗砂岩、中砂岩和岩屑砂岩等组成;沉积构造上具有平行层理、斜层理等;相序上主要表现为与前缘河口砂坝、远砂坝等微相密切共生,粒度分布以跳跃总体发育为特征。

河口砂坝:河口砂坝是三角洲前缘亚相最典型的微相,是河流入海或入湖时,由于湖水或海水的抑制作用,河流流速骤减,使河流携带的大量载荷快速堆积下来。其特征主要表现在岩性上以中细砂岩为主,砂岩分选和磨圆均较好;在沉积构造上主要为平行层理、斜层理等,剖面结构上以下细上粗逆粒序为特征。

水下分流间湾:水下分流河道间与湖水或海水相连通的低洼地区即为水下分流间湾,岩性上为一套泥岩和粉砂质泥岩,发育水平层理。

远砂坝:远砂坝是由河流携带的细粒沉积物在三角洲前缘河口坝与浅海的过渡地带所形成的坝状沉积体,它位于三角洲前缘的最前端,所以又称为末端砂坝,岩性主要为中细粒不等粒砂岩、岩屑石英砂岩,其分选和磨圆均较差;沉积构造上见平行层理。如果波浪的改造作用强,则远砂坝多被改造为席状砂。如果波浪作用微弱,则远砂坝河席状砂均不发育。

2)前三角洲亚相

前三角洲亚相位于三角洲前缘与浅海过渡带,总体上与浅海沉积很难区分。从沉积组分看,主要为粉砂质泥岩、泥岩,有时含碳屑,发育水平层理;在相序上与席状砂或远砂坝互层。

通过对羌资 2 井色哇组粒度进行分析,色哇组粒度特征存在分选中等-差($1.226<\sigma<2.316$;$1.517<S_o<3.586$)、正偏-极正偏、平均值($37.34\mu m<M_d<148.67\mu m$)偏细的特征,沉积物粒度跨度不大,并主要集中于中砂-细砂部分,结合概率密度累计曲线及指标和 C-M 图等分析(图 3-29～图 3-31)羌资 2 井色哇组处于三角洲前缘亚相和前三角洲亚相的沉积特点。羌塘盆地色哇组沉积是伴随侏罗纪海盆的逐渐萎缩,中央隆起露出水面,并提供物源形成的辫状河三角洲相沉积环境。

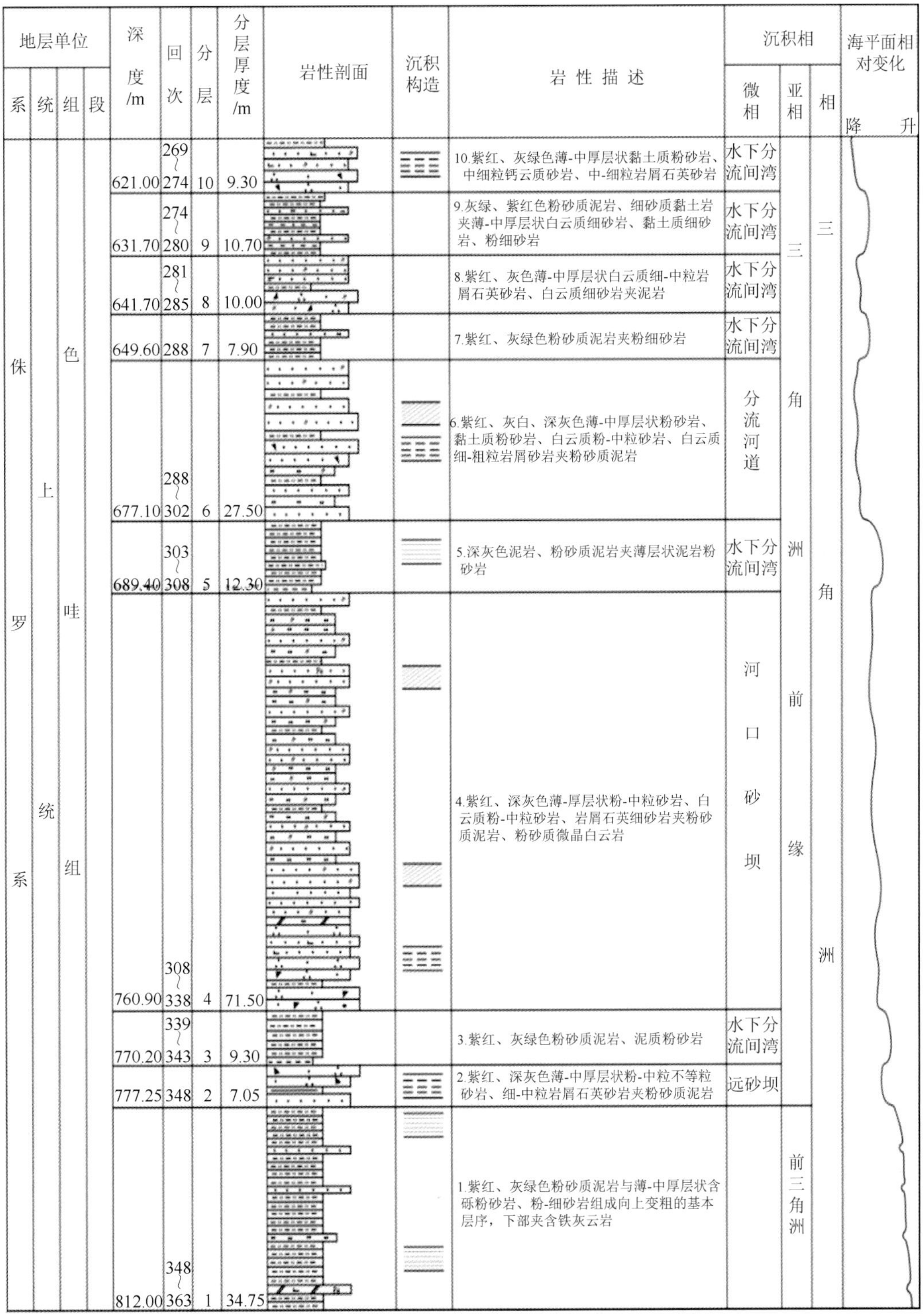

地层单位				深度/m	回次	分层	分层厚度/m	岩性剖面	沉积构造	岩性描述	沉积相			海平面相对变化
系	统	组	段								微相	亚相	相	降 升
侏罗系	上统	色哇组		621.00	269~274	10	9.30			10.紫红、灰绿色薄-中厚层状黏土质粉砂岩、中细粒钙云质粉砂岩、中-细粒岩屑石英砂岩	水下分流间湾	三角洲前缘	三角洲	
				631.70	274~280	9	10.70			9.灰绿、紫红色粉砂质泥岩、细砂质黏土岩夹薄-中厚层状白云质细砂岩、黏土质细砂岩、粉细砂岩	水下分流间湾			
				641.70	281~285	8	10.00			8.紫红、灰色薄-中厚层状白云质细-中粒岩屑石英砂岩、白云质细砂岩夹泥岩	水下分流间湾			
				649.60	288	7	7.90			7.紫红、灰绿色粉砂质泥岩夹粉细砂岩	水下分流间湾			
				677.10	288~302	6	27.50			6.紫红、灰白、深灰色薄-中厚层状粉砂岩、黏土质粉砂岩、白云质粉-中粒砂岩、白云质细-粗粒岩屑砂岩夹粉砂质泥岩	分流河道			
				689.40	303~308	5	12.30			5.深灰色泥岩、粉砂质泥岩夹薄层状泥岩粉砂岩	水下分流间湾			
				760.90	308~338	4	71.50			4.紫红、深灰色薄-厚层状粉-中粒砂岩、白云质粉-中粒砂岩、岩屑石英细砂岩夹粉砂质泥岩、粉砂质微晶白云岩	河口砂坝			
				770.20	339~343	3	9.30			3.紫红、灰绿色粉砂质泥岩、泥质粉砂岩	水下分流间湾			
				777.25	348	2	7.05			2.紫红、深灰色薄-中厚层状粉-中粒不等粒砂岩、细-中粒岩屑石英砂岩夹粉砂质泥岩	远砂坝			
				812.00	348~363	1	34.75			1.紫红、灰绿色粉砂质泥岩与薄-中厚层状含砾粉砂岩、粉-细砂岩组成向上变粗的基本层序，下部夹含铁灰云岩	前三角洲			

图 3-28 羌资 2 井色哇组三角洲沉积体系

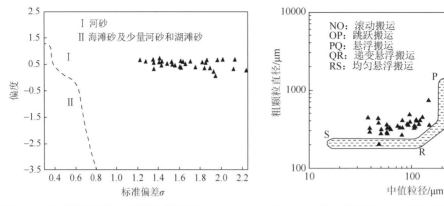

图 3-29　色哇组砂岩粒度参数模式图（据 Bull，1962）　图 3-30　色哇组砂岩 C-M 图解（据 Passega，1957）

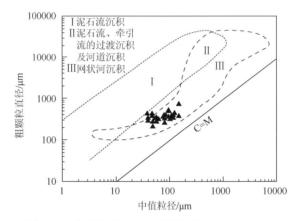

图 3-31　色哇组砂岩 C-M 图解（据 Bull，1962）

　　值得注意的是，羌资 9 井和羌资 10 井同样钻遇了中侏罗统色哇组地层，羌资 10 井色哇组岩性主要为含泥质粉砂岩、泥质粉砂岩、粉砂质泥岩、含粉砂质泥岩等。从 178.31m 开始，泥岩中开始含有钙质。岩石的颜色从上到下逐步加深，从灰-深灰色变化到深灰-灰黑色。在泥岩段岩心中，可以见有一些沉积时形成的粉砂条带或细脉（图 3-32）。

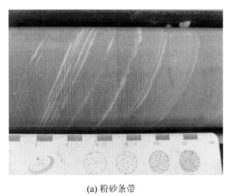

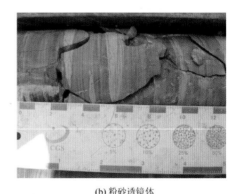

(a) 粉砂条带　　　　　　　　　　　　　　　　(b) 粉砂透镜体

图 3-32　羌资 10 井色哇组泥岩中粉砂条带及粉砂透镜体

部分条带的延续性较差，形成粉砂透镜体。同时，岩心中局部见有方解石充填的孔洞或裂缝。根据岩性组合特征，羌资 9 井和羌资 10 井的色哇组表现为一套深水陆棚相沉积。

3. 碳酸盐台地沉积体系

碳酸盐台地沉积体系主要发育于中侏罗统布曲组，布曲组广泛发育有各种颗粒的灰岩、泥-微晶灰岩、白云质灰岩和白云岩等，产腕足类、双壳类等化石及碎片，岩石颜色多以紫灰、灰、深灰色为基调，根据威尔逊碳酸盐综合沉积模式，可进一步划分为开阔台地亚相（滩、滩间）、局限台地亚相（滩间）和浅海亚相（图 3-33）。

1）开阔台地亚相

布曲组碳酸盐开阔台地亚相具多样性的沉积特征，以羌资 2 井为代表，根据水动力条件，可进一步划分台地边缘浅滩和滩-滩间微相。

（1）台地边缘浅滩微相。以发育鲕粒滩为主，砂砾屑滩仅在局部地段出现，均形成于台地边缘水体动荡的高能环境，受到风暴、风浪的作用和影响。

鲕粒滩：主要发育于羌资 2 井中部，井深 263.10～278.31m，岩石类型为亮晶鲕粒灰岩、亮晶含云质鲕粒灰岩，鲕粒以放射鲕和薄皮鲕为主，次为复鲕、生物核心鲕，含量为 65%～88%，粒径为 0.20～2.00mm，一般以 0.50～0.70mm 者居多，形态一般为圆状、扁圆状和放射状；鲕粒灰岩中常见腕足、双壳、有孔虫、介形虫、棘屑、腹足等生物碎屑，含量一般为 1%～7%，同时偶见陆源石英砂屑，含量不大于 1%；胶结物为具一、二时代特征的亮晶方解石和亮晶白云石，先后为弱的纤状栉壳和晶粒结构，含量为 12%～26%。反映出形成时的高能浅滩环境。

砂砾屑滩：发育于羌资 2 井中上部，单层厚度仅为 10～30cm，主要岩性为砂砾屑灰岩、含砾屑砂屑灰岩等，垂向上与鲕粒灰岩组成向上浅滩化的沉积序列。其中，2.00～4.30mm 的砾粒屑含量为 10%～25%，0.10～2.00mm 的砂屑为 5%～63%，骨屑（包括苔藓虫、腹足、瓣鳃、海百合茎等）为 1%～5%；胶结物以具二时代特征的亮晶方解石和白云石为主（总含量为 10%～20%），次为泥-微晶方解石和白云石（4%～15%）。砂砾屑成分均一，但形状多变，呈次棱角状-圆状，部分为内含生物的，由于受溶解作用和白云石化作用的影响，其轮廓不整齐，致使形状不规则，呈残余状产出。（2）台地边缘滩-滩间微相。主要发育于羌资 2 井中部-中下部井深 278.31～379.90m 和 409.05～611.70m，岩性为紫灰、深灰色薄-厚层状泥晶灰岩、生屑泥晶灰岩、团粒泥晶灰岩、粒屑泥晶灰岩、团粒灰岩、亮晶粒屑灰岩、泥-微晶骨屑砂屑灰岩、泥-微晶鲕粒灰岩夹泥-微晶白云岩、灰质白云岩、砂屑白云岩、鲕粒白云岩组成向上浅滩化的基本层序（图 3-33）。

其中，泥晶灰岩主要由泥晶方解石（90%～98%）组成，兼有少量泥质、生屑和陆源碎屑石英，反映形成于水体平静的低能环境。

泥-微晶灰岩主要由泥-微晶方解石（96%～97%）组成，兼有少量生屑、泥质和陆源碎屑石英，生屑主要有棘屑、腹足、腕足、介形虫、海胆、海百合茎和瓣鳃等，除海胆、海百合茎保存较好外，其余破碎，反映形成于水体较为平静的低能环境。

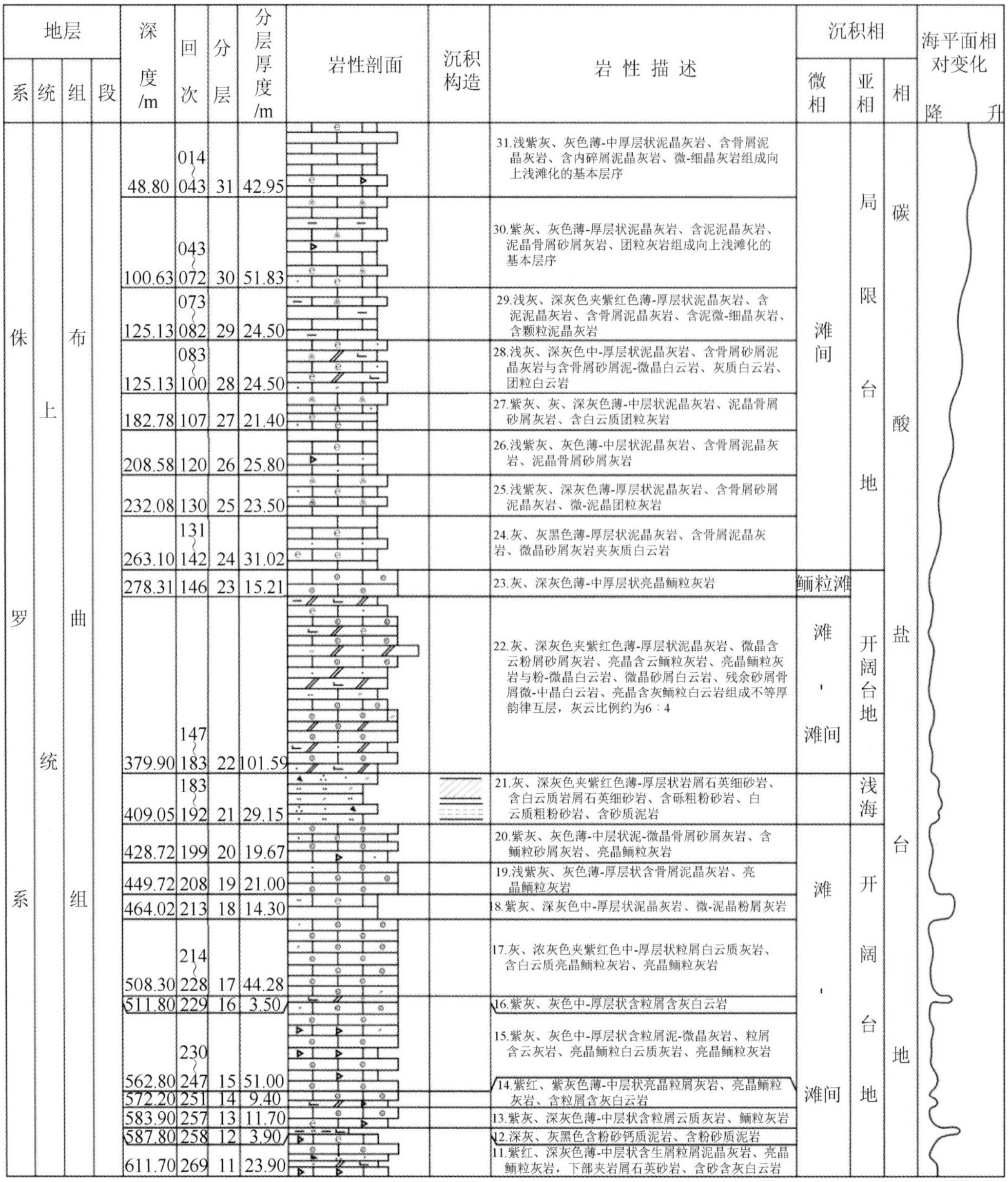

地层				深度/m	回次	分层	分层厚度/m	岩性剖面	沉积构造	岩性描述	沉积相			海平面相对变化
系	统	组	段								微相	亚相	相	降　升
侏罗系	上统	布曲组		48.80	014/043	31	42.95			31.浅紫灰、灰色薄-中厚层状泥晶灰岩、含骨屑泥晶灰岩、含内碎屑泥晶灰岩、微-细晶灰岩组成向上浅滩化的基本层序	滩间	局限台地	碳酸盐	
				100.63	043/072	30	51.83			30.紫灰、灰色薄-厚层状泥晶灰岩、含泥泥晶灰岩、泥晶骨屑砂屑灰岩、团粒灰岩组成向上浅滩化的基本层序				
				125.13	073/082	29	24.50			29.浅灰、深灰色夹紫红色薄-厚层状泥晶灰岩、含泥泥晶灰岩、含骨屑泥晶灰岩、含泥微-细晶灰岩、含颗粒泥晶灰岩				
				125.13	083/100	28	24.50			28.浅灰、深灰色中-厚层状泥晶灰岩、含骨屑砂屑晶灰岩与含骨屑砂屑-微晶白云岩、灰质白云岩、团粒白云岩				
				182.78	107	27	21.40			27.紫灰、灰、深灰色薄-中层状泥晶灰岩、泥晶骨屑砂屑灰岩、含白云质团粒灰岩				
				208.58	120	26	25.80			26.紫灰、灰、深灰色薄-中层状泥晶灰岩、含骨屑泥晶灰岩、泥晶骨屑砂屑灰岩				
				232.08	130	25	23.50			25.浅紫灰、深灰色薄-厚层状泥晶灰岩、含骨屑砂屑泥晶灰岩、微-泥晶团粒灰岩				
				263.10	131/142	24	31.02			24.灰、灰黑色薄-厚层状泥晶灰岩、含骨屑泥晶灰岩、微晶砂屑灰岩夹灰质白云岩			盐	
				278.31	146	23	15.21			23.灰、深灰色薄-中厚层状亮晶鲕粒灰岩	鲕粒滩	开阔台地		
				379.90	147/183	22	101.59			22.灰、深灰色夹紫红色薄-厚层状泥晶灰岩、微晶含云粉砂屑泥晶灰岩、亮晶含云鲕粒灰岩、亮晶鲕粒灰岩与微-微晶白云岩、微晶砂屑白云岩、残余鲕粒白云岩、亮晶含云鲕粒白云岩组成不等厚韵律互层，灰云比例约为6：4	滩、滩间			
				409.05	183/192	21	29.15			21.灰、深灰色夹紫红色薄-厚层状岩屑石英细砂岩、含白云质岩屑石英细砂岩、白云质粗粉砂岩、含砂质泥岩	浅海	台地		
				428.72	199	20	19.67			20.紫灰、灰色薄-中层状泥-微晶骨屑砂屑灰岩、含鲕粒砂屑灰岩、亮晶鲕粒灰岩	滩	开阔台地		
				449.72	208	19	21.00			19.浅紫灰、灰色薄-厚层状含骨屑泥晶灰岩、亮晶鲕粒灰岩				
				464.02	213	18	14.30			8.紫灰、深灰色中-厚层状泥晶灰岩、微-泥晶粉砂屑灰岩				
				508.30	214/228	17	44.28			17.灰、浓灰色夹紫红色中-厚层状粒屑白云质灰岩、含白云质亮晶鲕粒灰岩、亮晶鲕粒灰岩				
				511.80	229	16	3.50			16.紫灰、灰色中-厚层状含粒屑灰质白云岩				
				562.80	230/247	15	51.00			15.紫灰、灰色中-厚层状含粒屑泥-微晶灰岩、粒屑含云灰岩、亮晶鲕粒白云质灰岩、亮晶鲕粒灰岩	滩间			
				572.20	251	14	9.40			14.紫红、紫灰色薄-中层状泥晶粒屑灰岩、亮晶鲕粒含粒屑含灰云岩				
				583.90	257	13	11.70			13.紫灰、深灰色薄-中层状含粒屑云质灰岩、鲕粒灰岩				
				587.80	258	12	3.90			12.深灰、深黑色含粉砂钙质泥岩、含砂质泥岩				
				611.70	269	11	23.90			11.深灰、深黑色薄-中层状含生屑鲕粒灰岩、鲕粒灰岩，下部夹岩屑白云砂岩、含砂灰质白云岩				

图 3-33　羌资 2 井布曲组碳酸盐台地沉积体系

团粒灰岩主要由 0.02～0.10mm 的泥晶方解石团粒（78%～94%）组成，并兼有少量的生屑、泥质和陆源碎屑，基质为泥-微晶方解石（4%～20%），反映形成于水动力条件较弱的低能环境；亮晶粒屑灰岩主要由粒屑（60%～80%）组成，胶结物为具一、二时代特征的亮晶方解石和白云石（20%～40%），粒屑组分包括内碎屑（10%～70%）、生屑（10%～35%）和鲕粒（0～10%），其分选差，形状不规则，大小悬殊，分布不均匀，鲕粒多为无圈层的低能鲕，呈圆状—椭圆状，有的以生屑为核心，反映形成于水体动力条件相对动荡的较高能环境。

　　砂屑灰岩主要由砂屑（40%～82%）和粉屑（5%～33%）组成，并兼有少量的砾屑、鲕粒、骨屑等，基质以泥-微晶方解石（5%～28%）为主，次为重结晶的方解石、白云石和铁泥质等，其颗粒大小悬殊，分布欠均匀，反映形成于水体动力条件相对动荡的较高能环境。

　　泥-亮晶鲕粒灰岩主要由0.18～2.00mm的鲕粒（65%～88%）组成，并兼有少量内碎屑、砂屑和生屑等，胶结物为具一时代特征的泥-微晶方解石（10%～15%）和具二时代特征的亮晶方解石（14%～24%），鲕粒包括放射鲕、薄皮鲕、生物核心鲕和复鲕等，鲕粒大小不一（0.20～2.00mm），但分布较均匀，反映形成于水体动荡的较高能—高能环境。

　　上述特征总体反映了由碳酸盐台地边缘滩间低能环境向碳酸盐台地边缘浅滩高能环境的浅滩化特征。由于水体变浅，水动力较强，加上风浪、风暴的筛选作用，造成了各种颗粒灰岩的相对集中，并在纵向上形成泥-微晶灰岩与颗粒灰岩的多次交替，同时也反映了相对海平面的多次振荡作用。

　　2）局限台地亚相

　　南羌塘盆地布曲组以羌资2井为例，主要发育于羌资2井上部井深为5.85～263.10m，岩性为紫灰、灰、深灰色薄-厚层状泥晶灰岩、含泥泥晶灰岩、含生屑泥晶灰岩、含生屑砂屑泥晶灰岩、泥-微晶团粒灰岩、微-中晶灰岩夹泥-微晶白云岩、灰质白云岩、团粒白云岩组成向上浅滩化的基本层序，总体反映了由碳酸盐局限台地滩间低能环境向滩间较高能环境的浅滩化特征。由于水体逐渐变浅，水动力相对增强，并伴有一定程度的风浪作用，形成局部的生屑砂屑堆积，并在纵向上形成泥晶灰岩与生屑砂屑灰岩的多次交替，同时也反映了相对海平面的多次低频振荡。

　　北羌塘盆地布曲组以羌资1井为例，该井布曲组的局限台地沉积总体上具有多旋回的特点，由泥质泥晶灰岩、微晶灰岩、生屑泥微晶灰岩、粒屑（砂屑、鲕粒、球粒等）灰岩、白云质灰岩或灰质白云岩构成多个向上变浅的沉积序列（图3-34）。但是此处的粒屑灰岩除少量亮晶胶结外，多为泥-微晶结构，且颗粒含量均达不到50%，反映出水动力条件不强。

　　沉积序列A、D为建滩序列（粒屑滩或鲕粒滩）。它们发育于布曲组一段中部，其中沉积序列A反映为一个快速海侵、缓慢海退高频层序发育过程；而沉积序列D则反映出一个缓慢海侵、缓慢海退的高频层序发育过程（图3-34）。

　　沉积序列B、C为浅水暴露序列（粒屑滩或鲕粒滩）。它们发育于布曲组上部和顶部，其中沉积序列B反映为一个快速海侵、缓慢海退的高频层序发育过程，中间有一个建滩过程；而沉积序列D则反映出一个快速海侵、快速海退的高频层序发育过程。特别是沉积序列C，具有明显的浅水暴露特征：发育硅质团块和灰质白云岩、白云质灰岩（图3-34）。

　　白云石微晶为0.01～0.03mm，粒度细小均匀，干净明亮，多为半自形-自形。据此镜下特征，也可推测白云石可能形成于浅埋藏环境混合水白云石化作用。

　　3）浅海亚相

　　布曲组浅海亚相发育于浪基面以下向外海延伸的海水深度不大（10～200m）的海域。研究区主要见于井深379.90～409.05m。此外，在587.80～611.70m井段亦见有少量分布，岩性为灰、深灰色夹紫红色薄-厚层状石英细砂岩、岩屑石英砂岩、钙云质砂岩、白云质粗粉砂岩、

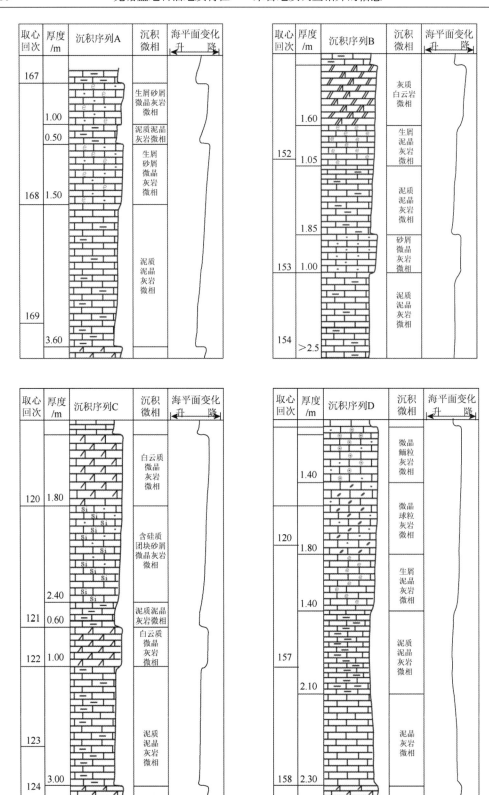

图 3-34　布曲组碳酸盐局限台地亚相及其沉积序列

含砂含钙质泥岩组成向上变细的基本层序。砂岩成分成熟度和结构成熟度为差-中等,其陆源碎屑含量高达 3%～15%,层内见平行层理和斜层理,以上特征反映出沉积时处于水动力条件体相对较弱的浅海环境,但常受到风暴、潮汐的作用和影响。

4)潮坪相

潮坪相可以细分为灰坪、泥坪、灰云坪、砂泥坪等微相,不同的微相呈现出不同的岩石组合。砂泥坪发育潮道粉-细粒石英砂岩、生屑灰岩和潮间粉砂岩、含钙质粉砂岩夹生屑、介壳灰岩组合沉积,以羌资 1 井夏里组一段上部 12～25 回次沉积为代表,形成粉-细砂岩与粉砂质泥岩交互沉积的层序特征。其与构造活动导致海平面下降及陆源碎屑的进积作用有关。

泥坪发育粉砂质泥岩、泥岩夹粉砂岩组合,可见砂纹层理,如 29～33 回次(羌资 1 井)。

灰云坪一般出现在海平面短周期下降期,发育泥微晶白云质灰岩或灰质白云岩和少量微晶白云岩组合,如 97 回次(羌资 1 井)。

灰坪主要发育各种颗粒(砂屑、生屑、鲕粒或陆源碎屑等)灰岩与泥微晶灰岩沉积组合,如羌资 1 井 47～56 回次,反映一个相对平静的构造稳定期或一个短暂的海进期。

5)潟湖相

潟湖相沉积环境发育深灰色和灰黑色粉砂质泥岩,夹薄层生屑泥晶灰岩和膏岩沉积组合。主要发育于夏里组一段和三段沉积时期,北羌塘处于一个相对闭塞的海湾环境,海水滞留。除凸起向广海的边缘出现潮坪沉积外,大部分地区都为潟湖相沉积,发育厚层板状石膏,夹粉砂质泥岩。石膏风化后呈白色糖粒状,偶夹碳质沥青。粉砂质泥岩夹层呈薄层状,厚度一般小于 1m。中央隆起带附近的夏里组膏岩沉积可能均为萨布哈环境的产物。

(四)古近系沉积相特征

羌地 17 井揭示的古近系唢呐湖组主要发育浅湖相和蒸发盐湖相两类沉积环境(图 3-35)。浅湖相主要岩性为灰红色含钙泥质粉砂岩夹钙质泥岩,发育水平层理。蒸发盐湖相发育于羌地 17 井唢呐湖组上段,主要岩性为灰黄色、白色透明块状石膏夹少量青灰色薄层泥岩、钙质泥岩和泥质粉砂岩,见有水平层理发育。

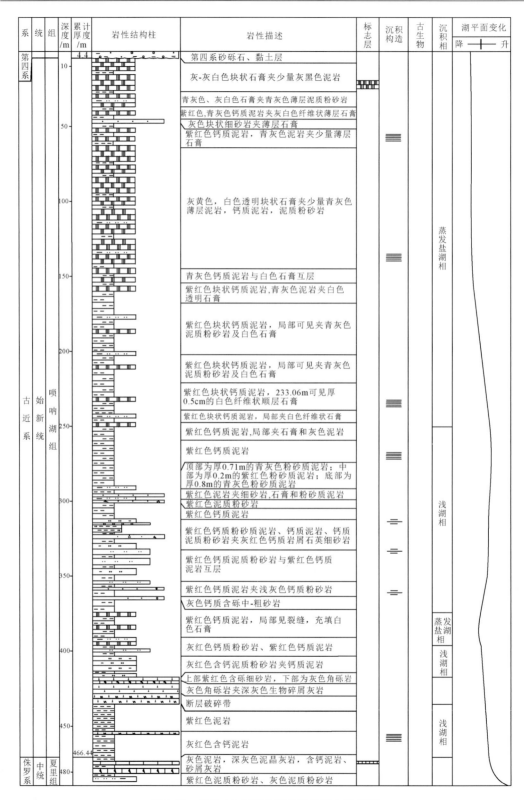

图 3-35　羌地 17 井唢呐湖组岩性综合柱状图

第四章 烃源岩特征

烃源岩是油气生成的物质基础，目前，在羌塘盆地所完成的油气地质调查井中，钻遇的烃源层主要有上二叠统展金组、上三叠统、中侏罗统色哇组、布曲组、夏里组和上侏罗统索瓦组等。其中，上三叠统烃源岩在区域内分布范围广，是主要烃源岩，其他为次要烃源岩。

第一节 有机质丰度

有机质丰度是评价烃源岩优劣的主要因素，衡量有机质丰度的主要参数是有机碳含量（total organic carbon，TOC），氯仿沥青"A"，以及岩石高温热解总烃产率 $S_1 + S_2$ 等。对于泥岩样品，国内外的评价标准基本一致，下限为 0.4%或 0.5%；而对于碳酸盐岩烃源岩样品各类评价标准不一，有机质丰度下限取值为 0.05%～0.5%不等。近年来，国内外许多学者对碳酸盐岩烃源岩的评价进行了广泛的调研，认为碳酸盐岩和泥岩作为有效烃源岩的有机质丰度下限没有本质区别，其有机碳含量必须大于 0.5%，低丰度的碳酸盐岩不能作为有效烃源岩（Bjoroy et al.，1994；张水昌等，2002；柳广弟等，2009；陈建平等，2012）。

因此，本次烃源岩评价，将有效烃源岩的有机碳含量下限标准定为 0.5%（表 4-1）。由于羌塘盆地目前烃源岩样品热演化程度较高，考虑到衡量有机质丰度的可溶有机质指标如氯仿沥青"A"、生烃潜量等受有机质热演化影响较大，评价烃源岩有机质丰度主要采用残余有机碳含量指标，其他指标作为辅助指标供参考。

表 4-1 羌塘盆地烃源岩有机质丰度评价标准

参数类型	非烃源岩	差烃源岩	中等烃源岩	好烃源岩
有机碳/%	<0.5	0.5～1.0	1.0～2.0	>2.0
氯仿沥青"A"/%	<0.01	0.01～0.10	0.10～0.15	>0.15
生烃潜量/（mg/g）	<0.5	0.5～2.0	2.0～6.0	>6.0

一、上二叠统展金组

羌塘盆地二叠系为一套大陆边缘沉积，以稳定的台地-三角洲相沉积为主（陈文彬，2017a）。羌塘盆地角木茶卡地区羌资 5 井钻遇二叠系地层，其中展金组黑色泥岩为可能烃源岩，其厚度约为 318m，并且在地表和井下发现了含油白云岩（陈文彬等，2017b）。测试结果表明，其有机碳含量分布为 0.62%～1.42%，均值为 1.15%（表 4-2），达到中等烃源岩标准。

表 4-2 羌塘盆地井下烃源岩有机质丰度统计表

井位	层位	厚度/m	岩性	有机碳/% 均值（个数）	氯仿沥青"A"/% 均值（个数）	生烃潜量/（mg/g） 均值（个数）
羌资 5 井	P_3z	318	泥岩	0.62～1.42 1.15（12）	0.1362～0.3829 0.0319（12）	0.14～0.68 0.46（12）
羌资 6 井	T_3	35.15	泥岩	0.54～3.33 1.07（9）	0.45～2.80 0.89（11）	0.0029～0.0099 0.0045（11）
羌资 7 井	T_3	167	泥岩	0.52～3.56 1.20（18）	0.04～0.17 0.10（14）	0.0096～0.0585 0.0194（14）
羌资 8 井	T_3	128.6	泥岩	0.51～3.37 1.34（20）	0.03～0.54 0.12（14）	0.0035～0.0136 0.0098（4）
羌资 13 井	T_3	84	泥岩	0.54～2.04 0.88（14）	0.11～0.45 0.21（4）	
羌资 15 井	T_3	162	泥岩	0.56～0.85 0.68（17）		
羌资 16 井	T_3	41.2	泥岩	0.53～1.09 0.76（14）		0.0005～0.002 0.0014（8）
羌资 2 井	J_2s		泥岩	0.14～0.26 0.20（2）	0.0025～0.0027 0.0026（2）	0.01～0.32 0.0026（2）
羌资 9 井	J_2s		泥岩	0.20～0.58 0.41（45）	0.0074～0.0059 0.0067（2）	
羌资 10 井	J_2s		泥岩	0.16～0.53 0.35（38）	0.0091～0.0115 0.0103（2）	
羌资 1 井	J_2b		碳酸盐岩	0.08～0.24 0.12（13）	0.0014～0.0041 0.0025（8）	0～0.04 0.01（8）
羌资 2 井	J_2b		碳酸盐岩	0.05～0.35 0.16（27）	0.0005～0.0056 0.0025（27）	0.01～0.05 0.25（27）
羌地 17 井	J_2b	84	碳酸盐岩	0.58～1.41 0.87（17）	0.0027～0.0073 0.0046（13）	0.065～0.303 0.104（13）
			泥岩	0.30～0.48 0.36（9）		
羌资 1 井	J_2x		泥岩	0.09～0.32 0.14（22）	0.00378（5）	0.088（5）
			碳酸盐岩	0.07～0.30 0.13（5）		
羌资 14 井	J_2x		泥岩	0.18～0.68 0.22（22）		
			碳酸盐岩	0.06～0.07 0.07（2）		
羌地 17 井	J_2x		泥岩	0.14～0.39 0.21（27）		

续表

井位	层位	厚度/m	岩性	有机碳/% 均值（个数）	氯仿沥青"A"/% 均值（个数）	生烃潜量/（mg/g） 均值（个数）
羌科 1 井	J₂x		泥岩	$\underline{0.004\sim0.456}$ 0.129（270）		$\underline{0.0026\sim0.3334}$ 0.064（270）
羌资 3 井	J₃s	72	泥岩	$\underline{0.56\sim1.26}$ 0.78（6）	$\underline{0.0009\sim0.0151}$ 0.0044（6）	$\underline{0.01\sim0.29}$ 0.13（6）
			碳酸盐岩	$\underline{0.11\sim0.34}$ 0.25（3）	$\underline{0.0013\sim0.0052}$ 0.0033（3）	$\underline{0.02\sim0.07}$ 0.05（3）

展金组烃源岩氯仿沥青"A"含量较高，其含量为 0.1362%～0.3829%，均值为 0.0139%，按照氯仿沥青"A"评价标准要低于 TOC 评价标准，但是大部分也达到标准；岩石热解分析表明生烃潜量较高，为 0.14～0.68mg/g，均值 0.46mg/g，按照生烃潜量评价标准要低于 TOC 评价标准（表 4-2）。

二、上三叠统

上三叠统是羌塘盆地一套主要烃源岩，区域内分布广泛，主要受沉积环境的控制，产出烃源岩的沉积环境主要为三角洲-浅海陆棚相，烃源岩以暗色泥页岩及含煤泥页岩等为主（王剑等，2004；陈文彬等，2014，2015）。目前已经实施的地质调查井中，共有羌资 6 井、羌资 7 井（图 4-1）、羌资 8 井、羌资 13 井（图 4-2）、羌资 15 井和羌资 16 井钻遇了上三叠统地层，其烃源岩厚度范围为 35.15～167m，其中羌塘盆地东部羌资 7 井中上三叠统烃源岩厚度最大，累计为 167m（表 4-2）。

从钻遇几口井的烃源岩情况来看，上三叠统烃源岩总体有机碳含量较高，为 0.51%～3.56%（表 4-2），属差-好烃源岩，其中羌资 7 井和羌资 8 井大部分达到了中等-好烃源岩的级别。羌资 6 井泥岩有机碳含量为 0.54%～3.33%，均值 1.07%，大部分属差烃源岩，仅少部分属中等-好烃源岩。羌资 7 井中泥岩有机碳含量为 0.52%～3.56%，平均为 1.20%，大部分达到中等-好烃源岩级别（图 4-1）。羌资 8 井 TOC 分布情况和羌资 7 井类似，其有机碳分析结果显示（表 4-2）有机碳含量为 0.51%～3.37%，均值 1.34%。根据烃源岩的评价标准，大部分为中等-好烃源岩。

羌资 13 井有机碳分析结果显示，有机碳含量为 0.54%～2.04%，均值 0.88%。根据烃源岩的评价标准，主要属于差烃源岩，还有部分达到中等烃源岩标准。羌资 15 井有机碳含量为 0.56%～0.85%，均值 0.68%，全部为属差烃源岩。羌资 16 井烃源岩有机碳含量为 0.53%～1.09%，均值 0.76%，主要为差烃源岩，还有 1 件样品达到中等烃源岩标准（图 4-2）。总体来看，上三叠统泥岩有机碳含量较高，大部分达到烃源岩标准，且羌资 7 井和羌资 8 井中部分达到了中等-好烃源岩级别。

上三叠统烃源岩氯仿沥青"A"含量和生烃潜量较低，氯仿沥青"A"含量为 0.03%～2.80%，生烃潜量为 0.0005～0.0585mg/g。羌资 6 井 11 件样品中，生烃潜量为

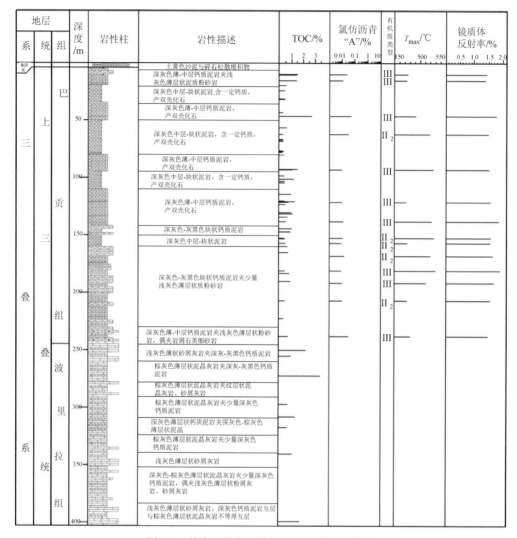

图 4-1 羌资 7 井上三叠统烃源岩综合柱状图

0.0029～0.0099mg/g（表4-2），平均值为0.0045mg/g；氯仿沥青"A"含量为0.45%～2.80%，平均值为0.10%。羌资 7 井 14 件样品中，生烃潜量为 0.0096～0.0585mg/g（表4-2，图4-1），平均值为 0.0194mg/g；氯仿沥青"A"含量为 0.04%～0.17%，平均值为 0.10%。羌资 8 井 4 件样品中，生烃潜量为 0.0035～0.0136mg/g（表4-2），平均值为 0.0098mg/g。氯仿沥青"A"含量为 0.03%～0.54%，平均值为 0.12%。羌资 13 井氯仿沥青"A"含量为 0.11%～0.45%，平均值为 0.21%。羌资 16 井生烃潜量含量为 0.0005～0.002mg/g（表4-2，图4-2），平均值为 0.0014mg/g。

三、中侏罗统色哇组

中侏罗统色哇组区域上沉积厚度一般 1000～2000m，南羌塘拗陷色哇组烃源岩主要是一套陆棚相-盆地相沉积的深灰色泥岩。羌资 9 井和羌资 10 井钻遇地层为色哇组地层。

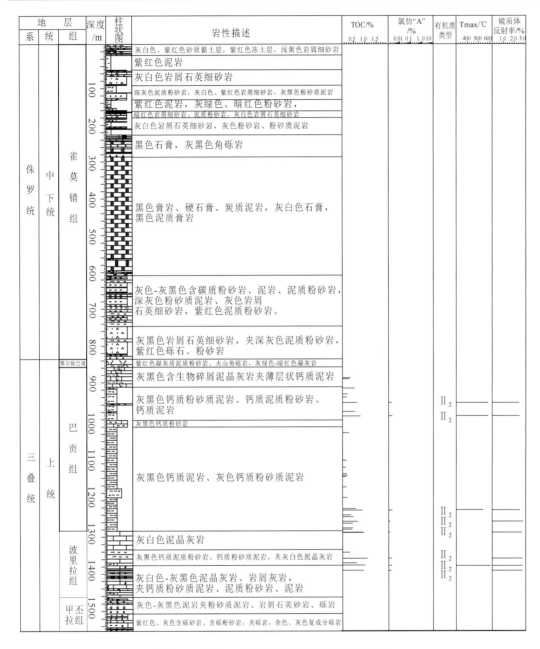

图 4-2　羌资 16 井上三叠统烃源岩综合柱状图

　　羌资 9 井和羌 10 井有机碳分析结果显示（表 4-2），色哇组有机碳含量总体较低，仅少数样品达到烃源岩标准。羌资 9 井 45 件样品中，7 件样品属于差烃源岩，有机碳含量为 0.50%～0.58%；其余 38 件样品的有机碳含量小于 0.50%，属于非烃源岩；羌资 10 井中分析了 38 件样品，仅有 3 件样品属于烃源岩，有机碳含量为 0.50%～0.53%，其余样品属于非烃源岩。因此，从羌资 9 井和羌资-10 井中来看，色哇组泥岩生烃能力较差，仅少数属于较差的烃源岩，大部分未达到烃源岩标准（图 4-3）。

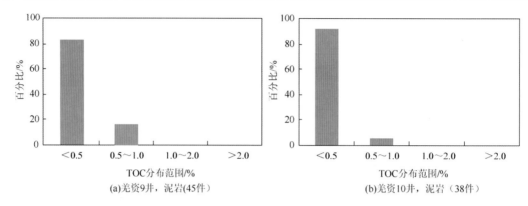

图 4-3 羌资 9 井和羌资 10 井色哇组烃源岩有机碳分布范围直方图

中侏罗统色哇组烃源岩氯仿沥青"A"含量很低,羌资 9 井和羌资 10 井氯仿沥青"A"含量为 0.0074%~0.0115%,按照评价标准为非-差烃源岩(图 4-3)。

四、中侏罗统布曲组

布曲组在盆地内分布最广泛,以潮坪、潟湖、开阔台地及台盆相为主,烃源岩主要为碳酸盐岩(廖忠礼等,2013;陈文彬等,2007),在南羌塘还发现了大规模的白云岩古油藏带(王成善等,2004;陈文彬等,2008)。钻遇布曲组地层的主要为羌资 1 井、羌资 2 井、羌资 11 井、羌资 12 井和羌地 17 井,可能烃源岩主要为灰-深灰色泥晶灰岩。从测试结果来看,布曲组碳酸盐岩有机碳含量总体较低,羌资 1 井、羌资 2 井均未达到烃源岩标准;羌地 17 井碳酸盐岩烃源岩有机碳含量为 0.58%~1.41%,平均值为 0.87%(表 4-2),大部分达到差烃源岩标准,少数达到中等烃源岩标准,具有一定的生烃能力,其厚度约为 84m,主要分布在布曲组中-下部(图 4-4);泥岩有机碳含量为 0.30%~0.48%,均未达到烃源岩标准(表 4-2)。

羌资 1 井、羌资 2 井和羌资 17 井中,氯仿沥青"A"含量和生烃潜量均较低,按照氯仿沥青"A"和生烃潜量标准,均为非烃源岩(表 4-2)。

五、中侏罗统夏里组

钻遇夏里组地层的主要为羌资 1 井、羌地 17 井和羌科 1 井。夏里组可能烃源岩以深灰色泥岩、泥灰岩为主,其次为深灰色泥晶灰岩、钙质粉砂质泥岩等。

从夏里组井下烃源岩测试情况来看,不管是泥岩还是碳酸盐岩,有机碳含量都很低,未达到烃源岩下限,仅极少达到差烃源岩标准。北羌塘坳陷羌资 1 井夏里组泥质烃源岩有机碳含量为 0.09%~0.32%,均值 0.14%;碳酸盐烃源岩有机碳含量为 0.07%~0.30%,均值为 0.13%(表 4-2),属非烃源岩。北羌塘坳陷羌地 17 井有机碳含量为 0.14%~0.39%,均值为 0.21%,也未达到烃源岩下限值,为非烃源岩(表 4-2,图 4-4);邻近羌地 17 井

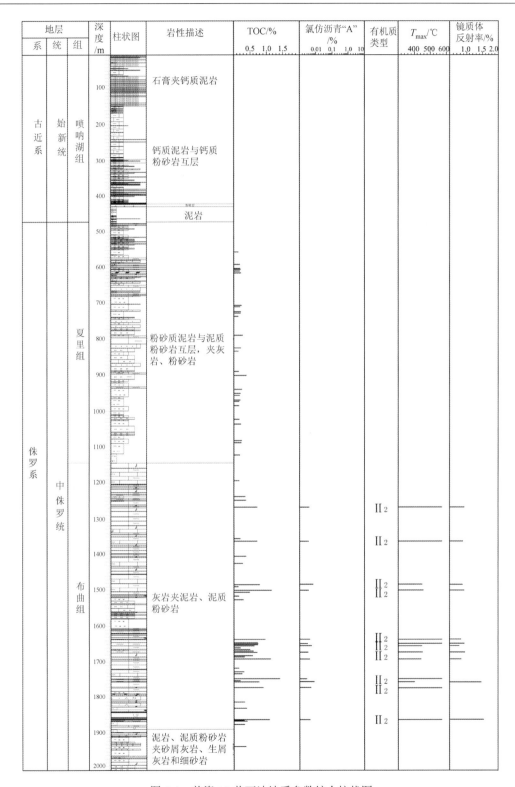

图 4-4　羌资 17 井石油地质参数综合柱状图

的羌科 1 井 270 件夏里组泥岩样品中，有机碳含量为 0.004%～0.456%，均值为 0.129%，未达到烃源岩下限值。南羌塘拗陷羌资 14 井泥岩的有机碳含量为 0.18%～0.68%，均值为 0.22%。根据烃源岩的评价标准，只有 1 件样品属于差烃源岩，大部分样品未达到烃源岩标准，为非烃源岩。

夏里组井下氯仿沥青"A"含量和生烃潜量都很低。羌资 1 井氯仿沥青"A"含量均值为 0.00378%，最高值为 0.0114%，生烃潜量非常低，一般小于 0.1mg/g；羌科 1 井夏里组生烃潜量为 0.0026～0.3334mg/g，均值为 0.064mg/g（表 4-2）。

六、上侏罗统索瓦组

索瓦组烃源岩主要分布在羌资 3 井，烃源岩岩性主要为一套灰色、深灰色泥岩、泥晶灰岩等岩石组合。羌资 3 井索瓦组 6 件泥质烃源岩有机碳含量为 0.56%～1.26%，均值为 0.78%（表 4-2，图 4-5）；氯仿沥青"A"含量较低，其含量为 0.0009%～0.0151%，

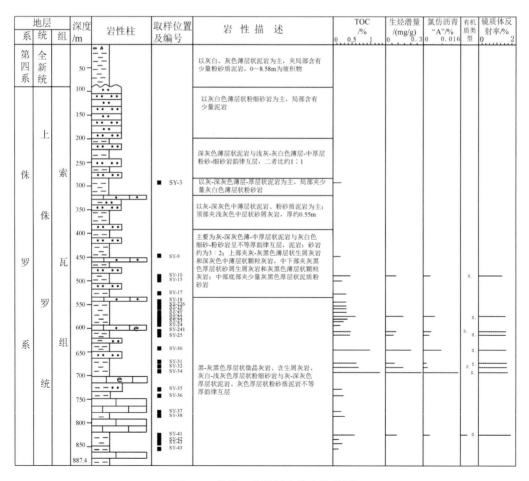

图 4-5　羌资 3 井烃源岩综合柱状图

岩石热解分析表明生烃潜量非常低，为0.01～0.29mg/g（表4-2，图4-5），综合这些参数表明，索瓦组泥岩中部分达到了差-中等烃源岩标准，有一定生烃潜力，烃源岩厚度约为72m（图4-5）。

羌资3井索瓦组碳酸盐岩烃源岩有机碳含量为0.11%～0.34%，均值0.25%（表4-2，图4-5），氯仿沥青"A"含量较低，为0.0013%～0.0052%，均值为0.0033%；岩石热解分析表明生烃潜量非常低，为0.02～0.07mg/g，表明索瓦组碳酸盐岩烃源岩未达到烃源岩标准，为非烃源岩。

第二节 有机质类型

划分有机质类型的指标很多，但是羌塘盆地烃源岩热演化程度普遍较高，相比较而言，干酪根镜下鉴定和干酪根碳同位素受到的影响相对较小，因此，本节主要利用干酪根镜下鉴定、干酪根碳同位素及生物标志物等参数确定其有机质类型（表4-3）。

表4-3 干酪根类型划分标准

干酪根类型	类型指数	干酪根碳同位素/‰
I	≥80	<−28
II$_1$	80～40	−28～−26
II$_2$	40～0	−26～−24
III	<0	>−24

一、上二叠统展金组

1. 干酪根显微组分

干酪根显微组分分析显示，羌资5井上二叠统展金组烃源岩干酪根中以腐泥组占绝对优势，其含量为42%～49%；其次为惰质组（含量为29%～38%）和镜质组（含量为15%～25%），不含壳质组和沥青组。根据干酪根显微组分的百分含量所计算的类型指数（TI）对干酪根类型进行判断。其中类型指数（TI）＝[腐泥组×100＋壳质组×50＋镜质组×（−75）＋惰质组×（−100）]/100。根据类型指数计算结果，样品烃源岩类型指数为−9.75～3.0。按照干酪根类型的划分标准，烃源岩以III型干酪根为主，次为II$_2$型干酪根（表4-4）。

表4-4 羌资5井展金组烃源岩有机质丰度统计表

样品	岩性	腐泥组/%	壳质组/%	镜质组/%	惰质组/%	TI指数	干酪根碳同位素/‰	有机质类型
1	泥岩	46	0	25	29	−1.75	−22.7	III
2	泥岩	47	0	20	33	−1.0	−22.8	III

续表

样品	岩性	腐泥组/%	壳质组/%	镜质组/%	惰质组/%	TI 指数	干酪根碳同位素/‰	有机质类型
3	泥岩	48	0	22	30	1.50	−22.8	II₂
4	泥岩	42	0	25	33	−9.75	−22.9	III
5	泥岩	49	0	20	31	3.0	−22.7	II₂
6	泥岩	46	0	19	35	−3.25	−22.9	III
7	泥岩	47	0	15	38	−2.25	−23.3	III
8	泥岩	46	0	18	36	−3.5	−23.0	III

2. 干酪根元素分析

羌资 5 井附近地表展金组共分析了 8 件样品，其 H/C 原子比为 0.49～0.54，O/C 原子比为 0.06～0.07，投到范氏图上，样品在图中 II、III 区域均有分布（图 4-6），与干酪根镜下鉴定类型结果无明显差异。

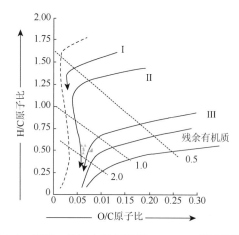

图 4-6　羌资 5 井展金组烃源岩 H/C-O/C 原子比图解

3. 干酪根碳同位素

羌资 5 井中 8 件样品的干酪根 $\delta^{13}C$ 值为−23.3‰～−22.7‰，平均为−22.8‰（见表 4-4），干酪根 $\delta^{13}C$ 值大于−24‰，表明有机质类型主要为 III 型。

4. 生物标志物判别有机质母源

羌资 5 井展金组烃源岩样品饱和烃气象色谱具有以下特点（图 4-7，表 4-5）：①碳数分布比较完整，从 nC_{14}～nC_{34} 均有分布；②主碳峰分布为 nC_{19}、nC_{20}、nC_{24}、nC_{25} 和 nC_{27}，以大于 nC_{20} 占多数，显示高等植物输入；③饱和烃气相色谱分布形态表现为以单峰形态；④奇偶优势比（odd-even predominance，OEP）基本上接近 1.0，为 0.82～1.20，平均值为 1.0（表 4-5），偶碳数优势并不明显。

表 4-5　羌资 5 井正构烷烃及类异戊二烯烃参数统计表

样品编号	主峰碳	CPI	OEP	Pr/Ph	Pr/nC$_{17}$	Ph/nC$_{18}$
1	27	1.17	1.20	0.74	0.74	0.69
2	25	1.14	1.14	0.74	0.34	0.46
3	19	1.22	0.96	1.14	0.97	0.58
4	20	1.04	0.94	0.43	0.48	0.56
5	24	1.11	0.86	1.29	3.17	1.59
6	25	0.96	0.89	0.47	0.67	0.66
7	20	1.07	0.99	0.58	0.71	0.55
8	19	1.33	1.06	0.63	0.48	0.73
9	25	0.97	0.94	0.52	4.64	3.95
10	27	0.65	0.82	0.64	0.54	0.48
11	27	1.16	1.20	0.58	0.56	0.59

注：CPI，carbon preference index，碳优势指数；Pr. 姥鲛烷；Ph. 植烷。

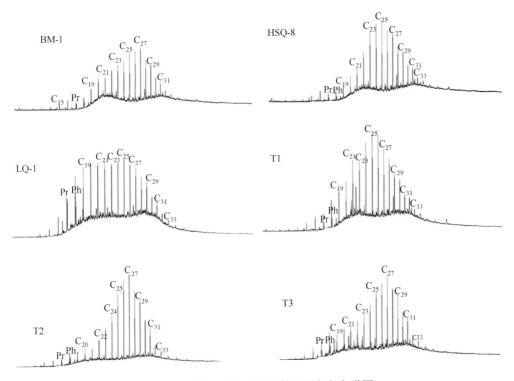

图 4-7　羌资 5 井部分岩石饱和烃气相色谱图

羌资 5 井展金组烃源岩样品均检出丰富的类异戊二烯烃，主要是姥鲛烷（Pr）和植烷（Ph）。烃源岩样品 Pr/Ph 值均较低（表 4-5），其变化范围为 0.43～1.29，Pr/nC$_{17}$ 和 Ph/nC$_{18}$

分别为 0.34～4.64 和 0.46～3.95，植烷优势较明显，说明生烃母质处于还原—弱还原—弱氧化环境，以还原环境为主（图 4-8）。

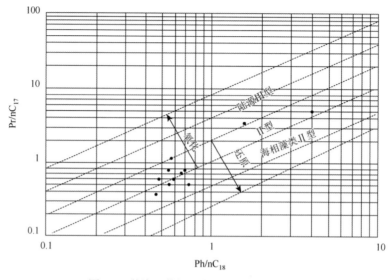

图 4-8　羌资 5 井烃源岩 Pr/nC_{17}-Ph/nC_{18} 图

在本次测试的样品中，鉴定出的甾烷主要包括孕甾烷、规则甾烷及重排甾烷。研究认为，C_{27} 和 C_{28} 甾烷来源于低等水生生物，与 C_{27} 和 C_{28} 甾烷比较，陆源高等植物中富含 C_{29} 甾烷。本次研究利用的 $\alpha\alpha\alpha$-C_{27}-C_{28}-C_{29} 甾烷含量三角图（图 4-9）以识别有机质类型。如图所示，样品点较为集中，且偏向 $\alpha\alpha\alpha$-C_{29}（20R）和 $\alpha\alpha\alpha$-C_{27}（20R）一侧，按照图版的干酪根划分方法，样品基本都落于 III 型干酪根区域，这与有机质显微组分的分析基本一致。

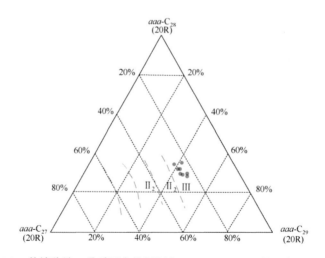

图 4-9　羌塘盆地二叠系展金组烃源岩 $\alpha\alpha\alpha$-C_{27}-C_{28}-C_{29} 甾烷含量三角图

综合上述分析认为，羌资 5 井泥质烃源岩的有机母质构成中，高等植物输入较多，有机母质主要形成于还原—弱还原—弱氧化环境。

二、上三叠统

1. 干酪根显微组分

通过镜下鉴定方法对干酪根显微组分进行了研究，结果显示羌塘盆地羌资 7 井、羌资 8 井和羌资 13 井上三叠统泥岩中腐泥组含量较高（表 4-6），为 25%～48%，以棕褐色无定形体为主，中间厚边缘薄，呈透明-半透明状。羌资 7 井惰质组和壳质组的含量相对较低，分别为 20%～36% 和 18%～42%，主要呈板状、棱角状，颜色较深，为深棕色-黑色；壳质组的含量最低，为 2%～8%（图 4-10）。总体而言，上三叠统泥岩的显微组分以腐泥

表 4-6 羌塘盆地上三叠统地质调查井烃源岩的有机质类型数据

井号	岩性	有机显微组分/%				类型指数	干酪根碳同位素/‰	有机质类型
		腐泥组	壳质组	镜质组	惰质组			
羌资 6 井	泥岩							II₂、III
羌资 7 井	泥岩	$\dfrac{25\sim48}{39.5\,(14)}$	$\dfrac{2\sim8}{5.57\,(14)}$	$\dfrac{18\sim42}{27.6\,(14)}$	$\dfrac{20\sim36}{27.2\,(14)}$	$\dfrac{-33.5\sim11.25}{-5.73\,(14)}$	$\dfrac{-28.4\sim-24.5}{-26.2\,(14)}$	II₂、III
羌资 8 井	泥岩	$\dfrac{37\sim48}{41.75\,(4)}$	$\dfrac{5\sim7}{6.25\,(4)}$	$\dfrac{18\sim30}{21.5\,(4)}$	$\dfrac{26\sim36}{30.5\,(4)}$	$\dfrac{-11\sim11.25}{-1.75\,(4)}$		II₂、III
羌资 13 井	泥岩	$\dfrac{37\sim41}{39\,(4)}$	$\dfrac{5\sim9}{6.75\,(4)}$	$\dfrac{27\sim31}{29.5\,(4)}$	$\dfrac{20\sim27}{24.75\,(4)}$	$\dfrac{-8.75\sim1.25}{-4.50\,(4)}$		II₂、III
羌资 15 井	泥岩							II₂、III

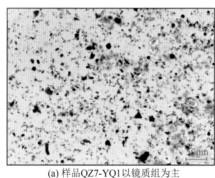
(a) 样品QZ7-YQ1以镜质组为主

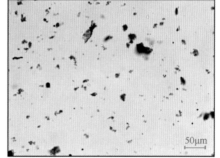
(b) 样品QZ7-YQ3以棕褐色无定形半透明状腐泥组为主

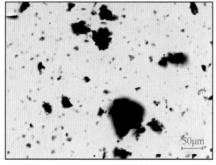
(c) 样品QZ7-YQ5t以棱角状镜质组和惰质组为主

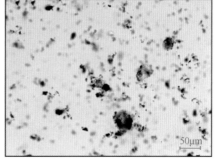
(d) 样品QZ7-YQ9以棕褐色无定形腐泥组为主

图 4-10 羌塘盆地上三叠统烃源岩中干酪根镜下照片（羌资 7 井）

组、镜质组和惰质组为主，壳质组含量非常低（表4-6）。羌资7井干酪根显微组分的三角图投点显示，上三叠统烃源岩干酪根具有明显的混合来源特征（图4-11）。

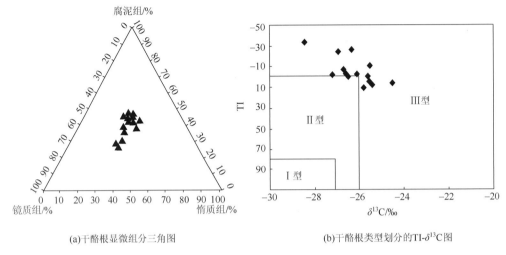

(a)干酪根显微组分三角图　　　　　　　(b)干酪根类型划分的TI-δ^{13}C图

图4-11　羌资7井上三叠统烃源岩干酪根显微组分三角图及TI-δ^{13}C图解

由干酪根显微组分的百分含量所计算的类型指数（TI）是确定有机质类型的常用方法，TI =（腐泥组×100 +壳质组×50－镜质组×75－惰质组×100）/100。根据中华人民共和国石油天然气行业标准《透射光-荧光干酪根显微组分鉴定及类型划分方法》（SY/T 5125—2014），TI 小于 0 的属于Ⅲ型干酪根，TI 为 0～40 的属于Ⅱ$_2$型，TI 为 40～80 的属于Ⅱ$_1$型，TI 大于 80 的属于Ⅰ型干酪根。羌资7井、羌资8井、羌资13井和羌资16井上三叠统烃源岩的干酪根类型指数计算结果见表4-6，TI 为–33.5～19，表明上三叠统泥岩有机质类型以Ⅱ$_2$、Ⅲ型为主。

2. 干酪根碳同位素

干酪根碳同位素 δ^{13}C 主要取决于其母源生物的碳同位素组成及沉积环境。因此，可以根据有机碳同位素常用来判断烃源岩的母质类型。一般认为，干酪根 δ^{13}C 小于–27‰的为Ⅰ型有机质，干酪根 δ^{13}C 大于–26‰的为Ⅲ型有机质，介于之间的为Ⅱ型有机质（黄第藩等，1984）。羌资7井中14件样品的干酪根 δ^{13}C 为–28.4‰～–24.5‰，平均为–26.2‰（见表4-6）。其中，有12件样品的干酪根 δ^{13}C 大于–27‰，表明有机质类型为Ⅱ、Ⅲ型，这一结果与镜下鉴定结果基本一致。

3. 生物标志物反映有机质母源

羌资7井泥岩样品的正构烷烃分布主要为单峰型，正构烷烃碳数分布在 C_{13}～C_{35} 之间（图4-12），以 nC_{16} 或 nC_{17} 为主峰碳数。（nC_{21} + nC_{22}）/（nC_{28} + nC_{29}）值和 nC_{21}^-/nC_{22}^+ 值分别为1.27～17.6 和 1.04～7.57，均大于 1，说明样品的轻烃组分占优势，但是由于上三叠统烃源岩有机质热演化程度一般较高，由于热力作用会使饱和链状烃向低碳数演化，因此对其有机质来源还需结合其他参数进行研究。

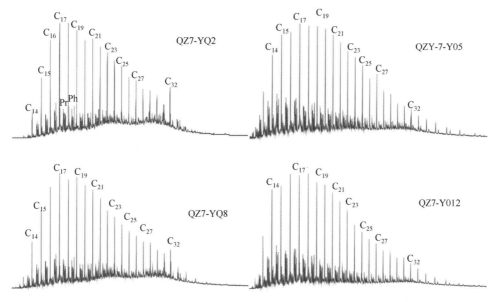

图 4-12　羌资 7 井上三叠统烃源岩饱和烃气相色谱特征

羌资 7 井泥岩样品的 C_{27}、C_{28} 和 C_{29} 甾烷的相对含量分别为 32%～48%、20%～27% 和 31%～43%，其中 C_{27} 与 C_{29} 的含量相近，质谱图上呈不对称的 "V" 字形分布，在 C_{27}-C_{28}-C_{29} 三角图解中，样品均落在了混合来源区（图 4-13），这一结果与干酪根显微组分分析的结果基本一致。羌资 7 井中巴贡组泥岩的 Pr/Ph 值为 0.53～0.94，平均为 0.66，显示出还原环境。另外，在 Pr/nC_{17}-Ph/nC_{18} 图解中，样品均落在 Ⅱ 型分布区，说明有机质来源中有海相低等水生生物输入（图 4-13）。

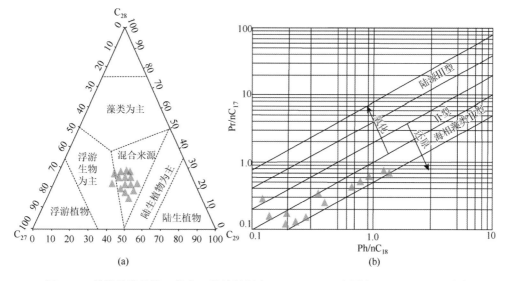

图 4-13　羌塘盆地羌资 7 井上三叠统烃源岩 C_{27}-C_{28}-C_{29} 三角图和 Pr/nC_{17}-Ph/nC_{18} 图

综合干酪根显微组分分析、元素分析、干酪根碳同位素及生物标志物分析，羌塘盆地井下上三叠统烃源岩的有机质类型主要为 II_2、III 型。

三、中侏罗统色哇组

羌资 9 井、羌资 10 井中侏罗统色哇组泥岩显微组分以腐泥组、镜质组和惰质组为主，壳质组含量非常低（表 4-7）。其中，腐泥组含量较高，为 35%～44%；惰质组和镜质组的含量相对较低，分别为 26%～32% 和 25%～30%；壳质组的含量最低，为 2%～8%。羌资 9 井、羌资 10 井中侏罗统色哇组的干酪根类型指数计算结果见表 4-7，TI 为 -11.75～0.75，表明中侏罗统色哇组泥岩有机质类型为 II_2、III 型。

表 4-7　羌塘盆地中侏罗统色哇组烃源岩的有机质类型数据

样品编号	岩性	有机显微组分/%				类型指数	有机质类型
		腐泥组	壳质组	镜质组	惰质组		
QZ9-482	泥岩	44	2	25	27	0.75	II_2
QZ9-484	泥岩	44	4	26	28	-1.50	III
QZ10-203	泥岩	35	2	29	26	-11.75	III
QZ10-271	泥岩	41	8	30	32	-9.50	III

四、中侏罗统布曲组

1. 干酪根显微组分特征

羌资 1 井布曲组干酪根显微组分也以腐泥组为主，含量为 66%～77%，平均为 71.8%，镜质组和惰质组次之，含量分别为 4%～6% 和 7%～18%，不含或者含少量壳质组，干酪根的类型为 II_1 型。羌资 2 井干酪根镜下鉴定分析结果表明，碳酸盐岩烃源岩均以腐泥组为主，含量为 29%～79%，平均为 72%，惰质组含量为 8%～18%，平均为 12.6%，镜质组含量为 5%～22%，平均为 13.5%。根据干酪根显微组分及类型指数，羌资 1 井、羌资 2 井碳酸盐岩烃源岩以 II_1 型干酪根为主，占 92%，还含少量 II_2 型干酪根（表 4-8）。

表 4-8　羌塘盆地布曲组井下烃源岩的有机质类型数据

井号	岩性	有机显微组分/%				干酪根碳同位素/‰	有机质类型
		腐泥组	壳质组	镜质组	惰质组		
羌资 1 井	碳酸盐岩	$\dfrac{66～77}{71.8\ (9)}$	$\dfrac{0～1}{0.2\ (9)}$	$\dfrac{4～6}{10.2\ (9)}$	$\dfrac{7～18}{14.5\ (9)}$		II_1
羌资 2 井	碳酸盐岩	$\dfrac{29～79}{72\ (27)}$	$\dfrac{1～2}{1.27\ (27)}$	$\dfrac{5～22}{13.5\ (27)}$	$\dfrac{8～18}{12.6\ (27)}$	$\dfrac{-26.76～-22.75}{-25.08\ (27)}$	II_1，少量 II_2

2. 干酪根元素分析

对布曲组井下烃源岩样品进行镜下干酪根分离，尽管均检出了干酪根，但大多数样品的干酪根纯度较低，经过筛选，共有 9 件样品的干酪根纯度在 50% 以上。将这些元素分析数据投到范氏图上，其 H/C、O/C 原子比大致是随着 O/C 原子比的增大而增大（图 4-14），H/C 原子比为 0.49～0.95，O/C 原子比为 0.053～0.21，大多数点落于图上 II 型区域，少数落于 III 型区域。这与镜下鉴定资料基本一致，表明研究区主要为混合偏腐泥型干酪根。

3. 干酪根碳同位素

布曲组碳酸盐岩烃源岩的干酪根碳同位素平均值见表 4-8。羌资 2 井烃源岩干酪根碳同位素最大值为 –22.75‰，最小值为 –26.76‰，平均值为 –25.08‰。可以看出，布曲组碳酸盐岩烃源岩有机质类型以 II$_1$ 型为主，还含有少量 II$_2$ 型有机质，此特征与干酪根镜下鉴定得出的有机质类型以 II$_1$ 型为主的结果基本一致。而羌地 17 井烃源岩干酪根碳同位素最大值为 –21.30‰，最小值为 –26.90‰，平均值为 –24.74‰，也表明其有机质类型以 II$_1$ 型为主。

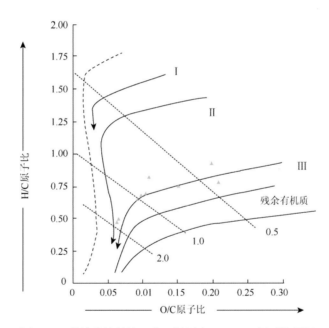

图 4-14　羌塘盆地羌资 2 井下烃源岩 H/C-O/C 原子比图解

4. 生物标志物特征反映有机质母源

1）正构烷烃

羌资 2 井饱和烃色谱图（图 4-15）可以看出，饱和烃分布具有如下特征：①碳数分布比较完整，从 nC$_{10}$～nC$_{35}$ 均有分布；②主碳峰以 nC$_{17}$、nC$_{20}$ 为主，次为 nC$_{18}$、nC$_{15}$、nC$_{16}$ 主碳峰；③分布形态表现出单峰和双峰形态并存的特征，并且以单峰形态占优势。单峰型又分为前主峰型和后主峰型两种，并以前主峰型为主，前主峰型主碳峰为 nC$_{16}$ 或 nC$_{17}$；④烃源岩具有较高的 $\sum C_{21}^-/\sum C_{22}^+$，变化范围为 0.48～4.18，均值为 2.28，除 1

件样品为 0.48 外，绝大多数大于 1.0，说明羌资 2 井中碳酸盐岩烃源岩轻组分较多，显然与低等水生生物的大量参与有关。

2）类异戊二烯烃

羌资 2 井 Pr/Ph 为 0.56～1.03，平均值为 0.75，其中绝大多数样品 Pr/Ph 值小于 1.0，具有较为明显的植烷优势，剖面中仅在 160m 和 550m 处出现姥鲛烷（Pr）优势，其 Pr/Ph 值均为 1.03，说明烃源岩以还原沉积环境为主，母质成分中水生生物较多，有机质类型较好。

3）萜类化合物

羌资 2 井烃源岩中生物标志化合物非常丰富，为判断烃源岩母质类型提供了大量地质信息。所有的样品均检出丰富的五环三萜类化合物（藿烷系列）和三环萜烷，以及少量四环萜烷，其相对丰度为五环三萜烷＞三环萜烷＞四环萜烷（图 4-15）。五环三萜烷碳数分布范围为 C_{27}～C_{35}，均以 C_{30} 藿烷成分占优势；三环萜烷碳数分布范围为 C_{19}～C_{30}，以 C_{21} 或 C_{23} 为主碳峰。γ-蜡烷在样品中均有分布，但含量较低，剖面上其最大值（最大峰面积）出现在 580m 处，315m 处出现第二大峰面积。未检出代表典型陆源输入的奥利烷和羽扇烷。

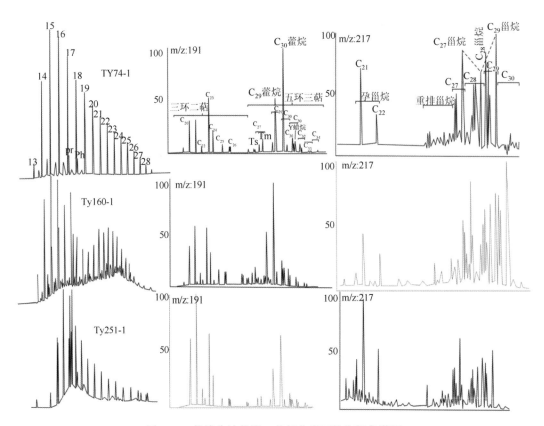

图 4-15　羌塘盆地羌资 2 井部分岩石饱和烃色谱图

4）甾烷类化合物

碳酸盐岩中检出的甾烷类化合物主要成分为规则甾烷（C_{27}～C_{29}），次为孕甾烷（C_{21}～

C_{22}），重排甾烷（C_{27}～C_{29}）检出少量（图 4-15）。除 1 件样品外，其余样品规则甾烷 C_{27}～C_{28}～C_{29} 呈 "V" 字形分布，$\sum(C_{27}+C_{28})>\sum C_{29}$，$\sum C_{27}/\sum C_{29}$ 为 0.67～1.22，该比值在剖面上呈无规律的波状分布，即 C_{27} 优势或 C_{29} 优势在剖面上呈间隔出现，具有混合型母质来源特点。

综合干酪根显微组分分析、元素分析、干酪根碳同位素及生物标志物分析，羌塘盆地布曲组井下烃源岩的有机质类型主要为 II_1 型，还含有少量 II_2 型。

五、中侏罗统夏里组

1. 干酪根显微组分

羌资 1 井夏里组干酪根显微组分以腐泥组为主，腐泥组为 57%～80%，镜质组和惰质组次之，分别为 5%～22% 和 8%～19%，不含或含少量的壳质组和沥青组（表 4-9），其干酪根的类型以 II_1 为主，部分样品为 II_2 型。

表 4-9　羌资 1 井夏里组井下烃源岩的有机质类型数据

样品编号	有机显微组分/%					有机质类型
	腐泥组	沥青组	壳质组	镜质组	惰质组	
TY005-1	78			12	10	II_1
TY010-1	76			14	9	II_1
TY016-1	80			10	10	II_1
TY019-1	75			13	12	II_1
TY025-1	72			15	13	II_1
TY029-1	77			14	9	II_1
TY033-1	57		2	22	19	II_2
TY039-1	74			15	11	II_1
TY047-1	69	6		12	13	II_1
TY053-1	78		1	10	11	II_1
TY059-1	76		1	9	14	II_1
TY087-1	71	16		5	8	II_1
TY095-1	63	20		7	10	II_1

2. 生物标志物判别有机质母源

羌资 1 井井下地层中不同类型样品均检出具有相似分布特征的正烷烃系列（图 4-16），所有样品的饱和烃气相色谱具有以下特点：①碳数分布比较完整，从 nC_{10} 到 nC_{37} 均有分布，但含量不均等；②主碳峰除 1 件泥岩样品为 nC_{25} 外，其余主碳峰分别为 nC_{16}、nC_{17}、nC_{18}、nC_{15}、nC_{20}、nC_{19}，其中又以 nC_{16}、nC_{17} 出现次数最多；③分布形态表现为以单峰形态为主，极少数具双峰形态；④具有较高的 $\sum C_{21}^-/\sum C_{22}^+$，比值变化范围为 0.57～29.51，均值为 6.98，除 1 件样品为 0.57 外，其他样品均大于 1.0，说明轻烃组分占有绝对优势，有机质显然主要与低等水生生物的大量参与有关。Pr/Ph 值为 0.31～1.29，平均值为 0.57，Pr/nC$_{17}$ 和 Ph/nC$_{18}$ 分别为 0.37～0.63 和 0.55～1.32，均值分别为 0.48 和 1.03。规则甾烷∑（C$_{27}$ + C$_{28}$）>∑C$_{29}$，∑C$_{27}$/∑C$_{29}$ 为 0.46～1.63，平均值为 1.08，总体上以 C$_{27}$ 占优势，有机质具有以低等水生生物和藻类占优势的混合型母质来源特点。

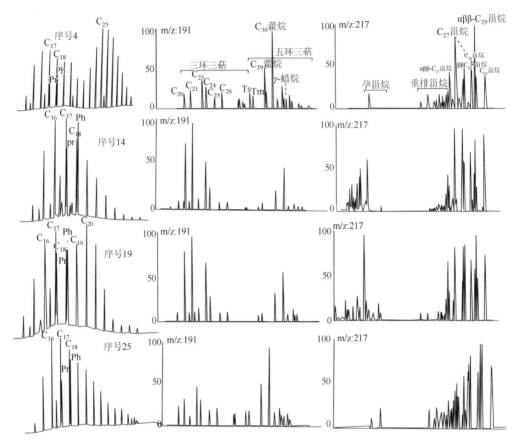

图 4-16　羌资 1 井中侏罗统夏里组饱和烃色谱和萜、甾烷质量色谱图

综合上述分析认为，羌资 1 井夏里组烃源岩有机母质构成中，既有丰富的低等水生生物，可能还具有一定比例的陆生高等植物输入。综上，夏里组井下烃源岩的有机质类型主要为 II$_1$、II$_2$ 型。

六、上侏罗统索瓦组

1. 干酪根显微组分

羌资 3 井索瓦组样品分析结果表明，羌资 3 井烃源岩干酪根仅包括 3 种显微组分，即腐泥组、镜质组和惰质组，不含壳质组和腐殖无定形，以腐泥组占绝对优势，其次为惰质组，镜质组含量相对较少。羌资 3 井索瓦组泥岩仅含 3 种显微组分，其中以腐泥组为主，含量为 52%～74%，平均值为 66%；次为惰质组，含量为 17%～33%，平均值为 26%，最后为镜质组，为3%～28%，平均值为11%，没有壳质组和腐殖无定形（表4-10）。索瓦组烃源岩干酪根类型指数均为7.75～49.25，对应的有机质类型主要为Ⅱ₂型，占所有样品的70%，其次Ⅱ₁型（表4-10），占所有样品的30%，这说明索瓦组烃源岩有机质类型较好。

表 4-10　羌资 3 井索瓦组井下烃源岩的有机质类型数据

样品编号	腐泥组/%	镜质组/%	壳质组/%	惰质组/%	类型指数	干酪根碳同位素/‰	H/C原子比	O/C原子比	类型
SY-10	55	28	0	17	17	−21.0	0.49	0.01	Ⅱ₂
SY-21	73	10	0	17	48.5	−21.7	0.61	0.07	Ⅱ₁
SY-241	68	12	0	20	39	−21.5	0.55	0.08	Ⅱ₂
SY-25	67	5	0	28	35.25	−22.0	0.58	0.08	Ⅱ₂
SY-30	52	15	0	33	7.75	−21.0	0.52	0.02	Ⅱ₂
SY-31	69	10	0	21	40.5	−24.1	0.60	0.03	Ⅱ₁
SY-32	70	8	0	22	42	−23.0	0.59	0.05	Ⅱ₁
SY-34	58	18	0	24	20.5	−21.8	0.52	0.03	Ⅱ₂
SY-41	74	5	0	21	49.25	−22.6	0.48	0.03	Ⅱ₁
SY-16	70	3	0	27	40.75	−23.8	0.67	0.05	Ⅱ₁
SY-33	69	8	0	23	40	−22.5	0.56	0.07	Ⅱ₁
SY-44	62	5	0	33	25.25	−21.2	0.49	0.03	Ⅱ₂

2. 干酪根元素分析

对羌资 3 井索瓦组烃源岩样品进行镜下干酪根分离，其 H/C 原子比为 0.25～0.67，O/C 原子比为 0.047～0.12，样品在图中 I、Ⅱ、Ⅲ区域均有分布（图 4-17），表明用范氏H/C-O/C 图已经无法进行干酪根类型判别。

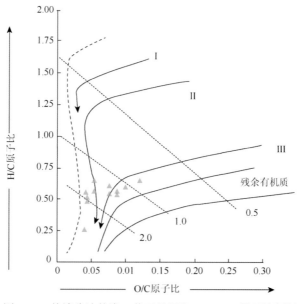

图 4-17　羌塘盆地羌资 3 井下烃源岩 H/C-O/C 原子比图解

3. 干酪根碳同位素

羌资 3 井索瓦组烃源岩干酪根碳同位素为−24.1‰～−21.0‰，平均为−21.87‰（表 4-10）。有机质类型主要为Ⅲ型，与干酪根镜下鉴定结果不一致。已有研究表明，沉积岩中干酪根碳同位素组成除取决于其前身的碳同位素组成外，还受到热演化程度影响，随着热演化程度的提高呈稍有变重的趋势（陈文彬等，2010）。

4. 生物标志物判别有机质母源

羌资 3 井索瓦组井下烃源岩样品碳数分布比较完整，从 nC_{10}～nC_{35} 均有分布；主碳峰为 nC_{18}、nC_{23} 和 nC_{25}，以 nC_{23} 和 nC_{25} 占多数；以单峰形态为主；$\sum C_{21}^{-}/\sum C_{22}^{+}$ 变化范围为 0.29～1.19，均值为 0.66（表 4-11）。羌资 3 井烃源岩样品的 Pr/Ph 均较低，为 0.50～0.90，Pr/nC_{17} 和 Ph/nC_{18} 分别为 0.68～0.99 和 0.55～1.0（表 4-11），具有较为明显的植烷优势，可能揭示了有机质形成于较强的还原环境。

表 4-11　羌资 3 井烃源岩生物标志物数据统计表

野外编号	主峰碳	Pr/Ph	Pr/nC_{17}	Ph/nC_{18}	$\sum nC_{21}^{-}/\sum nC_{22}^{+}$	C_{27}/%	C_{28}/%	C_{29}/%
SY-10	25	0.52	0.96	0.91	0.48	24.54	23.31	52.15
SY-16	18	0.86	0.99	0.55	1.19	32.27	27.24	40.49
SY-21	25	0.58	0.71	0.96	0.29	50.22	23.48	26.30
SY-241	25	0.60	0.75	0.92	0.50	38.25	19.88	41.87
SY-25	23	0.78	0.77	0.94	0.52	44.37	22.83	32.80
SY-30	25	0.90	0.83	0.96	0.60	48.77	21.29	29.94
SY-31	25	0.50	0.86	1.00	0.32	41.71	22.65	35.64
SY-32	18	0.58	0.84	0.98	0.95	34.95	23.86	41.18
SY-33	23	0.76	0.75	0.94	0.71	41.03	21.11	37.85
SY-34	23	0.77	0.68	0.96	0.85	43.81	19.24	36.96
SY-41	18	0.72	0.77	0.99	0.84	40.64	23.90	35.45
SY-44	23	0.78	0.76	0.94	0.69	47.24	20.47	32.29

研究的羌资 3 井索瓦组烃源岩样品中三环萜烷丰度总体较低，且数分布为 C_{19}～C_{29}，通常以 C_{21} 或 C_{23} 为主峰，反映出烃源岩母质中低等生物来源含量丰富且形成于具有一定盐度的环境。羌资 3 井索瓦组烃源岩中都检测出了少量的 γ-蜡烷，且 γ-蜡烷/C_{30} 藿烷比值分布范围为 0.06～0.90，平均 0.61，说明其烃源岩母质形成于具有一定盐度的还原环境。羌资 3 井索瓦组烃源岩样品中鉴定出的甾烷主要有 C_{27}、C_{28} 和 C_{29} 规则甾烷、孕甾烷，还含有一定量的重排甾烷。其中，烃源岩样品 C_{27}、C_{28} 和 C_{29} 规则甾烷的相对含量分别为 24.54%～50.22%、19.24%～27.24%和 26.30%～52.15%（表 4-11），规则甾烷分布特征呈不对称"V"字形分布，$\alpha\alpha\alpha$-C_{29} 规则甾烷略强，体现了混合型来源母质的特点。

综合上述分析认为，羌资 3 井烃源岩的有机母质构成中，既有丰富的低等水生生物，可能还具有一定比例的陆生高等植物，有机母质形成于还原环境中。

第三节　有机质热演化特征

本节对羌塘盆地烃源层的有机质成熟度指标进行筛选和校正，建立了镜质体反射率、岩石热解最高峰温、孢粉或干酪根颜色 3 项参数的成熟度划分标准，并将镜质体反射率（R_o）作为成熟度划分的主要指标，岩石热解最高峰温 T_{max}、孢粉或干酪根颜色、生物标志物参数等则作为辅助指标（表 4-12）。

表 4-12　羌塘盆地烃源层划分成熟阶段的主要指标

演化阶段	油气生成阶段	R_o/%	T_{max}/℃	孢粉或干酪根颜色
未成熟	生物甲烷气	<0.5	<430	淡黄-黄色
成熟	主要生油带	0.5~1.3	430~470	黄色-棕色
高成熟	凝析油湿气带	1.3~2.0	470~540	棕褐-棕黑色
过成熟	干气带	>2.0	>540	黑色

一、上二叠统展金组

1. 镜质体反射率

羌资 5 井展金组烃源岩镜质体反射率值分析数据见表 4-13，R_o 值最小 0.89%，最大 1.44%，平均值 1.10%，这表明，羌资 5 井展金组烃源岩主要处在成熟阶段，少数达到高成熟阶段（表 4-13，图 4-18）。

表 4-13　羌塘盆地二叠、三叠系井下烃源岩的有机质成熟度数据统计表

井号	层位	岩性	R_o/%	T_{max}/℃	$C_{29}\alpha\alpha\alpha20S/$（$20S+20R$）	$C_{29}\alpha\beta\beta/$（$\alpha\alpha\alpha+\alpha\beta\beta$）	Ts/（Ts + Tm）
羌资 5 井	P_3z	泥岩	0.89~1.44 1.10（12）	461~504 490（12）	0.43~0.47 0.44（8）	0.31~0.36 0.35（8）	0.32~0.56 0.50（8）
羌资 6 井	T_3	泥岩	1.38	433~443 437（11）			
羌资 7 井	T_3	泥岩	1.46~1.90 1.62（14）	470~537 503（14）	0.35~0.48 0.39（14）	0.30~0.45 0.35（14）	0.53~0.57 0.55（14）
羌资 8 井	T_3	泥岩		373~572 502（14）			
羌资 13 井	T_3	泥岩	2.20~2.29 2.24（4）	549~576 564（4）			
羌资 15 井	T_3	泥岩	2.01~2.24 2.15（5）				
羌资 16 井	T_3	泥岩	2.44~2.77 2.62（8）	536~602 580（4）	0.43~0.47 0.45（8）	0.38~0.41 0.39（8）	0.45~0.50 0.48（8）

2. 岩石热解峰温（T_{max}）

羌资 5 井展金组烃源岩 T_{max} 值为 461～504℃，平均为 490℃。在烃源岩 T_{max}-R_o 相关图（图 4-18）上，羌资 5 井烃源岩大多落入成熟区域，少部分处在高成熟区域，与 R_o 反映的成熟度基本一致。

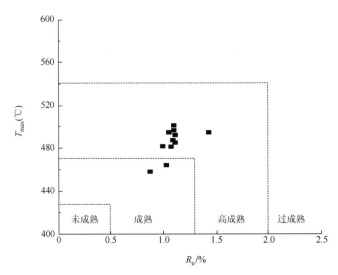

图 4-18　羌塘盆地展金组井下烃源岩 T_{max}-R_o 相关图

3. 生物标志物反映成熟度

羌资 5 井展金组烃源岩 OEP 基本上已接近 1.0，为 0.82～1.20，平均值为 1.00，CPI 为 0.65～1.33，平均为 1.07，表明烃源岩均已进入成熟阶段。展金组烃源岩的 $C_{29}\alpha\alpha\alpha20S/（20S+20R）$ 值为 0.43～0.47，$C_{29}\alpha\beta\beta/（\alpha\alpha\alpha+\alpha\beta\beta）$ 为 0.31～0.36，Ts/（Tm+Ts）为 0.32～0.56（表 4-13，图 4-19），反映出烃源岩有机质演化处于成熟—过成熟阶段，主要处在成熟阶段。

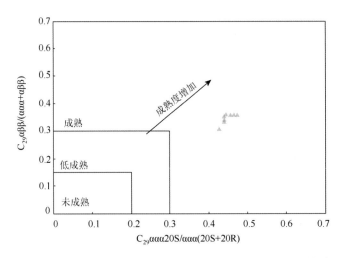

图 4-19　羌资 5 井 $C_{29}20S/（20S+20R）$ 与 $C_{29}\alpha\beta\beta/（\alpha\alpha\alpha+\alpha\beta\beta）$ 关系图

综合镜质体反射率（R_o）、热解峰温（T_{max}）、生物标志物等特征分析，绝大多数反映有机质成熟度的参数表明羌资 5 井展金组烃源岩主要处在成熟阶段，即生油高峰期，少部分进入高成熟阶段。

二、上三叠统

1. 镜质体反射率

羌塘盆地上三叠统烃源岩实测镜质体反射率数据见表 4-13。从测试的结果来看，上三叠统井下烃源岩样品成熟度较高，镜质体反射率为 1.38%～2.77%，处在高成熟-过成熟阶段。具体到各井的结果如下。

羌资 6 井镜质体反射率 R_o 为 1.38%，羌资 7 井中泥岩成熟度指标 R_o 为 1.46%～1.90%，平均为 1.62%（表 4-13、图 4-20）。表明羌资 6 井和羌资 7 井基本处于高成熟阶段，以生成湿气和凝析油为主。

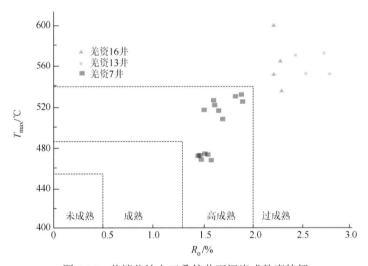

图 4-20　羌塘盆地上三叠统井下泥岩成熟度特征

羌资 13 井镜质体反射率 R_o 为 2.20%～2.29%，平均为 2.24%；羌资 16 井中泥岩成熟度指标 R_o 为 2.44%～2.77%，平均为 2.62%（表 4-13、图 4-20）。表明羌资 13 井和羌资 16 井基本处于过成熟阶段，主要生成干气。

2. 岩石热解峰温（T_{max}）

一般而言，随着有机质成熟度的增加，残余有机质成烃的活化能会越来越高，热解生烃所需的温度（T_{max}）也会增加，因此可将 T_{max} 作为分析成熟度的重要指标。羌资 6 井上三叠统泥岩样品的 T_{max} 为 433～443℃，平均为 437℃；羌资 7 井上三叠统泥岩样品的 T_{max} 为 470～537℃，平均为 503℃；羌资 8 井中上三叠统泥岩样品的 T_{max} 为 373～572℃，平均为 502℃（见表 4-13、图 4-20），表明羌资 6 井、羌资 7 井和羌资 8 井基本处于高成熟阶段，与根据 R_o 判断的结果相近。

而羌资 13 井和羌资 16 井 T_{max} 明显要高于羌资 7 井和羌资 8 井，其中羌资 13 井上三叠统泥岩样品的 T_{max} 为 549～576℃，平均为 564℃；羌资 16 井中上三叠统泥岩样品的 T_{max} 为 536～602℃，平均为 580℃（表 4-13、图 4-20），表明羌资 13 井和羌资 16 井基本处于过成熟阶段，与根据 R_o 判断的结果基本一致。

3. 生物标志物反映成熟度

羌资 7 井泥岩的 $C_{29}\alpha\alpha\alpha20S/(20S+20R)$ 相对比较接近，为 0.35～0.48（表 4-13），平均为 0.39；羌资 16 井泥岩的 $C_{29}\alpha\alpha\alpha20S/(20S+20R)$ 相对比较接近，为 0.43～0.47，平均为 0.45；羌资 7 井 $C_{29}\alpha\beta\beta/(\alpha\alpha\alpha+\alpha\beta\beta)$ 值为 0.30～0.45，平均为 0.35，羌资 16 井 $C_{29}\alpha\beta\beta/(\alpha\alpha\alpha+\alpha\beta\beta)$ 值为 0.38～0.41，平均为 0.39（表 4-13、图 4-21），总体反映了一定程度的热演化。

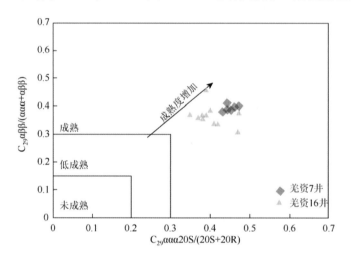

图 4-21　羌塘盆地上三叠统泥岩成熟度特征

另外，Ts/（Tm + Ts）值受成熟度影响也较敏感，随着成熟度增加，Ts/（Tm + Ts）值逐渐升高，这一变化可以持续到较高成熟阶段，并在生油晚期达到 0.5 左右。羌资 7 井泥岩的 Ts/（Tm + Ts）值为 0.53～0.57（表 4-13），羌资 16 井泥岩的 Ts/（Tm + Ts）比值为 0.45～0.50，绝大部分大于 0.5，因此总体反映了较高成熟的热演化程度，这一结论与 T_{max} 和 R_o 反映的结果基本一致。

总体而言，羌塘盆地上三叠统井下烃源岩的热演化程度较高，处在高成熟-过成熟阶段。

三、中侏罗统布曲组

1. 镜质体反射率

羌塘盆地中侏罗统布曲组烃源岩实测镜质体反射率数据见表 4-14。从测试的结果来看，布曲组井下烃源岩样品镜质体反射率为 0.77%～1.55%，处在成熟-高成熟阶段。

羌资 1 井布曲组 7 件样品镜质体反射率 R_o 值范围为 1.18%～1.25%，平均值为 1.21%，表明烃源岩已进入成熟阶段。羌资 2 井 28 件样品烃源岩镜质体反射率具有以下特征：

①无论上部层位还是下部层位，镜质体反射率 R_o 值均未超过 1.30%，最小值为 0.99%，最大值为 1.29%，平均值为 1.14%，表明烃源岩均已进入成熟阶段；②纵向上镜质体反射率值呈波状起伏，并随层位深浅表现出明显的规律性，即随层位加深，镜质体反射率有逐渐增加的趋势。羌地 17 井镜质体反射率 R_o 值范围为 0.77%～1.55%，平均值为 0.99%，表明烃源岩均已进入成熟-高成熟阶段。

表 4-14　羌塘盆地侏罗系井下烃源岩的有机质成熟度数据统计表

井号	层位	岩性	R_o/%	T_{max}/℃	$C_{29}\alpha\alpha\alpha20S/$ $(20S + 20R)$	$C_{29}\alpha\beta\beta/$ $(\alpha\alpha\alpha + \alpha\beta\beta)$	CPI	OEP
羌资 1 井	J_2b	泥岩	1.18～1.25 1.21（7）	364～569 512（7）	0.38～0.43 0.40（7）	0.34～0.53 0.42（7）		
羌资 1 井	J_2x	泥岩	0.83～1.16 0.99（8）	384～565 455（8）	0.32～0.65 0.40（8）	0.35～0.53 0.42（8）		0.65～1.35 0.98（8）
羌资 2 井	J_2b	泥岩	0.99～1.29 1.14（28）	443～530 494（28）	0.27～0.45 0.41（28）	0.31～0.43 0.38（28）	0.96～1.52 1.11（28）	0.37～1.14 0.89（28）
羌地 17 井	J_2b	泥岩	0.77～1.55 0.99（13）	400～575 514（13）				
羌资 3 井	J_3s	泥岩	1.29～1.75 1.50（13）	486～583 553（13）	0.30～0.48 0.41（13）	0.40～0.54 0.47（13）	0.98～1.18 1.04（13）	0.40～1.24 1.04（13）

2. 岩石热解峰温（T_{max}）

羌资 1 井烃源岩样品的 T_{max} 值为 364～569℃，平均为 512℃，主要集中在 500℃左右，表明处于成熟-高成熟阶段。羌资 2 井布曲组烃源岩热解分析表明，T_{max} 为 443～530℃，平均为 494℃，其中集中在 500～530℃范围内的占 59.3%，集中在 440～460℃范围内的占 25.9%，说明羌资 2 井烃源岩以成熟-高成熟阶段为主。羌地 17 井烃源岩样品 T_{max} 为 400～575℃，平均为 514℃，表明处于成熟-高成熟阶段（图 4-22）。

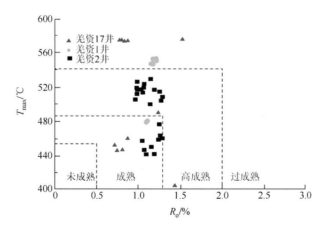

图 4-22　羌塘盆地布曲组井下烃源岩 T_{max}-R_o 相关图

3. 生物标志物反映成熟度

羌资 2 井烃源岩的饱和烃分析表明，OEP 值基本上已接近 1.0，为 0.37~1.14，平均值为 0.89，CPI 值为 0.96~1.52，平均值为 1.11（表 4-14），表明烃源岩均已进入成熟阶段。

羌资 2 井泥岩中甾烷 $C_{29}\alpha\alpha\alpha20S/（20S+20R）$ 和 $C_{29}\alpha\beta\beta/（\alpha\beta\beta+\alpha\alpha\alpha）$ 分别为 0.27~0.45 和 0.31~0.43，平均值分别为 0.41 和 0.38（表 4-14），说明有机质已达成熟阶段但未到过成熟阶段；纵向上，两者的分布特征也较为近似，线条平稳且波动不大，说明整个剖面具有一致或相似的热演化程度。

综合镜质体反射率（R_o）、热解峰温（T_{max}）、生物标志物等特征分析，绝大多数反映有机质成熟度的参数表明布曲组的泥岩烃源岩、碳酸盐岩烃源岩均已进入成熟-高成熟演化阶段。

四、中侏罗统夏里组

1. 镜质体反射率

羌资 1 井烃源岩样品干酪根镜质反射率见表 4-14。其中，羌资 1 井夏里组烃源岩样品干酪根镜质反射率为 0.83%~1.16%，平均为 0.99%，表明这些烃源岩有机质处于成熟阶段，但并未达到高成熟。

2. 岩石热解峰温（T_{max}）

羌资 1 夏里组烃源岩 T_{max} 为 384~565℃，平均为 455℃。在烃源岩 T_{max}-R_o 相关图（图 4-23）上，羌资 1 井夏里组烃源岩和布曲组烃源岩大多落入成熟阶段区域，少部分落入高成熟阶段区域，与 R_o 反映的成熟度基本一致。

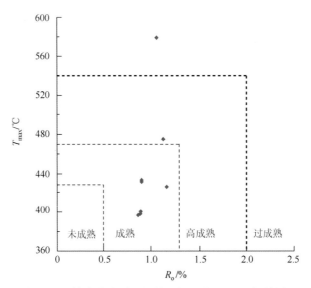

图 4-23　羌塘盆地夏里组井下烃源岩 T_{max}-R_o 相关图

3. 生物标志物反映成熟度

羌资 1 井 OEP 基本上接近 1.0，为 0.65～1.35，平均值为 0.98，CPI 平均值接近 1.0，甾烷 $C_{29}\alpha\alpha\alpha20S/（20S + 20R）$ 和 $C_{29}\alpha\beta\beta/（\alpha\beta\beta + \alpha\alpha\alpha）$ 分别为 0.32～0.65 和 0.35～0.53，平均值分别为 0.40 和 0.42（表 4-14），说明绝大多数样品有机质已达成熟阶段，表明烃源岩均已进入成熟阶段。

综合镜质体反射率（R_o）、热解峰温（T_{max}）、生物标志物等分析，羌资 1 井夏里组泥岩烃源岩已进入成熟-高成熟演化阶段。

五、上侏罗统索瓦组

1. 镜质体反射率

羌资 3 井索瓦组镜质体反射率值分析数据（表 4-14），具有以下特征：烃源岩 R_o 最小为 1.29%，最大为 1.75%，平均为 1.50%，表明羌资 3 井索瓦组烃源岩主要处在高成熟阶段。纵向上，随着深度的增加，镜质体反射率 R_o 值有逐渐增大的趋势。

2. 岩石热解峰温（T_{max}）

羌资 3 井索瓦组烃源岩 T_{max} 为 486～583℃，平均为 553℃，反映的成熟度处在高成熟阶段。

3. 生物标志物反映成熟度

羌资 3 井 OEP 基本上接近 1.0，为 0.40～1.24，平均为 1.04；CPI 为 0.98～1.18，平均为 1.04，甾烷 $C_{29}\alpha\alpha\alpha20S/（20S + 20R）$ 和 $C_{29}\alpha\beta\beta/（\alpha\beta\beta + \alpha\alpha\alpha）$ 分别为 0.30～0.48 和 0.40～0.54，平均值分别为 0.41 和 0.47（表 4-14），说明有机质已达成熟阶段。

综合 R_o、T_{max}、生物标志物等分析，绝大多数反映有机质成熟度的参数表明羌资 3 井索瓦组泥岩烃源岩高成熟演化阶段。

第四节 井下与地表烃源岩特征对比

前人对羌塘盆地烃源岩的研究做了大量的工作，但是这些研究几乎完全来自地表露头样品，由于地表样品遭受了长期的风化作用，可能导致烃源岩评价出现偏差。本节将井下烃源岩分析测试数据与其邻区地表的烃源岩测试数据进行对比研究，以了解地表与井下烃源岩之间的关系，为该地区油气勘探提供依据。

一、有机质丰度对比

对羌塘盆地索瓦组、布曲组、上三叠统及展金组井下烃源岩进行样品与邻区地表烃源岩样品 TOC 和氯仿沥青"A"对比研究（图 4-24）。

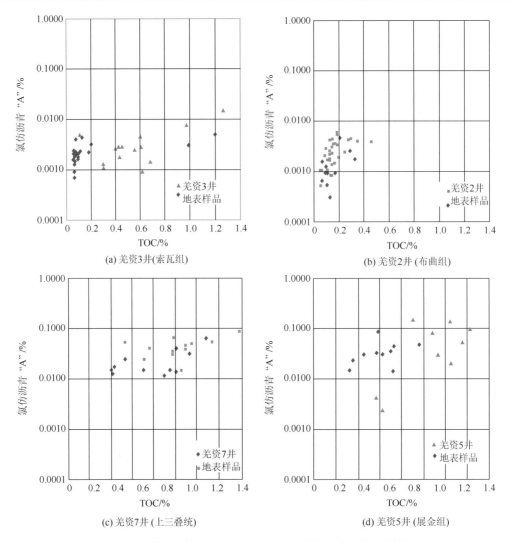

图 4-24　井下与地表剖面 TOC 与氯仿沥青 "A" 对比关系图

通过对比研究发现，井下与地表二叠系、三叠系和侏罗系烃源岩的可溶有机质在总有机质中的丰度随 TOC 丰度的增加而增加的趋势，二者呈一定的线性相关关系。

（1）风化作用对烃源岩的有机质含量具有一定的破坏作用，井下烃源岩样品有机碳含量一般要高于地表烃源岩样品，如展金组、索瓦组和布曲组，但上三叠统井下烃源岩有机碳含量和地表差不大。

（2）氯仿沥青 "A" 也存在一定的差异，井下样品的氯仿沥青 "A" 略高于地表样品，如展金组、索瓦组和布曲组，但是上三叠统井下烃源岩氯仿沥青 "A" 含量和地表差不大，说明风化作用对可溶有机组分也造成了一定的影响，地表烃源岩可溶组分有所损失。

（3）生烃潜量存在一定的差异，井下样品的生烃潜量略高于地表样品，如展金组、索瓦组和布曲组。这说明风化作用对生烃潜量也造成了一定的影响，地表烃源岩可溶组分有所损失。

二、有机质类型对比

研究井下样品与地表样品之间有机质类型的关系主要从干酪根显微组分、干酪根碳同位素、干酪根元素分析、氯仿沥青"A"及饱和烃气相色谱特征来进行对比。

1. 干酪根显微组分对比分析

据表 4-15 研究发现，地表与井下烃源岩干酪根的显微组分具很强的相似性，两者均以腐泥组占绝对优势，且地表与井下样品含量基本接近；其次为惰质组，地表样品含量要高于井下样品；而镜质组则是井下样品高于地表样品；壳质组地表样品和井下样品含量都很少。据干酪根显微组分认为，羌塘盆地各层位井下与地表烃源岩干酪根类型基本一致。

表 4-15 井下与地表剖面烃源岩干酪根显微组分对比表

井号		腐泥组/%	壳质组/%	镜质组/%	惰质组/%	类型
羌资 3 井	井下样品	$\dfrac{35\sim76}{62.3\ (14)}$	$\dfrac{1\sim3}{1.61\ (14)}$	$\dfrac{8\sim25}{15.9\ (14)}$	$\dfrac{10\sim24}{16.9\ (14)}$	II$_1$-II$_2$
	地表样品	$\dfrac{52\sim78}{62.6\ (30)}$		$\dfrac{3\sim28}{11.5\ (30)}$	$\dfrac{14\sim39}{25.9\ (30)}$	II$_1$-II$_2$
羌资 1 井	井下样品	$\dfrac{66\sim77}{70.5\ (17)}$	1（1）	$\dfrac{4\sim16}{9.1\ (17)}$	$\dfrac{7\sim18}{12.8\ (17)}$	II$_1$
	地表样品	$\dfrac{51\sim88}{67\ (15)}$	$\dfrac{1\sim3}{2\ (3)}$	$\dfrac{3\sim24}{9.8\ (15)}$	$\dfrac{9\sim38}{25.5\ (15)}$	II$_1$-II$_2$
羌资 2 井	井下样品	$\dfrac{59\sim80}{72\ (27)}$	$\dfrac{1\sim2}{1.27\ (11)}$	$\dfrac{5\sim22}{14\ (27)}$	$\dfrac{8\sim16}{13\ (27)}$	II$_1$
	地表样品	$\dfrac{65\sim80}{74\ (13)}$	1	$\dfrac{7\sim18}{12\ (13)}$	$\dfrac{9\sim17}{13\ (13)}$	II$_1$
羌资 5 井	井下样品	$\dfrac{42\sim49}{46\ (8)}$	0	$\dfrac{15\sim25}{20.5\ (8)}$	$\dfrac{29\sim38}{33.1\ (8)}$	II$_2$-III
	地表样品	$\dfrac{12\sim58}{45.4\ (10)}$	0	$\dfrac{18\sim30}{22.3\ (10)}$	$\dfrac{17\sim70}{32.3\ (10)}$	II$_2$-III
羌资 7 井、羌资 8 井	羌资 7 井井下样品	$\dfrac{25\sim48}{39.5\ (14)}$	$\dfrac{2\sim8}{5.57\ (14)}$	$\dfrac{18\sim42}{27.6\ (14)}$	$\dfrac{20\sim36}{27.2\ (14)}$	II$_2$-III
	羌资 8 井井下样品	$\dfrac{37\sim48}{41.75\ (4)}$	$\dfrac{5\sim7}{6.25\ (4)}$	$\dfrac{18\sim30}{21.5\ (4)}$	$\dfrac{26\sim36}{30.5\ (4)}$	II$_2$
	地表样品	$\dfrac{52\sim65}{60\ (11)}$	0	$\dfrac{8\sim17}{13.7\ (11)}$	$\dfrac{19\sim37}{26.2\ (11)}$	II$_2$

2. 干酪根碳同位素对比分析

干酪根碳同位素分析表明，除羌资 3 井外，井下烃源岩的干酪根同位素基本与地表相近或者略高于地表（图 4-25）。

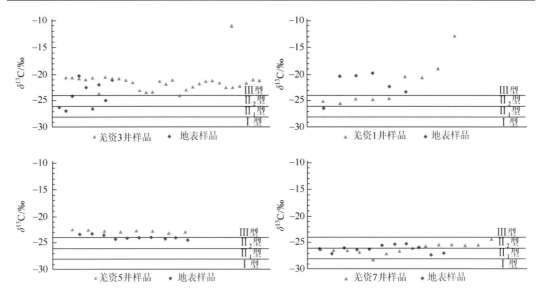

图 4-25　羌塘盆地井下与地表剖面烃源岩干酪根碳同位素判别图解

多数学者认为成熟度对干酪根碳同位素有一定影响，在高温干法试验中，成熟度的影响在 1‰ 之内，在低温长时间干法试验中，成熟度的影响在 2‰ 左右。所测试的地表样品尽管与井下样品取自相同的层位，但与井下样品并不是同一样品，这可能是羌资 3 井井下样品与地表样品干酪根碳同位素差距较大的原因。

3. 干酪根元素分析

经过筛选，选取了井下代表性样品和地表样品的干酪根元素进行对比研究。在范氏图上，井下各样品干酪根的 H/C 与 O/C 原子比要略微高于地表样品干酪根的 H/C 与 O/C 原子比，说明井下干酪根的类型要略好于地表样品（图 4-26）。

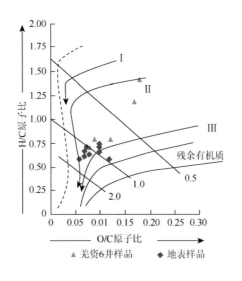

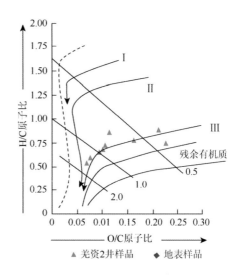

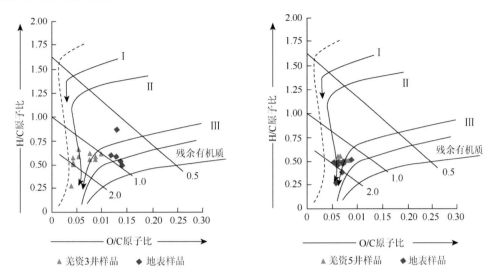

图 4-26 羌塘盆地井下与地表剖面烃源岩干酪根 H/C、O/C 原子比对比分析图

4. 氯仿沥青"A"的族组分特征

对比井下与地表样品氯仿沥青"A"的族组分含量发现,多数样品饱和烃含量较芳烃高,饱/芳比值也较大。井下与地表样品饱和烃含量较高,饱/芳比均值一般大于1(图4-27)。同时,井下烃源岩样品各组分的含量与地表烃源岩各组分含量相近。

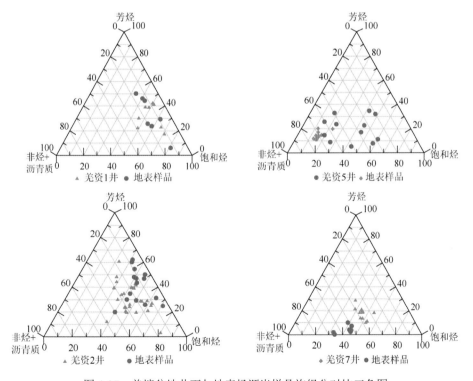

图 4-27 羌塘盆地井下与地表烃源岩样品族组分对比三角图

5. 饱和烃气相色谱分析

饱和烃气相色谱研究发现，羌资 5 井和羌资 7 井与地表样品正构烷烃特征基本保持一致，反映受到地表风化作用较小，而羌资 1 井和羌资 2 井与地表样品正构烷烃特征差距较大，受地表风化作用明显。（图 4-28）。

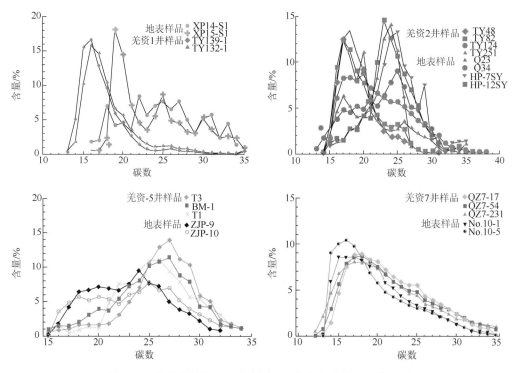

图 4-28　羌塘盆地井下与地表样品正构烷烃碳数分布模式图

图 4-29 显示，从 Ph/nC$_{18}$ 与 Pr/nC$_{17}$ 比值指标来看，无论是地表样品还是井下样品，各指标值以处于指示藻类生物来源为主的 II 型有机质区域内，表明它们的有机质都具有相近的水生生物母质来源，并聚集于相对还原的沉积环境，与实际情况相符。

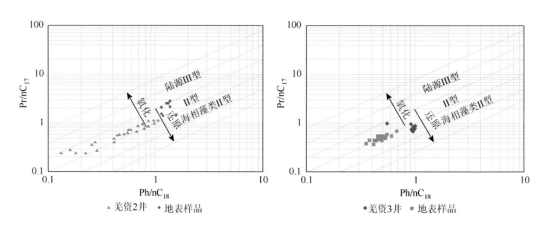

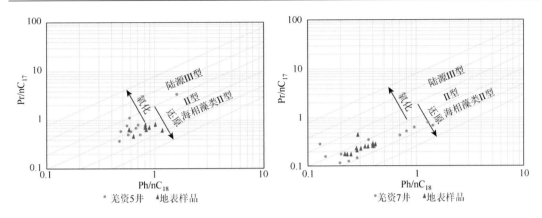

图 4-29 应用 Pr/nC_{17}-Ph/nC_{18} 确定烃源岩母质类型对比图解

当然,仅凭这些数据尚不能确定地表风化作用对于烃源岩的分子地球化学指标没有影响,对于这一问题尚需做进一步的研究。

三、有机质热演化程度对比

研究井下与地表烃源岩样品有机质成熟度以镜质体反射率（R_o）为主,同时也考虑其他能反映其成熟度的指标,如 T_{max}、饱和烃色谱成熟度特征等。

1. 镜质体反射率及 T_{max} 对比

对比地表与地下样品的镜质体反射率及 T_{max} 发现,羌资 3 井索瓦组和羌资 7 井上三叠统井下烃源岩样品的热演化程度要略高于地表样品的烃源岩热演化程度,而羌资 5 井二叠系展金组和羌资 1 井、羌资 2 井及羌地 17 井布曲组井下烃源岩样品的热演化程度要略低于地表样品的烃源岩热演化程度（图 4-30）。

一般而言,热演化程度主要受以下几个因素影响:①最高古地温和古埋藏深度;②断层或褶皱带的不均衡压力变形;③火成岩及其深成地下热流。地表样品和地下样品尽管为同一层位,但并不是同一样品,古埋藏深度可能不尽相同,受到的构造热事件也不同。因此引起了地表与井下烃源岩热演化的差异。

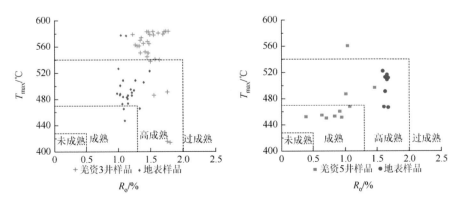

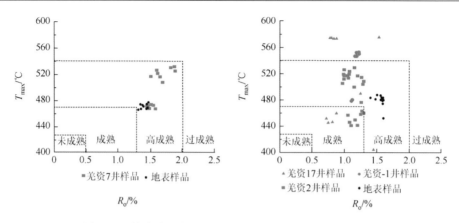

图 4-30　羌塘盆地井下与地表剖面样品 R_o 与 Tmax 关系图

2. 生物标志物成熟度对比

对比了二叠系展金组、三叠系巴贡组、侏罗系布曲组、夏里组、索瓦组井下和地表烃源岩的 OEP、CPI、$C_{29}\alpha\alpha\alpha20S/(20S+20R)$、$C_{29}\alpha\beta\beta/(\alpha\beta\beta+\alpha\alpha\alpha)$ 和 Ts/(Ts+Tm) 等成熟度参数,地表样品和井下样品较为接近,其 OEP、CPI 基本趋于平衡值 1,$C_{29}\alpha\alpha\alpha20S/(20S+20R)$、$C_{29}\alpha\beta\beta/(\alpha\beta\beta+\alpha\alpha\alpha)$ 及 Ts/(Ts+Tm) 主要分布为 0.40~0.50(表 4-16)。

表 4-16　羌塘盆地井下与地表烃源岩饱和烃色谱成熟度对比表

井号	OEP	CPI	$C_{29}\alpha\alpha\alpha20S/(20S+20R)$	$C_{29}\alpha\beta\beta/(\alpha\beta\beta+\alpha\alpha\alpha)$	Ts/(Ts+Tm)
羌资 1 井	0.62~1.20 0.96(8)	0.80~1.46 1.15(8)	0.21~0.65 0.40(8)	0.35~0.53 0.42(8)	
羌资 1 井 地表样品	0.59~1.74 1.09(7)	1.03~1.24 1.14(7)	0.30~0.39 0.36(7)	0.38~0.43 0.40(7)	
羌资 2 井	0.37~1.14 0.89(30)	0.96~1.52 1.10(30)	0.27~0.45 0.41(30)	0.31~0.43 0.38(30)	0.32~0.50 0.43(27)
羌资 2 井 地表样品	1.06~1.18 1.12(7)	1.0~1.46 1.17(7)	0.37~0.48 0.41(7)	0.38~0.44 0.40(7)	0.35~0.45 0.40(7)
羌资 3 井	0.40~1.24 1.04(13)	0.98~1.18 1.04(13)	0.30~0.48 0.41(13)	0.40~0.54 0.47(13)	0.40~0.58 0.51(13)
羌资 3 井 地表样品	0.81~1.16 1.02(12)	1.06~1.26 1.10(12)	0.49~0.55 0.53(7)	0.36~0.50 0.41(7)	0.28~0.55 0.46(7)
羌资 5 井	0.83~1.20 1.03(12)	0.66~1.18 1.08(12)	0.43~0.47 0.44(8)	0.31~0.36 0.35(8)	0.32~0.56 0.50(8)
羌资 5 井 地表样品	0.89~1.16 1.04(10)	0.95~1.28 1.08(10)	0.39~0.48 0.44(10)	0.44~0.58 0.49(10)	0.38~0.58 0.51(10)
羌资 7 井			0.35~0.48 0.40(14)	0.30~0.45 0.36(14)	0.53~0.57 0.55(14)
羌资 16 井	1.08~1.14 1.11(8)	0.98~1.06 1.02(8)	0.43~0.47 0.45(8)	0.38~0.41 0.39(8)	0.45~0.50 0.48(8)
羌资 7 井 地表样品	0.97~1.07 1.02(8)		0.29~0.60 0.49(8)	0.37~0.57 0.44(8)	0.41~0.60 0.49(8)

总之，对羌塘盆地井下烃源岩与地表烃源岩样品进行对比研究表明：风化作用对烃源岩的有机质含量具有一定的破坏作用，展金组、索瓦组和布曲组井下烃源岩样品有机碳含量一般要高于地表烃源岩样品，上三叠统井下烃源岩有机碳含量和地表差不多。井下有机质类型要略好于地表样品或者基本一致。羌资 7 井三叠系和羌资 3 井索瓦组井下烃源岩热演化程度要高于地表样品热演化程度，但是羌资 5 井展金组和羌资 1 井、羌资 2 井布曲组、夏里组井下烃源岩热演化程度要低于地表样品热演化程度。

第五节 烃源岩形成的控制因素

烃源岩是油气藏形成的物质基础，作为有效烃源岩，其要有一定的分布范围，烃源岩厚度不必很大，但有机质丰度必须高（张水昌等，2002）。通过对羌塘盆地地质调查井烃源岩的研究，上三叠统巴贡组烃源岩分布范围广，有机质含量较高，是区内较好的一套烃源岩。优质烃源岩的形成主要与构造、古气候、古生产力及良好的有机质保存条件有关，其中古生产力是有机质形成的基础，而有机质的保存条件与水体的氧化还原条件及沉积速率有关。本节以上三叠统巴贡组为例，对羌塘盆地优质烃源岩的形成和控制因素进行分析。

一、古气候

全球范围的古气候因大气组成成分的不同、纬度地带性和海陆格局的差异而引起古大气环流形式、气候带的差异，从而对有机质的繁殖及烃源岩的形成具有重要的控制作用（张水昌等，2005），而古气候的变化又受大地构造和古地理等条件的严格控制。板块构造理论自提出以来，已被越来越多的石油地质学家所接受，并用于古地理再造。古地磁方法是古地理再造的主要研究方法，前人古地磁资料研究表明，羌塘盆地上三叠世诺利期，即上三叠统烃源岩形成时期，羌塘盆地的古纬度大致为北纬 27°（图 4-31）。比现今位置偏南约 6°，其所处位置相当于现今的印度中部地区，温度与湿度相对较高，非常有利于生物的大量繁殖，为盆地内烃源岩的发育提供了充足的物源，巴贡组地层中煤系发育也说明了这一点。

巴贡组泥岩 Sr/Ba 值为 0.14～2.23，平均值为 1.31；Sr/Cu 的值为 2.98～11.27，平均值为 7.22。Sr/Ba 和 Sr/Cu 值反映了巴贡组开始沉积的阶段为温暖潮湿的气候，然后转变为一个半干旱-干旱的气候条件（余飞，2018）。巴贡组地层中还发现较为明显特征性孢子和花粉粒：*Ovalipollis ovalis*，*Ovalipollis breviformis*，*Micrhystridium* sp.，*Limatulasporites* sp.，*Annulispora* sp.，*Chasmatosporites* sp.，*Taeniaesporites* sp.，*Klausipollenites* sp.，和 *Pinuspollenites* spp. 等。其中 *Ovalipollis* 是晚三叠世典型的孢粉（冀六祥等，2015），宽沟粉（*Chasmatrosporite*）主要生活在温暖-干旱及半湿润的环境中（曾胜强等，2012），说明巴贡组泥岩沉积时经历了温暖-干旱及半湿润的气候条件。

岩相古地理研究表明，晚三叠世诺利期，随着海平面下降和陆地隆升（李勇等，2002；王剑等，2004，2009），羌塘盆地主要发育陆棚相-三角洲相，在盆地内可能形成一些缺氧、低能的环境（Pr/Ph 低），于是有机质能够得以大量保存，从而形成了这套优质烃源

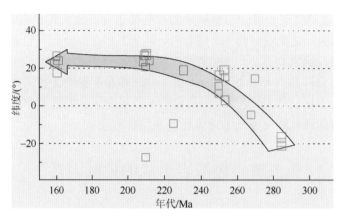

图 4-31　羌塘盆地晚古生代-中生代古纬度（据宋春彦，2012）

岩，从井下巴贡组烃源岩的有机地球化学特征研究可以看出，该套烃源岩有机质丰度较高，可见，温暖湿润的气候对烃源岩的发育十分有利。

二、古生产力

优质烃源岩的形成通常与较高古生产力水平密不可分，高的生产力条件是优质烃源岩形成的物质基础。

烃源岩正构烷烃的碳数分布特征能较好地反映有机质母源。对羌塘盆地羌资 7 井巴贡组正构烷烃碳数分布进行样品分析。正构烷烃分布主要为单峰型，正构烷烃碳数分布为 $C_{13}\sim C_{35}$（图 4-12），并且以 nC_{16} 或 nC_{17} 为主峰碳数，反映有机母质中以藻类等低等水生生物的输入为主。甾烷化合物也能反映有机母质输入，一般认为，C_{27} 甾醇主要来源于浮游动物，C_{28} 甾醇来源于浮游植物，C_{29} 甾醇主要来源于陆源植物。C_{27}、C_{28} 和 C_{29} 甾烷的相对含量分别为 32%~48%、20%~27% 和 31%~43%，其中 C_{27} 与 C_{29} 的含量相近，质谱图上呈不对称的"V"字形分布，在 C_{27}-C_{28}-C_{29} 三角图解中，样品主要落在了混合来源区（图 4-13），共同指示了一种以低等水生生物为主，混合来源的生物母源特征。另外，在 Pr/nC_{17}-Ph/nC_{18} 图解中，样品均落在 II 型分布区，说明有机质来源中有藻类等低等水生生物输入（图 4-13），有利于优质烃源岩的形成。

海洋初级生产力受光层营养元素控制，主量元素 P 是重要的营养元素，与水体中初级生产力具有重要的联系。有机质富集的沉积物中通常含有较高的磷含量，研究的样品中 P 和 Al 的相关性（$R^2 = 0.016$）较差（图 4-32），说明陆源的 P 含量很低，基本可以忽略。因此，巴贡组泥岩中总 P 的含量可以很好地反映有机磷的含量。据研究巴贡组中黑色泥岩中 P 的含量为 541~701ppm[①]（图 4-32），平均含量为 602ppm，比北美页岩中 P 的平均含量 480ppm 高 122ppm（Gromet et al.，1984），说明巴贡组泥岩具有较高的初级生产力（余飞，2018）。

---

① ppm = 百万分之一，10^{-6}。

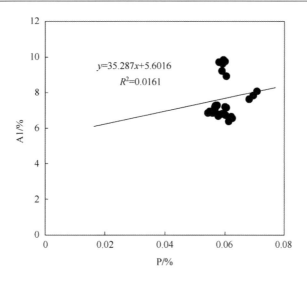

图 4-32　羌塘盆地上三叠统巴贡组泥岩 P 和 Al 的相关性图（余飞，2018）

三、有机质保存条件

有机质保存条件对形成优质烃源岩具有重要作用，在相对还原的环境中，有机质才能保存下来。Pr/Ph 是指示沉积环境及介质酸碱度的重要标志，一般认为低 Pr/Ph 指示一种还原环境，而高 Pr/Ph 则与氧化环境有关（Powell et al.，1973；傅家谟等，1991）。Peters 等（1993）对前人研究进行了系统总结后提出，高 Pr/Ph（>3.0）指示氧化条件下的陆源有机质输入，低 Pr/Ph 值（<0.6）代表缺氧的并且通常是超盐环境。羌资 7 井中巴贡组泥岩的 Pr/Ph 为 0.53~0.94，平均为 0.66，显示出还原环境。另外，在 Pr/nC$_{17}$-Ph/nC$_{18}$ 图解中，样品也主要落在偏还原区域内（图 4-13）。

γ-蜡烷是一种 C$_{30}$ 的三萜烷类化合物，广泛分布于碳酸盐岩、高盐度的海相和非海相原油和沉积物中，由原生动物及光合硫细菌及其他生物体中的四膜虫醇脱水加氢形成。研究表明，高含量的 γ-蜡烷可以表征还原、超盐度沉积环境，而且与水体分层有关（傅家谟等，1991；Peters et al.，1993）。羌资 7 井巴贡组泥岩样品的 γ-蜡烷指数为 0.11~0.22，平均值为 0.15，指示沉积时水体主要表现为具有一定盐度的还原环境，水体存在明显分层，下层水体处于缺氧状态，有利于有机质的保存。而巴贡组地层的最小沉积速率应该为 72~111m/Ma（余飞，2018），反映了一个非常快速的沉积速率，使得有机质得以快速保存下来。

综合巴贡组泥岩古气候、古生产力、氧化还原条件及沉积速率等条件分析，巴贡组沉积时古气候为温暖潮湿的气候，有利于生物的繁殖，具有较高的古生产力；水体具有一定的盐度，有机质沉积在较还原的环境中，同时还具有较高的沉积速率，十分有利于有机质保存。这种环境为一种有利于煤形成的海陆交互相环境，与现在巴贡组发育的煤层事实相符。从这个角度分析后认为，温暖潮湿的古气候为有机质的生产提供适宜的温度、光照和营养等，还原的沉积环境及相对较快的沉积速率为烃源岩的形成与发育提供了良好的保存环境。

第五章 储 层 特 征

羌塘盆地储层总体来看具有产出层位多，分布面积广，厚度大，岩石类型复杂，物性特征较差，孔隙类型和孔隙结构多变的特点，且在不同地区、不同时代、不同岩性，其储层物性特征差异明显。

作为油气储集层，最关键、最基本的因素是孔隙度和渗透率。根据国内外对储层的分级评价标准，本书储层评价标准采用原中国石油天然气总公司新区事业勘探部青藏石油勘探项目经理部的分类评价标准（表 5-1、表 5-2）。该标准以孔隙度和渗透率作为储层分级的主要指标，故本书采用孔隙度和渗透率作为储层评价的物性参数。

表 5-1 碎屑岩储层分类评价标准（据赵政璋等，2001a）

名称		低渗透储层				评价
		孔隙度 φ/%	渗透率 $K/(\times 10^{-3}\mu m^2)$	$R_{50}/\mu m$	储层类型	
常规层	中孔、中渗	15~25	10~500	3~1	II	孔隙型	好-较好
	低孔、低渗	12~15	10~1	1~0.303	III		
	近致密层	12~8	1~0.5	0.303~0.137	IV	裂缝—孔隙型	中等-差
非常规层	致密层	8~5	0.5~0.05	0.137~0.05	V		
	很致密层	5~3	0.05~0.01		VI		
	超致密层	<3	<0.01	<0.05	VII	裂缝型	很差

表 5-2 碳酸盐岩储层分类评价标准（据赵政璋等，2001a）

项目	I 类	II 类	III 类	IV 类
$K/(\times 10^{-3}\mu m^2)$	10	10~0.25	0.25~0.002	<0.002
$R_{50}/\mu m$	>1	1~0.2	0.2~0.024	<0.024
φ/%	>12	12~6	2~6	<2
孔隙结构类型	粗孔大喉型	粗孔中喉或细孔中喉型	粗孔小喉或细孔小喉型	微隙微喉型
储层类型	孔隙型或洞穴型	较好的裂缝-孔隙（洞）型	较好的裂缝-孔隙（洞）型	裂缝型
储层名称	中孔中渗	低孔低渗	特低孔特低渗	特低孔特低渗

第一节 储层分布及岩石类型

截至目前，成都地质调查中心在羌塘盆地共组织完成了 17 口地质浅钻，在这些浅钻中，发育了不同层位、不同厚度的储集岩层（表 5-3）。统计结果表明，羌塘盆地井下储层主要分布于上三叠统（土门格拉组、巴贡组、波里拉组、夺盖拉组）、布曲组和色哇组，其次分布于中侏罗统夏里组和上侏罗统索瓦组，其储层岩石类型有碎屑岩和碳酸盐岩储层。储层类型丰富，累计厚度较大，但总体物性表现为低孔低渗的特点，具有一定的储集潜力，17 口浅钻中，羌资 4 井仅钻遇第四系地层，因此未统计其储层厚度。

表 5-3 羌塘盆地井下储层发育情况统计表

井号	总进尺/m	储层发育层位	主要岩性	储层累计厚度/m	占钻井进尺比例/%
羌资 1 井	816	夏里组	碎屑岩、碳酸盐岩	56.4	21
		布曲组	碳酸盐岩	118.6	
羌资 2 井	812	色哇组	碎屑岩	81.5	39
		布曲组	碳酸盐岩	233.1	
羌资 3 井	887.4	索瓦组	碎屑岩、碳酸盐岩	132	15
羌资 4 井	314	缺失	—	—	—
羌资 5 井	1001.4	展金组	碳酸盐岩	102	10
羌资 6 井	549.65	土门格拉组	碎屑岩	162.5	30
羌资 7 井	402.5	波里拉组	碎屑岩	52.5	13
羌资 8 井	501.7	巴贡组	碎屑岩	33.3	20
		波里拉组	碳酸盐岩	68	
羌资 9 井	600.25	色哇组	碎屑岩	85	14
羌资 10 井	601.35	色哇组	碎屑岩	88	15
羌资 11 井	600	布曲组	碳酸盐岩	217	36
羌资 12 井	600.12	布曲组	碳酸盐岩	231	38
羌资 13 井	600	索瓦组	碳酸盐岩	48	20
		布曲组	碳酸盐岩	70	
羌资 14 井	1200	夺盖拉组	碎屑岩	340	28
羌资 15 井	600	土门格拉组	碎屑岩	155	26
羌资 16 井	1593	雀莫错组	碎屑岩	166.7	20.2
		巴贡组	碎屑岩	63.8	
		波里拉组	碳酸盐岩	48.8	
		甲丕拉组	碎屑岩	43.2	
羌地 17 井	2001	夏里组	碎屑岩	173	18.5
		布曲组	碳酸盐岩	198	

1. 上三叠统

因地层分区不同，土门格拉组、巴贡组、波里拉组、夺盖拉组均为上三叠统地层，本章统称为上三叠统。该组储层主要发育碎屑岩储层，在波里拉组中见有碳酸盐岩储层，从地表上来看，主要分布于北羌塘拗陷北部、中央隆起带及南羌塘拗陷北侧地区，本书中 5 口钻遇上三叠统地层的浅钻均位于南羌塘拗陷北侧地区（图 1-1，表 5-3）。岩石类型包括三角洲前缘相的粗-中粒砂岩、三角洲平原相的细粒砂岩和浅水陆棚相的砂屑灰岩，厚度为 52.5～340m。以羌资 6 井为例，其总进尺为 549.65m，储层累计发育厚度为 162.5m，占钻井地层厚度的 30%。

2. 中侏罗统色哇组

中侏罗统色哇组储层主要发育碎屑岩储层，从地表上来看，主要分布于中央潜伏隆起带的南缘，以毕洛错-其香错一带尤为发育，本书中 3 口钻遇色哇组地层的浅钻主要位于其香错西北侧（图 1-1，表 5-3）。岩石类型包括三角洲相的中粒砂岩和陆棚相的粉-细粒砂岩，厚度为 81.5～88m。以羌资 10 井为例，其总进尺为 601.35m，储层累计发育厚度为 88m，占钻井地层厚度的 15%。

3. 中侏罗统布曲组

中侏罗统布曲组储层主要发育碳酸盐岩储层，从地表上来看，广泛分布于整个羌塘盆地，尤以北羌塘中部的黄山（大于 524.26m）、中央隆起上的多涌（710.27m）和南羌塘拗陷的加那南（496.1m）最为发育，本书中 5 口钻遇布曲组地层的浅钻主要位于南羌塘昂达尔错一带（表 5-3）。岩石类型包括台地边缘礁滩相的生物礁灰岩、鲕粒灰岩、砂屑灰岩、白云岩和开阔台地相的生屑灰岩、颗粒灰岩等，厚度为 70～233.1m。以羌资 12 井为例，其总进尺为 600.12m，储层累计发育厚度为 231m，占钻井地层厚度的 38%。

4. 中侏罗统夏里组

中侏罗统夏里组储层以发育碎屑岩储层为主，亦见有碳酸盐岩储层分布，从地表上来看，在南北羌塘拗陷均有一定分布，在北羌塘龙尾错地区发育碎屑岩和碳酸盐岩储层，在南羌塘扎仁地区发育碎屑岩储层，本书中仅有位于龙尾错地区的羌资 1 井和羌地 17 井钻遇夏里组地层（表 5-3）。岩石类型包括潮坪相的细粒砂岩及粉砂岩等，以羌资 1 井为例，其总进尺为 816m，储层累计发育厚度为 56.4m，占钻井地层厚度的 7%。总体来说，夏里组粉砂岩和泥岩所占比例较高，且多暴露于地表，储集意义不大。

5. 上侏罗统索瓦组

上侏罗统索瓦组储层以发育碳酸盐岩储层为主，从地表上来看，主要分布于羌塘盆地中部和北羌塘拗陷西部，本书中羌资 3 井和羌资 13 井钻遇索瓦组地层（表 5-3）。岩石类型包括碳酸盐台地相的砂屑灰岩、鲕粒灰岩、核形石灰岩和生物礁灰岩等，厚度为 48～

132m。以羌资 3 井为例，其总进尺为 887.4m，储层累计发育厚度为 132m，占钻井地层厚度的 15%。总体来说，索瓦组多暴露于地表，储集意义不大。

第二节 储层岩石学特征

在已完成的 17 口地质浅钻中，羌资 2 井碎屑岩和碳酸盐岩储层均有发育，储层累计厚度较大且岩石类型丰富，因此，我们以羌资 2 井为代表来研究盆地井下储层的岩石学特征。羌资 2 井总进尺为 812m，钻遇地层为中侏罗统布曲组碳酸盐岩和色哇组细碎屑岩。布曲组地层位于井深 5～611m（已钻穿底部，但顶部不清楚）处，岩性主要为鲕粒灰岩、砂屑灰岩、生屑灰岩、泥-微晶灰岩、泥-微晶白云岩等碳酸盐岩，具有一定的储集能力；色哇组地层位于井深 611～812m（未钻穿底部）处，除泥岩外，其他岩类（如粉砂岩、细砂岩、中-细砂岩）均具有储集能力。

一、碎屑岩储层岩石学特征

碎屑岩岩石类型以中-细粒岩屑石英砂岩、岩屑石英粉砂岩为主（占绝大多数），还有少量长石岩屑砂岩、岩屑长石砂岩、长石砂岩、长石石英粉砂岩等，石英砂岩非常少见，总体上看，岩石的结构成熟度和成分成熟度为中等-差。其储层的主要岩石学特征见表 5-4。

表 5-4 羌资 2 井碎屑岩储层岩石学特征

| 样号 | 岩石名称 | 粒度 | 碎屑成分/% | | | 胶结类型 | 填隙物/% | |
			石英	长石	岩屑		胶结物	杂基
b270-1	岩屑石英粉砂岩	粉砂-细砂	75		10	孔隙-接触式	方解石，15	
b270-2	中-细粒岩屑石英砂岩	粉砂-粗粒	87		10	接触式	方解石，3	
b270-3	中粒岩屑石英砂岩	细-中粒	87		10	接触式	方解石，3	
b271-1	不等粒岩屑砂岩	粉砂-粗粒	65		30	接触式		5
b271-2	不等粒岩屑石英砂岩	粉砂-中粒	78		15	接触式	方解石，2	5
b272-1	粉-细粒岩屑石英砂岩	粉砂-中粒	82		15	接触式为主	硅质，3	
b277-1	泥质石英粉砂岩	粉砂-细粒	68		5	孔隙式		27
b277-2	泥质石英粉砂岩	粉砂	75		7	基底式	方解石，3	>15
b281-1	泥质石英粉砂岩	粉砂	60		5	基底式		35
b282-1	中-细粒含岩屑石英砂岩	粉砂-粗粒	75		5	基底式		20
b282-2	泥质石英粉砂岩	粉砂-粗粒	80		5	基底式		15
b282-3	中-细粒岩屑石英砂岩	细-粗粒	75	2	15	接触式为主	白云石，8	
b283-1	粉细粒岩屑石英砂岩	粉砂-中粒	65		10	基底式	白云石20，方解石，5	
b284-1	中-细粒岩屑石英砂岩	粉砂-粗粒	75		15	基底式-接触式		10

续表

样号	岩石名称	粒度	碎屑成分/%			胶结类型	填隙物/%	
			石英	长石	岩屑		胶结物	杂基
b284-2	细中粒岩屑石英砂岩	粉砂-粗粒	75		10	孔隙-接触式	白云石5，方解石2	8
b284-3	细中粒岩屑石英砂岩	粉砂-粗粒	75		15	基底式为主		10
b285-1	细中粒岩屑石英砂岩	粉砂-粗粒	75		15	接触式为主	白云石3，方解石1	6
b285-2	细中粒岩屑石英砂岩	细-粗粒	75		15	接触式为主	白云石，10	
b288-1	细粒含岩屑石英砂岩	粉砂-粗粒	75		5	孔隙式为主	白云石，20	
b289-1	粉细岩屑石英砂岩	粉砂-中粒	78	2	10	孔隙-接触式	白云石，10	
b289-2	细-中粒岩屑石英砂岩	粉砂-粗粒	62	2	10	孔隙式为主	白云石，26	
b290-1	细-中粒岩屑石英砂岩	粉砂-粗粒	62	<2	10	孔隙式为主	白云石25，方解石1	
b291-1	粉-细粒岩屑石英砂岩	粉砂-细粒	68	<2	10	孔隙式为主		20
b293-1	粗-中粒岩屑石英砂岩	细粒-粗粒	80	2	15	接触式为主	白云石，3	
b294-1	细-中粒岩屑石英砂岩	粉砂-粗粒	63	<1	10	接触式为主	白云石，26	
b295-1	粗-中粒岩屑石英砂岩	粉砂-细砾	70	<2	18	接触式为主	白云石，5	5
b296-1	粗-中粒岩屑石英砂岩	细砂-细砾	68		20	孔隙-接触式	白云石，12	
b297-1	粉-细粒岩屑石英砂岩	粉砂-中粒	60		10	孔隙式为主	白云石，30	
b297-2	石英粉砂岩	粉砂-细粒	67		5	孔隙式为主	白云石，28	
b298-1	石英粉砂岩	粉砂-细粒	67		5	孔隙式为主	白云石，28	
b299-1	石英粉砂岩	粉砂-中粒	75		5	孔隙-接触式		20
b299-3	石英粉砂岩	粉砂-中粒	75			孔隙-接触式	白云石，25	
b300-1	石英粉砂岩	粉砂-中粒	60			孔隙式为主	白云石，38	2
b301-1	石英细-粉砂岩	粉砂-粗粒	67	2	6	孔隙-接触式	白云石，25	
b308-1	细粒岩屑石英砂岩	粉砂-中粒	65		10	接触式为主	白云石，25	
b310-1	细粒岩屑石英砂岩	粉砂-粗粒	63	<2	10	孔隙-接触式	白云石，25	
b311-1	细粒岩屑石英砂岩	细粒-粗粒	65	<2	8	孔隙式为主	白云石，25	
b311-2	细粒岩屑石英砂岩	粉砂-粗粒	66	<1	8	孔隙式为主	白云石，25	
b312-1	粉-细岩屑石英砂岩	粉砂-中粒	66	<1	8	孔隙式为主		铁质25
b312-1	粉-细岩屑石英砂岩	粉砂-粗粒	83	<2	10	接触式为主		5
b313-1	粉-细石英砂岩	粉砂-粗粒	63	1	6	孔隙式为主	白云石，30	
b314-1	细粒含岩屑石英砂岩	粉砂-粗粒	66	1	5	孔隙式为主	白云石，28	
b314-2	细粒含岩屑石英砂岩	粉砂-粗粒	68	偶见	7	孔隙式为主	白云石，25	
b315-1	细粒岩屑石英砂岩	粉砂-粗粒	66	1	8	孔隙式	白云石，25	
b315-2	细粒岩屑石英砂岩	粉砂-中粒	73	2	10	孔隙-接触式	白云石，15	
b316-1	细粒岩屑石英砂岩	粉砂-中粒	62	1	5	孔隙式为主	白云石，32	
b317-1	粉-细粒含岩屑石英砂岩	粉砂-中粒	68	1	6	孔隙式为主	白云石，25	
b318-1	中-细粒岩屑石英砂岩	粉砂-粗粒	68	2	15	接触式	白云石，10	5

续表

样号	岩石名称	粒度	碎屑成分/%			胶结类型	填隙物/%	
			石英	长石	岩屑		胶结物	杂基
b318-2	中-细粒岩屑石英砂岩	粉砂-粗粒	73	2	10	孔隙-接触式	白云石，15	
b321-1	粉-细粒含岩屑石英砂岩	粉砂-中粒	59	<1	5	孔隙式为主	白云石，35	
b322-1	粉-细粒岩屑石英砂岩	粉砂-中粒	57	1	7	孔隙式为主	白云石，35	
b322-2	中-细粒岩屑石英砂岩	粉砂-中粒	62	1	7	孔隙式	白云石，30	
b322-3	细粒岩屑石英砂岩	粉砂-中粒	62	1	7	孔隙式	白云石，30	
b323-1	细粒含岩屑石英砂岩	粉砂-中粒	59	1	5	孔隙式	白云石，35	
b324-1	细-粉粒岩屑石英砂岩	粉砂-粗粒	71	<2	12	孔隙-接触式	白云石，15	
b324-2	细-粉粒岩屑石英砂岩	粉砂-中粒	59	1	7	孔隙式	白云石，33	
b325-1	粉-细粒岩屑石英砂岩	粉砂-粗粒	60	2	8	孔隙式	白云石，30	
b325-2	细粒岩屑石英砂岩	粉砂-中粒	61	1	8	孔隙式	白云石，30	
b326-1	粉-细粒岩屑石英砂岩	粉砂-粗粒	60	1-2	8	孔隙式	白云石，30	
b327-1	中粒岩屑石英砂岩	粉砂-粗粒	80	<2	15	接触式	白云石，3	
b327-2	中粒岩屑石英砂岩	微粒-粗粒	80	<2	17	接触式	白云石，1	
b328-1	中粒岩屑石英砂岩	粉砂-粗粒	58	<2	15	孔隙-接触式	白云石，25	
b328-2	中粒岩屑石英砂岩	粉砂-粗粒	82	<2	15	接触式	白云石，1	
b329-1	中粒岩屑石英砂岩	微粒-粗粒	81	2	10	接触式为主	白云石，2	5
b329-2	细-粉砂含岩屑石英砂岩	粉砂-细砂	59	1	5	孔隙式	白云石，35	

1. 岩石成分

碎屑成分以石英为主，含量大于60%；次为岩屑，含量变化较大，在5%～30%范围内波动；长石含量较少，均小于或等于2%。砂岩粒度以细粒为主，次为粉砂和中粒，局部可见到粗粒结构，岩石分选性一般，为次棱角状。

2. 填隙物

填隙物包括杂基和化学作用形成的胶结物，羌资2井碎屑岩储层中填隙物以白云石胶结物为主，含量为1%～38%；次为方解石胶结物，含量一般小于10%。大部分样品中未统计出杂基，小部分样品中杂基含量一般为10%～20%。

3. 胶结类型

碎屑岩的胶结类型有接触式、薄膜式、再生式、孔隙式、基底式和压嵌式6种，羌资2井岩石颗粒间以孔隙式和接触式为主，其次为基底式胶结。

二、碳酸盐岩储层岩石学特征

碳酸盐岩岩石类型有鲕粒灰岩、泥晶灰岩、泥微晶白云岩、砂砾屑灰岩、亮晶砂砾屑灰岩、团粒灰岩等，以及它们之间的一些过渡类型，如白云质泥晶灰岩、灰质白云岩、生屑灰岩等。

鲕粒灰岩：以亮晶鲕粒灰岩为主，还有角砾状砂屑鲕粒灰岩、亮晶含云质鲕粒灰岩、微晶鲕粒灰岩、角砾状砂屑鲕粒灰岩等，鲕粒有薄皮鲕、复鲕、放射鲕，有时具生物屑核心和同心环，鲕粒含量为57%～90%。除鲕粒外，岩石中还散布有数量不等的砂屑、砾屑、介屑、虫屑、棘屑、藻屑等；岩石为亮晶胶结，亮晶胶结物为方解石和白云石，一世代亮晶方解石为纤状栉壳，二世代为晶粒状亮晶方解石，剩余粒间孔被亮晶白云石充填或晶粒状亮晶方解石被白云石交代，构成第三世代胶结物。部分鲕粒灰岩特征见表5-5。

表 5-5　羌塘盆地井下鲕粒灰岩特征统计表

编号	名称	结构组分						矿物成分/%	
		鲕粒		其他粒屑组分		填隙物/%			
		大小/mm	含量/%	成分	含量/%	基质	亮晶	方解石	白云石
b200-2	亮晶砂屑鲕粒灰岩	0.18～1.6	70	砂屑	10		20	97	3
b201-1	亮晶砂屑鲕粒灰岩	0.2～1.7	68	砂屑、介屑、棘屑	22		10	98	2
b201-2	亮晶鲕粒灰岩	0.2～1.2	75	砂屑、介屑	2		23	97	3
b201-3	亮晶砂屑鲕粒灰岩	0.2～1.1	68	砂屑、介屑、棘屑	14		18	96	4
b202-1	亮晶鲕粒灰岩	0.16～1.2	84	砂屑、介屑、骨屑、棘屑	<2		14	96	4
b203-1	亮晶砂屑鲕粒灰岩	0.2～1.16	74	砂屑、棘屑	<11		15	96	4
b203-2	亮晶鲕粒灰岩	0.16～1.12	69	砂屑、砾屑、骨屑	11		20	96	4
b204-1	亮晶鲕粒灰岩	0.14～1.52	73	砂屑、骨屑	<8		19	97	3
b204-2	亮晶鲕粒灰岩	0.22～1.6	64	砂屑、砾屑、骨屑	11		25	97	3
b204-3	亮晶鲕粒灰岩	0.22～1.52	67	砂屑、骨屑	<7		26	97	3
b205-2	角砾状亮晶鲕粒灰岩	0.2～1	90	骨屑	偶见		10	96	4
b206-1	亮晶鲕粒灰岩	0.16～1.2	87	砂屑、骨屑	3		10	97	3
b206-2	角砾状砂屑鲕粒灰岩	0.16～0.9	74	砂屑、介屑、虫屑、棘屑	14	泥微，10	2	99	1
b208-1	角砾状鲕粒灰岩	0.16～0.99	82	砂屑、骨屑	5		13	98	2
b214-1	微晶鲕粒灰岩	0.18～1.6	88			微晶，10	2	99	1
b214-3	亮晶鲕粒灰岩	0.16～0.98	83	砂屑、骨屑	3	微晶，4	10	94	6
b214-4	亮晶鲕粒灰岩	0.12～0.99	87	砂屑、骨屑	3		10	96	4
b215-1	亮晶鲕粒灰岩	0.16～1.05	87	砂屑、骨屑	3		10	99	少量

续表

| 编号 | 名称 | 结构组分 | | | | | | 矿物成分/% | |
| | | 鲕粒 | | 其他粒屑组分 | | 填隙物/% | | | |
		大小/mm	含量/%	成分	含量/%	基质	亮晶	方解石	白云石
b215-2	亮晶鲕粒灰岩	0.25～1.15	88	砂屑、骨屑	2		10	98	少量
b215-3	亮晶鲕粒灰岩	0.2～1.3	85	砂屑、骨屑	少量		15	98	少量
b215-4	亮晶鲕粒灰岩	0.2～1.05	88	砾屑、砂屑、骨屑	2		10	98	少量
b215-5	亮晶鲕粒灰岩	0.2～1.25	82	砂屑、骨屑	<5		13	98	少量
b216-1	亮晶鲕粒灰岩	0.25～1	78	砂屑、骨屑	4		18	98	少量
b216-2	亮晶鲕粒灰岩	0.25～1.06	77	砂屑、砾屑、骨屑	<9		14	98	少量
b216-3	亮晶鲕粒灰岩	0.22～1.4	73	砾屑、砂屑、骨屑	7		20	99	少量
b216-4	亮晶鲕粒灰岩	0.2～1.1	77	砂屑、砾屑、骨屑	9		14	99	少量
b173-1	亮晶含云质鲕粒灰岩	0.32～1.92	89	介屑、砂屑、棘屑	1～2		10	88	12
b173-4	亮晶含云质鲕粒灰岩	0.2～1.2	57	砾屑、砂屑、棘屑、介屑、藻屑	21	泥晶，8	14	76	24

白云岩：岩石类型主要有含粒屑微-泥晶含灰质白云岩、微-泥晶含生屑砂屑白云岩、泥晶灰质白云岩、微晶灰质鲕粒白云岩、残余生屑鲕粒细晶白云岩、微晶白云岩、含灰质白云岩、粉-微晶白云岩、含泥微晶白云岩、含泥灰质泥晶白云岩，岩石主要由泥晶、微晶白云石组成，含量为59%～90%，其余为方解石和泥质，还有少量石英、胶磷矿等。除此之外，在泥微晶白云石中还分散有砂屑、粉屑、砾屑、鲕粒以及介屑、棘屑、虫屑等生物碎屑，数量不等。

其他灰岩类：主要指除鲕粒灰岩、泥晶灰岩、白云岩之外的其他类型灰岩。主要类型有泥晶团粒灰岩、泥晶砂屑生屑灰岩、砂屑灰岩、残余砂屑云质灰岩、亮晶砂屑灰岩、泥晶含云质生屑灰岩、鲕粒云质灰岩、粒屑云质灰岩、粒屑（内碎屑、球粒）灰岩、亮晶粒屑灰岩等。岩石主要由方解石组成，其余为白云石和泥质，还有微量-少量石英、胶磷矿、黄铁矿、磁铁矿等。结构方面，除泥-微晶方解石外，还有砂屑、粉屑、砾屑、团粒、鲕粒及介屑、棘屑、虫屑、藻屑等生物碎屑，数量不等。胶结物主要为泥微晶方解石和亮晶方解石。

第三节 储层储集物性特征

一、储层物性特征

从羌塘盆地 17 口钻井中已获得的资料和分析测试数据来看，上三叠统及中侏罗统色哇组、布曲组和夏里组的储集岩层物性资料较为丰富，井下储层物性总体（不包括白云岩）

表现为低孔低渗的特点。需要说明的是，本书把白云岩储层特征作为单独一节将在后文进行讨论。各层系孔隙度平均值为 0.46%～6.95%，渗透率平均值为 $0.0016\times10^{-3}\sim2.1472\times10^{-3}\mu m^2$（图 5-1、图 5-2，表 5-6）。但各层系其孔渗特征又不尽相同，现分述如下。

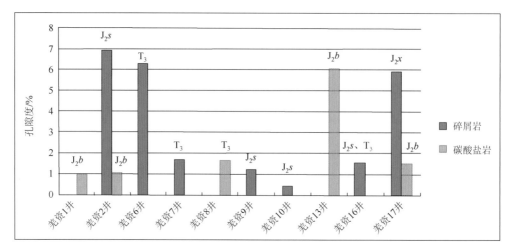

图 5-1　羌塘盆地各地层井下样品孔隙度直方图

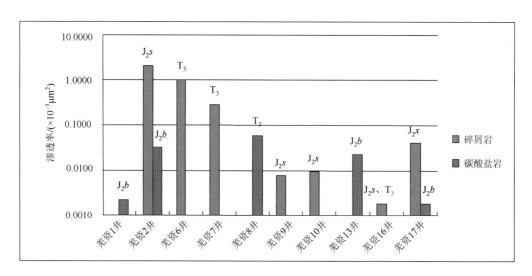

图 5-2　羌塘盆地各地层井下样品渗透率直方图

表 5-6　羌塘盆地井下储层物性数据

钻井	地层	岩性	孔隙度/%		渗透率/($\times10^{-3}\mu m^2$)	
			变化范围	平均值（样品数量）	变化范围	平均值（样品数量）
羌资 1 井	J_2b	碳酸盐岩	0.1～2.4	1.03（31）	0.0001～0.0121	0.0022（7）
羌资 2 井	J_2b	碳酸盐岩	0.31～7.11	1.08（76）	0.003～1.6215	0.032（76）
	J_2s	碎屑岩	0.63～19.59	6.95（58）	0.0096～26.7271	2.1472（58）

续表

钻井	地层	岩性	孔隙度/%		渗透率/(×10⁻³μm²)	
			变化范围	平均值（样品数量）	变化范围	平均值（样品数量）
羌资 6 井	T₃	碎屑岩	0.8～11.2	6.28（15）	0.02～6.27	1.0313（15）
羌资 7 井	T₃	碎屑岩	0.67～2.56	1.72（3）	0.00007～0.7764	0.2912（3）
羌资 8 井	T₃	碳酸盐岩	0.71～3.52	1.66（11）	0.00008～0.1982	0.059（10）
羌资 9 井	J₂s	碎屑岩	0.43～1.87	1.27（4）	0.00004～0.0301	0.0076（4）
羌资 10 井	J₂s	碎屑岩	0.38～0.54	0.46（2）	0.00005～0.019	0.0095（2）
羌资 13 井	J₂b	碳酸盐岩	1.92～10.2	6.06（6）	0.00004～0.1132	0.0226（6）
羌资 16 井	J₂s	碎屑岩	0.73～3.76	1.66（10）	0.001～0.0025	0.0019（9）
	T₃	碎屑岩	0.29～5.87	1.52（13）	0.0004～0.0046	0.0016（3）
羌地 17 井	J₂x	碎屑岩	1.73～17.82	5.93（9）	0.0011～0.3361	0.0405（9）
	J₂b	碳酸盐岩、碎屑岩	1.18～2.36	1.56（7）	0.0012～0.0026	0.0018（7）

1. 上三叠统

上三叠统物性数据来自 4 口钻井，其中羌资 6 井、羌资 7 井和羌资 16 井为碎屑岩储层，羌资 8 井为碳酸盐岩储层。碎屑岩储层孔隙度变化范围为 0.29%～11.2%，平均值为 3.84%；渗透率变化范围为 $0.00007×10^{-3}～6.27×10^{-3}μm^2$，平均值为 $0.44×10^{-3}μm^2$。相对来说，羌资 6 井的孔隙度和渗透率最好，平均值分别为 6.28% 和 $1.0313×10^{-3}μm^2$ [图 5-3（a），表 5-6]。羌资 8 井中碳酸盐岩储层孔隙度变化范围为 0.71%～3.52%，平均值为 0.78%；渗透率变化范围为 $0.00008×10^{-3}～0.1982×10^{-3}μm^2$，平均值为 $0.059×10^{-3}μm^2$（表 5-6）。

2. 中侏罗统色哇组

色哇组物性数据来自 4 口钻井，均为碎屑岩储层。储层孔隙度变化范围为 0.38%～19.59%，平均值为 5.75%；渗透率变化范围为 $0.00004×10^{-3}～26.7271×10^{-3}μm^2$，平均值为 $1.71×10^{-3}μm^2$。相对来说，羌资 2 井的孔隙度和渗透率最好，平均值分别为 6.95% 和 $2.1472×10^{-3}μm^2$ [图 5-3（b），表 5-6]。

3. 中侏罗统布曲组

布曲组物性数据来自 4 口钻井，其中羌资 1 井、羌资 2 井和羌资 13 井为碳酸盐岩储层，羌地 17 井为碳酸盐岩和碎屑岩储层。储层孔隙度变化范围为 0.1%～10.2%，平均值为 1.34%；渗透率变化范围为 $0.00004×10^{-3}～1.6215×10^{-3}μm^2$，平均值为 $0.03×10^{-3}μm^2$。相对来说，羌资 13 井的孔隙度和渗透率较好，均值分别为 6.06% 和 $0.0226×10^{-3}μm^2$ [图 5-3（c），表 5-6]。

4. 中侏罗统夏里组

夏里组物性数据仅有羌地 17 井的 9 件样品,均为碎屑岩储层。储层孔隙度变化范围为 1.73%~17.82%,平均值为 5.93%;渗透率变化范围为 $0.0011 \times 10^{-3} \sim 0.3361 \times 10^{-3} \mu m^2$,平均值为 $0.0405 \times 10^{-3} \mu m^2$[图 5-3(d)、表 5-6]。

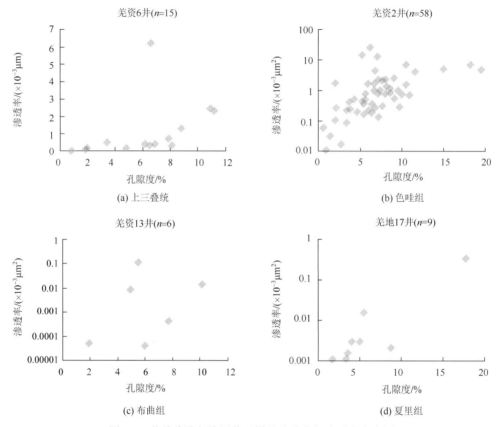

图 5-3　羌塘盆地各地层井下样品孔隙度与渗透率交会图

二、孔隙类型及特征

1. 碎屑岩

羌塘盆地井下碎屑岩储层主要分布于上三叠统、中侏罗统色哇组和布曲组地层中,根据储层孔隙发育实际情况,我们将其划分为原生粒间孔、溶蚀孔隙、铸模孔隙、微孔隙及微裂隙 5 类,前 4 种与岩石结构有关,微裂缝可与其他类型共生。

(1)原生粒间孔:在埋藏过程中经历了各种胶结作用和压实作用后残余的原生粒间孔隙,目前所见的原生孔隙以剩余粒间孔为主。在镜下可见,保存良好的粒间孔周围发育有一定厚度的绿泥石衬里[图 5-4(a)],或产出于石英颗粒加大边之间,粒间孔的边界被加大边所围限,在岩屑石英砂岩及石英砂岩中较为多见。

（2）溶蚀孔隙：指由于溶蚀作用而形成的次生孔隙，根据被溶组分的不同可分为粒间溶孔、粒内溶孔和填隙物溶孔。粒间溶孔是碎屑岩储层中常见孔隙类型，一般呈星散分布，孔径为 0.01～0.2mm，呈半-未充填，形状为次圆-不规则状，边缘多呈锯齿或港湾状；粒内溶孔常见于长石颗粒内部的溶孔，一般沿长石的节理方向选择性进行，形成蜂窝状溶孔，粒内溶孔一般与粒间溶孔相伴生，因此连通性较好，由于空间较大，有效扩大了储层的储集性能［图 5-4（b）］。

（3）铸模孔隙：指外形与原组分外形特征相同的孔隙，具颗粒印模、胶结物印模、交代物印模等。在薄片中常见到的主要是长石颗粒［图 5-4（c）］、碳酸盐颗粒被溶蚀成铸模孔，且铸模孔的外缘保存了一层泥质薄膜（泥包壳）。

（4）微孔隙：最常见的微孔隙为黏土矿物的晶间孔，晶间孔的赋存空间有自生伊利石、自生高岭石、自生绿泥石、I/S 混层和自生石英颗粒等场所，由于区内黏土矿物分布的特点，以自生高岭石的晶间孔最为发育。

（5）微裂隙：在致密砂岩储层中有着重要的作用，其意义在于可以改善孔隙的连通有效性，镜下所见以沿粒间延伸的类型为主，可见与次生溶孔、铸模孔及剩余粒间孔相通的微裂隙［图 5-4（d）］，能有效改善储层的孔喉结构。镜下部分样品可见一条或数条不规则微裂缝，一般较粗短，宽度为 0.05～1mm，大多已充填。充填矿物成分主要有方解石、硅质等。

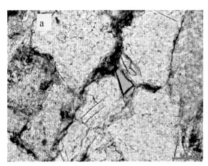

(a) 剩余粒间孔，颗粒边缘见绿泥石衬里，沃若山，×400 (−)

(b) 溶蚀孔隙，羌资2井，327m，×200 (−)

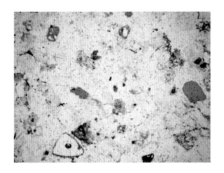

(c) 长石颗粒被完全溶解形成的铸模孔，羌资2井，294m，×100(−)

(d) 微裂隙，羌资2井，327m，×200 (−)

图 5-4　羌塘盆地碎屑岩储层孔隙类型微观图

2. 碳酸盐岩

羌塘盆地井下碳酸盐岩储层主要分布于中侏罗统布曲组地层中,在上三叠统地层中少量发育。根据常规薄片、铸体薄片的分析结果,碳酸盐岩储层储集空间主要包括孔隙与裂缝两种类型,储集空间组合表现为孔隙-裂缝型储层。

1)孔隙

按形成机理,孔隙可分为粒间溶孔、粒内溶孔、晶间孔、晶间溶孔、非组构选择性溶孔、沿裂缝和缝合线分布的溶孔6类。

(1)粒间溶孔:粒间溶孔主要发育在颗粒灰岩中,它是生屑、内碎屑等颗粒边缘被溶蚀,或颗粒间的泥晶基质、胶结物被溶蚀而形成的孔隙,孔隙形状不规则,孔径大小一般为0.1~0.3mm,大者可达1mm以上〔图5-5(a)〕。

(a) 砂屑颗粒间的粒间溶孔,羌资1井,169m,×400 (−)

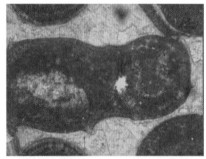

(b) 鲕粒中的粒内溶孔,羌资2井,145m,×400 (−)

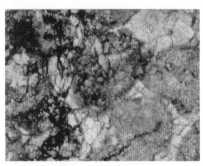

(c) 砂屑灰岩白云岩化形成的晶间孔,羌资1井,152m,×400 (−)

(d) 白云石晶间溶孔,羌资2井,155m,×200 (−)

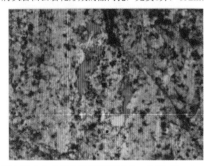

(e) 粒屑灰岩中的非组构选择性溶蚀孔,羌资2井,65m,×200 (−)

(f) 发育在缝合线处的溶孔,羌资1井,401m,×400 (−)

图5-5 羌塘盆地碳酸盐岩储层孔隙类型微观图

（2）粒内溶孔：粒内溶孔指鲕粒、生物碎屑骨骼内被选择性溶蚀形成的颗粒内孔隙，一般为圆形或椭圆形［图 5-5（b）］，粒径大小主要取决于次生溶蚀的程度，一般为 0.1～0.3mm；如果颗粒被完全溶解掉，孔隙保持了原颗粒的大小和形状，则形成铸模孔。

（3）晶间孔：晶间孔主要由碳酸盐岩重结晶和交代作用形成，常见于重结晶作用较强的微晶、细晶灰岩、白云岩、经去云化形成的次生灰岩［图 5-5（c）］，以及裂缝中充填的粗晶方解石中，某些具晶粒状结构的方解石胶结物内也发育晶间孔。晶间孔一般孔径较小，为 0.03～0.1mm，形状较规则，多呈三角形或多角形，连通性较好。

（4）晶间溶孔：是在晶间孔的基础上经溶蚀扩大而成的，形状多呈三角形或多角形，孔径一般为 0.02～0.05mm，孔隙连通性较好［图 5-5（d）］。

（5）非组构选择性溶蚀孔：指不受岩石结构控制的溶蚀空间，溶孔的形状不规则，孔径大小差别大［图 5-5（e）］，这类孔隙的形成多与裂缝、缝合线的分布及其对地下水和地表水的输导有关，是深埋藏溶蚀作用的产物。

（6）沿裂缝和缝合线分布的溶孔：裂缝内溶孔是指裂缝充填物方解石（白云石）经后期溶蚀形成的孔隙，溶蚀作用沿缝合线进行也能形成沿缝合线分布的孔隙［图 5-5（f）］。这两类孔隙形成油气运移的良好通道，对油气运移具有重要意义。

2）裂缝

裂缝在碳酸盐岩储层中非常发育，按成因可分为构造缝、构造-溶解缝、压溶缝和溶蚀缝 4 种。在岩心编录中发现，宏观上布曲组碳酸盐岩以斜缝最为发育，具体特征为立缝（大于 75°）5～15 条/m，缝宽为 0.01～0.3cm；平缝（15°～75°）10～15 条/m，缝宽为 0.01～1.2cm；斜缝（小于 15°）15～20 条/m，缝宽为 0.1～6.5cm。在裂缝中充填有较多的灰白色方解石脉、及紫红色砂泥质、有机质等。其中，井深 389.6～409.1m 处为厚约 19.5m的层间（张性）岩性破碎带，计有：立缝 10～35 条/m，缝宽为 0.01～0.6cm；平缝 10～25 条/m，缝宽为 0.01～0.7cm；斜缝 15～50 条/m，缝宽为 0.1～4.5cm。

微观特征方面，在 500 多片碳酸盐岩薄片中，几乎每件薄片中都发育裂缝，最多一块薄片中裂缝可达 50 多条，缝宽一般为 0.01～0.05mm，少部分可达 10～20mm。所有裂缝除少部分未充填或半充填外，几乎全被充填，充填物成分主要为方解石，其次为白云石、铁泥质、有机质、硅质等。

（1）构造缝：在构造应力作用下形成的裂缝，按规模分为中小型和微型，岩心上所见均为中小型，薄片中所见一般均为微型，中小型者大小一般为 1～20mm，微型者大小一般为 0.1～1mm［图 5-6（a）］；按产状可划分为立缝、斜缝和平缝；形状有规则状、交叉状、网纹状、平行状、树枝状等，组序分明，期次明显，缝壁平直，切割明显，延伸较远，其绝大多数已被方解石充填，充填物中可见少量白云石、铁泥质和硅质。

（2）构造-溶解缝：在部分构造缝边缘发生溶蚀现象，破坏了原构造缝平直的边缘，形成构造-溶解缝。构造-溶解缝缝壁凹凸不平，与构造缝延伸方向基本一致，缝宽一般为 0.02～0.8mm，最宽可达 15mm；构造溶解缝绝大多数被方解石充填或半充填，少数被铁泥质、白云石、硅质充填或半充填。

（3）压溶缝：受压溶作用影响形成的缝合线，形状多为锯齿状、波纹状，少部分为不规则状，波状起伏的幅度有高低之分，缝壁常见未完全溶解的残留物，缝宽一般为 0.01～

0.3mm，缝常被有机质、铁泥质等充填。沿缝合线常发生溶蚀作用，形成沿缝合线断续或连续分布的溶孔，甚至溶缝［图5-6（b）］。

（4）溶蚀缝：主要由溶蚀作用形成的裂缝，形状不规则，常呈弯曲状、沟状等，无方向性，绝大多数已被方解石、白云石、铁泥质等充填。另外，沿溶蚀缝常发育溶孔。

 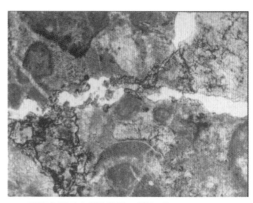

(a) 泥晶灰岩中发育未充填成岩缝，羌资2井，26m，×100 (−)   (b) 沿缝合线分布的溶解缝，羌资2井，341m，×400 (−)

图 5-6　羌塘盆地碳酸盐岩储层裂缝类型微观图

三、孔隙结构类型及特征

一般而言，岩石碎屑颗粒包围着的较大空间称为孔隙，而仅仅在两个颗粒之间连通的狭窄部分称为喉道，实际地质情况中孔隙与喉道通常是密不可分的，而孔隙和喉道级别的划分则是通过图像分析和压汞分析来实现的。

1. 碎屑岩

利用图像分析中的平均孔隙直径和压汞分析中的饱和度中值喉道宽度 R_{50}，并结合其他孔隙结构参数，制定出羌资2井碎屑岩储层孔隙、喉道分级标准（表5-7）。

表 5-7　碎屑岩储层孔隙与喉道分级标准（据赵政璋等，2001a）

孔隙分级	平均孔径/μm	喉道分级	R_{50}/μm
大孔隙	>50	粗喉道	>2.0
中孔隙	50～30	中细喉道	2.0～0.04
小孔隙	30～10		
微孔隙	<10	微喉道	<0.04

1）色哇组

压汞分析结果表明，色哇组碎屑岩储层饱和度中值喉道宽度 R_{50} 平均值为 0.107μm，最大值为 1.249μm，最小值为 0.004μm，显示碎屑岩喉道均为中细喉道和微喉道，其中小于 0.04μm 的微喉道样品有 25 个，占 43.1%，0.04～2μm 范围内的中细喉道样品有 33 个，占 56.9%。

15 件碎屑岩铸体薄片图像分析结果表明，色哇组碎屑岩储层平均孔隙最大值为

170.4μm，最小值为 22.6μm，平均值为 74.7μm；大于 50μm 的大孔隙样品有 8 件，占 53%，10～50μm 范围内的中小孔隙样品有 7 件，占 47%。

结合压汞分析和图像分析的结果，色哇组碎屑岩储层孔喉组合类型有大孔中小喉、大孔微喉、中孔中小喉、中孔微喉、小孔中小喉 5 种类型，大孔中小喉有 3 件，大孔微喉有 4 件，中孔中小喉有 2 件，中孔微喉有 2 件，小孔中小喉有 2 件（表 5-8）。

表 5-8　羌资 2 井色哇组碎屑岩储层孔喉组合类型表

样品编号	岩石名称	孔隙级别	喉道级别	孔喉组合
Zt294-1	中粒长石岩屑砂岩	大孔隙		
Zt296-1	中粒长石岩屑砂岩	大孔隙	中小喉道	大孔中小喉
Zt321-1	粉细粒岩屑石英砂岩	大孔隙	微喉道	大孔微喉
Zt322-1	粉细粒岩屑石英砂岩	中孔隙	中小喉道	中孔中小喉
Zt322-2	粉细粒岩屑石英砂岩	小孔隙	中小喉道	小孔中小喉
Zt322-3	粉细粒岩屑石英砂岩	中孔隙	中小喉道	中孔中小喉
Zt327-1	中粒岩屑石英砂岩	大孔隙	中小喉道	大孔中小喉
Zt327-2	中粒长石岩屑砂岩	大孔隙	中小喉道	大孔中小喉
Zt327-3	中细粒长石石英砂岩	小孔隙		
G317-1	细粉粒长石石英砂岩	大孔隙	微喉道	大孔微喉
G319-1	长石石英粉砂岩	大孔隙	微喉道	大孔微喉
G323-1	细粒岩屑石英砂岩	小孔隙	中小喉道	小孔中小喉
G342-1	细粉粒岩屑长石砂岩	大孔隙	微喉道	大孔微喉
G351-1	细粉粒长石砂岩	中孔隙	微喉道	中孔微喉
G352-1	粉～细粒长石砂岩	中孔隙	微喉道	中孔微喉

2）夏里组

对羌资 1 和羌资 2 井 15 件夏里组储层样品进行了压汞分析和铸体薄片分析，压汞分析数据见表 5-9。根据毛管压力曲线的形态，可将 15 件样品的毛管压力曲线分为 3 种类型，主体为Ⅲ型，Ⅱ型和Ⅰ型次之（图 5-7～图 5-9）。

表 5-9　羌资 1、羌资 2 井夏里组储层孔隙结构参数表

样号	岩性	φ /%	K /($10^{-3}\mu m^2$)	P_d /MPa	P_{50} /MPa	R_{50} /μm	R_{max} /μm	分选	歪度	S_{min} /%
CW22-1	钙质粉细砂岩	0.36	0.0245	40.96			0.0366	0.93	−1	60.46
CW23-1	钙质粉细砂岩	1.54	0.0208	5.12			0.1470	1.46	−1	52.58
CW49-1	微晶灰岩	0.43	0.0052	20.48			0.0370	0.95	−1	72.38
CW52-1	砂质灰岩	2.42	0.0175	2.56	53.06	0.014	0.2930	2.13	0.006	20.76
CW81-1	粉细砂岩	9.11	12.1600	0.08	3.97	0.189	9.7350	2.94	0.366	11.26
CW83-1	黏土质粉砂岩	3.69	0.0280	0.64	39.01	0.019	1.1719	2.21	0.11	20.65
CW86-1	细粒石英砂岩	4.31	0.0279	0.64	19.90	0.038	1.1700	2.87	0.12	18.75
CW91-1	细粒石英砂岩	3.88	0.0401	1.28	37.74	0.020	0.5860	2.31	0.08	26.31
CW92-1	粉-细砂岩	1.80	0.0116	2.56	77.80	0.010	0.2930	1.98	−0.16	44.54
CW93-1	黏土质细砂岩	2.57	0.0327	1.28	66.11	0.011	0.5860	2.11	−0.10	42.11
056-4/7	粉砂质微晶生屑灰岩	2.40	<0.0001	0.12	1.72	0.427	6.1367	2.60	1.85	16.83

样号	岩性	φ/%	K/$(10^{-3}\mu m^2)$	P_d/MPa	P_{50}/MPa	R_{50}/μm	R_{max}/μm	分选	歪度	S_{min}/%
093-1/3	微晶生屑灰岩	1.30	<0.0001	0.75			0.9871	1.82	5.60	96.71
094-4/4	生屑泥晶灰岩	1.10	<0.0001							100.00
096-3/9	钙质粉砂岩	2.70	<0.0001	4.50	67.54	0.011	0.1634	2.25	1.26	13.98
100-8/9	砂质微晶灰岩	2.00	<0.0001	29.23			0.0251	6.31	1.89	71.75

Ⅰ型毛管压力曲线孔喉分选较好,进汞曲线略向左凹,CW81-1、CW83-1、CW86-1、CW91-1、056-4/7,它们均为夏里组样品,以 CW81-1 样品为代表,P_d 为 0.08MPa,R_{max} 为 9.7350μm,P_{50} 为 3.97MPa,S_{min} 为 11.26%(图 5-7)。

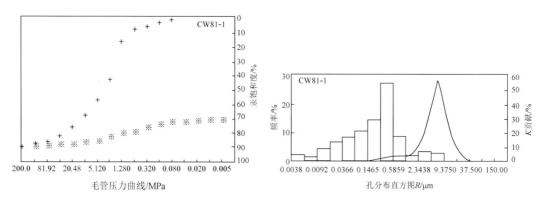

图 5-7　Ⅰ型-羌资 1 井夏里组 CW81-1 压汞曲线及其孔分直方图

Ⅱ型为孔喉分选性较差,进汞曲线呈陡的斜线上升,略左凹或左凸。以夏里组 CW52-1 样品为代表,P_d 为 2.56MPa,R_{max} 为 0.2930μm,P_{50} 为 53.06MPa,S_{min} 为 20.76%(图 5-8)。

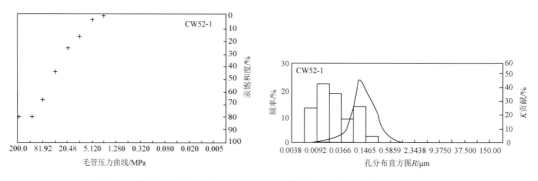

图 5-8　羌资 1 井夏里组 CW52-1 压汞曲线(Ⅱ型)及其孔分直方图

Ⅲ型毛管压力曲线孔喉分选性差,进汞曲线完全左凸。表现为高排替压力、高饱和度中值压力,低孔喉半径等特征。以 CW23-1 样品为代表,P_d 为 5.12MPa,R_{max} 为 0.1470μm,S_{min} 为 52.58%(图 5-9)。

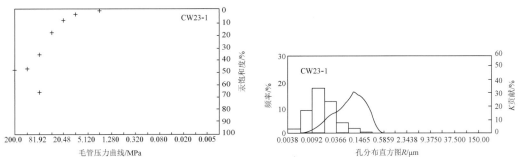

图 5-9　羌资 1 井夏里组 CW23-1 压汞曲线（III型）及其孔分直方图

2. 碳酸盐岩

对羌资 1 井和羌资 2 井布曲组碳酸盐岩储层样品进行了压汞分析和铸体薄片分析，根据毛管压力曲线的形态，可将 52 件样品的毛管压力曲线分为两种类型（图 5-10～图 5-13）。

II 型毛孔压力曲线孔喉分选性较差，进汞曲线呈陡的斜线上升，略左凹或左凸。这类曲线有 4 条（图 5-10，图 5-11），以布曲组 178-6/7 样品为代表，P_d 为 11.79MPa，R_{max} 为 0.0113μm，P_{50} 为 64.85MPa，S_{min} 为 13.96%。

III 型毛孔压力曲线孔喉分选性差，进汞曲线完全左凸。这类曲线占大部分，表现为高排替压力、高饱和度中值压力，低孔喉半径等特征（图 5-12，图 5-13），以布曲组 CW175-1 样品为代表，P_d 为 10.24MPa，R_{max} 为 0.0732μm，P_{50} 为 100.0603MPa，S_{min} 为 39.245%。

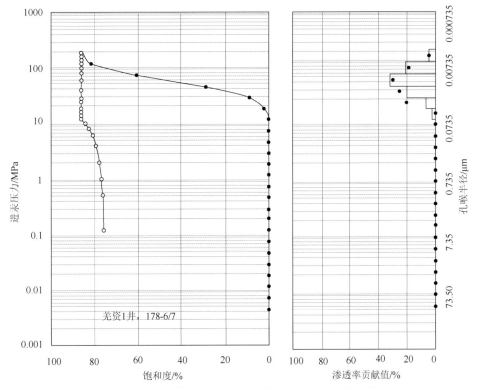

图 5-10　羌资 1 井布曲组 178-6/7 压汞曲线（II型）及其孔分直方图

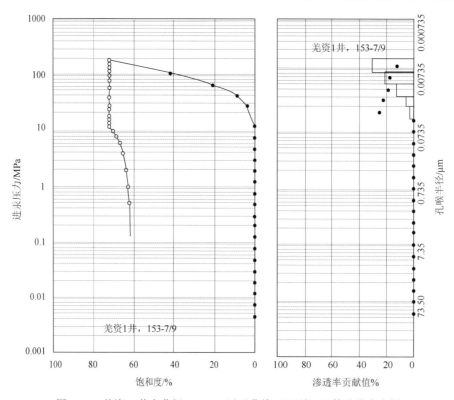

图 5-11 羌资 1 井布曲组 153-7/9 压汞曲线（Ⅱ型）及其孔分直方图

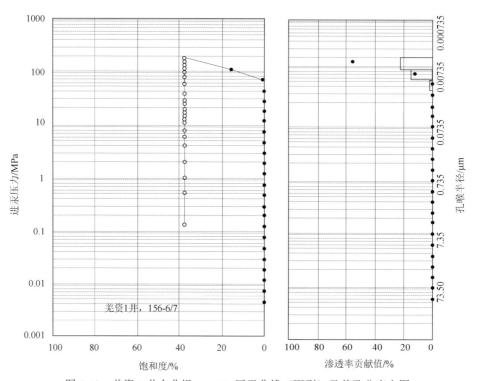

图 5-12 羌资 1 井布曲组 156-6/7 压汞曲线（Ⅲ型）及其孔分直方图

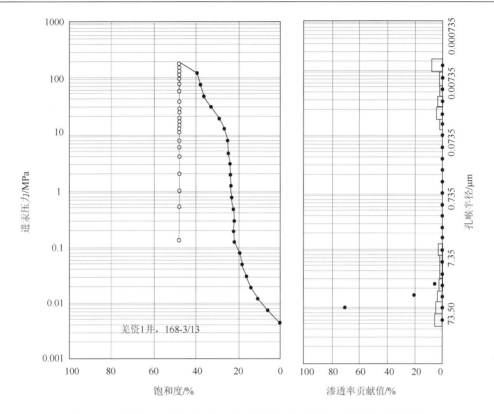

图 5-13 羌资 1 井布曲组 168-3/13 压汞曲线（Ⅲ型）及其孔分直方图

羌资 1 井和羌资 2 井毛管压力曲线总体为Ⅲ型，Ⅱ型和Ⅰ型次之。另外，从Ⅲ型、Ⅱ型和Ⅰ型相对于层位的分布看，夏里组碎屑岩储层略优于布曲组灰岩。因此，工区储层孔喉分选较差，部分较好，夏里组碎屑岩又稍优于布曲组灰岩。

第四节　白云岩储层特征及成因机制

中国地质调查局成都地质调查中心 2014 年在南羌塘盆地完钻了羌资 11 井和羌资 12 井，并获取了岩心的资料。其中，羌资 12 井在井深 213.56m 处至地表发育白云岩储层，此白云岩段并不是大套白云岩，而是表现出多个受高频相对海平面变化的岩性旋回叠置（图 5-14），共识别出 81 个灰岩-白云岩（厘）米级旋回，每个旋回底部发育薄层状泥晶灰岩、泥晶砂屑灰岩或亮晶砂屑灰岩，向上变为灰质云岩—白云岩，在岩心上，白云岩层段可分为纹层状白云岩、细晶白云岩、中晶白云岩及白云岩角砾，并且白云岩段普遍含油。羌资 11 井底部 576.30～587.30m 井段发育灰黑色针孔状中晶白云岩，裂隙发育，充填白色鞍形白云石脉或白色方解石脉，587.30～592.25m 井段发育灰黑色含藻白云岩，局部重结晶作用强烈，592.25～600.00m 井段发育灰黑色针孔状中晶白云岩，裂隙发育，充填鞍形白云石脉。

一、白云岩储层特征

（一）白云岩岩石学特征

依据研究区白云岩对先驱灰岩原始组构的保留程度,可进一步分为保留先驱灰岩原始组构的白云岩和晶粒白云岩。其中, 保留先驱灰岩原始组构的白云岩包括泥-微晶白云岩和（残余）颗粒白云岩,晶粒白云岩根据晶体边界和晶体大小分为细晶、自形白云岩,细晶、半自形白云岩,以及中-粗晶、他形白云岩。

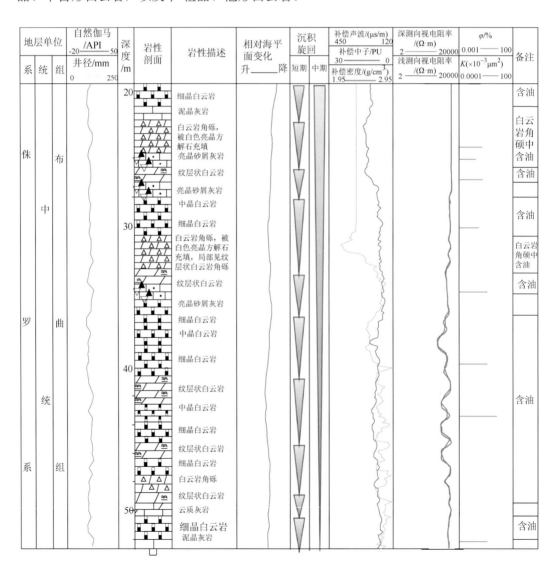

图 5-14　羌资 12 井布曲组白云岩储层纵向上岩性结构特征

1. 保留先驱灰岩原始组构的白云岩

1）微-粉晶白云岩

微-粉晶白云岩在研究区发育较少，在显微镜下，该类白云岩主要由微晶到粉晶级白云石组成，晶体细小，晶型差，多为半自形-他形晶，局部可见藻砂屑幻影或藻砂屑颗粒，晶体间不见蒸发盐类，但发育有溶蚀孔，推测为伴生的蒸发盐类被溶蚀形成，部分溶蚀孔隙被后期方解石充填〔图5-15（a）〕。

2）（残余）颗粒白云岩

（残余）颗粒白云岩在镜下可见两种类型：一类是白云岩颗粒由微-粉晶级白云石组成，白云石晶体细小，多为半自形-他形；另一类是保留了先驱灰岩原始颗粒的轮廓或幻影，其内部结构已无法识别〔图5-15（b）〕。

2. 晶粒白云岩

1）细晶、自形白云岩（RD2）

细晶、自形白云岩在研究区广泛分布，野外剖面上见到的砂糖状白云岩多以此类白云岩为主，在岩心上以浅灰黄色-浅灰色为主，呈中厚层状产出，显微镜下以细晶（0.05～0.25mm）为主，少量粉晶，晶体呈平面自形结构，具有砂糖状特征，部分晶体边缘见明亮的环带结构，晶体间以点接触为主，晶间孔隙发育，部分晶间孔隙被方解石充填〔图5-15（c）〕，是研究区白云岩物性最好的白云岩储层，阴极发光下该类白云岩发均匀的红色-暗红色光。

2）细晶、半自形白云岩（RD3）

细晶、半自形白云岩在研究区发育程度仅次于细晶、自形白云岩的规模，野外剖面中见到的砂糖状白云岩包括部分此类白云岩，岩心上以深灰色为主，多与细晶、自形白云岩呈互层状产出。镜下以细晶为主，晶体自形程度比细晶、自形白云岩有所降低，以半自形为主，少量半自形-他形，晶体间以线性接触为主，局部可见镶嵌状接触，晶间孔隙较细晶、自形白云岩大幅度降低，部分孔隙被方解石充填〔图5-15（d）〕，是研究区物性仅次于细晶、自形白云岩的储层，阴极发光下该类白云岩以均匀的暗红色光为主。

3）中-粗晶、他形白云岩（RD4）

中-粗晶、他形白云岩在研究区有两种类型：一种在岩心上呈斑点状产出，镜下为含灰质白云岩或者灰质白云岩，属于过渡性岩类，发生白云石部位多为异化颗粒间的灰泥或胶结物〔图5-15（e）〕；另一种以灰色-深灰色、块状或中厚层状产出的纯白云岩，镜下以中-粗晶（0.25～2mm）为主，局部可见细晶或泥-粉晶重结晶形态，晶间孔隙匮乏，正交偏光下见波状消光〔图5-15（f）〕，阴极发光下呈极暗的红色光或不发光。

（二）白云岩储集空间类型

本书从白云岩储层成因的角度进行白云岩储层研究，拟采用 Choquette 和 Pray 于

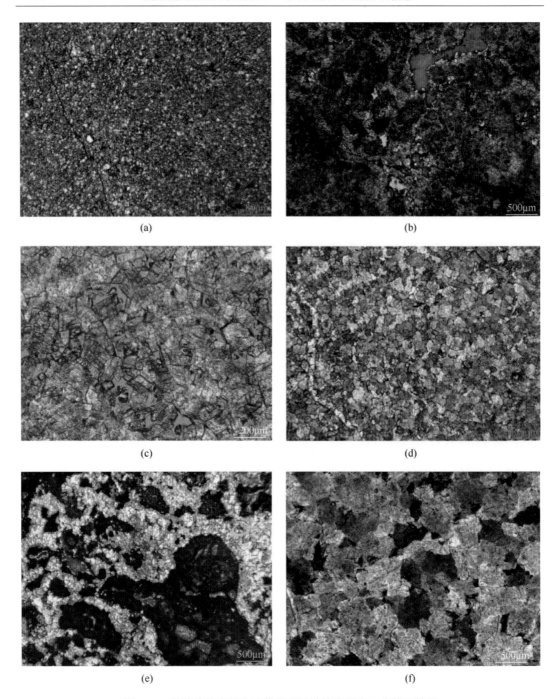

图 5-15　羌塘盆地南部古油藏带不同结构类型白云岩镜下特征

（a）微-粉晶白云岩：白云石晶体细小，自形程度差，发育少量晶间孔隙，羌资 12 井，64.95m（－）；（b）颗粒白云岩：白云石颗粒由晶体细小的泥-微晶白云石构成，溶蚀孔隙发育，部分孔隙被方解石充填，红色为茜素红染色的方解石，蓝色为铸体，羌资 12 井，140.86m（－）；（c）细晶、自形白云岩：晶体间以点接触为主，少量线接触，发育晶间孔隙，蓝色为铸体，羌资 12 井，140.69m（－）；（d）细晶、半自形白云岩：晶体呈线性接触，少量凹凸接触，晶间孔发育，蓝色为铸体，羌资 12 井，54.64m（－）；（e）灰质云岩：灰泥或胶结物被白云石化，由细晶、半自形白云石晶体构成，红色为茜素红染色灰岩，羌资 12 井，135.49m（－）；（f）中-粗晶、他形白云岩：晶体呈镶嵌状接触，发育少量晶间孔隙，蓝色为铸体，羌资 11 井，594.10m（＋）。

1970 年提出的分类方案及术语，结合羌塘盆地南部古油藏带的实际情况，在大量的野外剖面地质调查、岩心观察、薄片鉴定和扫描电镜分析的基础上将布曲组白云岩储层分为 3 种类型（表 5-10）：组构选择性孔隙（如膏模孔、铸模孔/粒内溶孔、晶间孔/晶间溶孔），非组构选择性孔隙（包括各类溶蚀孔洞及洞穴），以及裂缝（以构造缝、溶蚀缝和成岩缝为代表）。

表 5-10　羌塘盆地布曲组白云岩储层的主要储集空间类型及组合（Choquette and Pray，1970）

储集空间类型		成因	孔径大小/mm	孔隙形态	充填程度	典型照片
组构选择性孔隙	膏模孔	主要由石膏等蒸发性岩类溶蚀而成	0.05～1.5	圆形、椭圆形，或者不规则形状	未充填、半充填	唢呐湖布曲组剖面
	铸模孔/粒内溶孔	主要由砂屑、鲕粒、生屑等颗粒被部分或全部溶蚀而成	0.01～0.5	半圆形、不规则状	充填、半充填，孔隙多不连通	羌资 12 井 100.67m，×10（－）
	晶间孔/晶间溶孔	主要为白云石化作用及重结晶作用形成，或是晶间充填物（以方解石为主）溶蚀而成	<0.1～0.5	四面体或多面体状	未充填、半充填，连通性好	羌资 12 井 100.67m，×2.5（－）
非组构选择性孔隙	溶蚀孔洞	通常由侵蚀性流体沿裂缝或早期形成的孔隙系统扩容而成	<2 溶孔 2～5 小洞 5～10 中洞 10～100 大洞	不规则状、港湾状、蜂窝状	未充填、半充填、完全充填均有发育	羌资 11 井 598.65m

储集空间类型		成因	孔径大小/mm	孔隙形态	充填程度	典型照片
非组构选择性孔隙	大型溶洞（洞穴）	主要是指直径大于100mm的溶洞或洞穴层，往往与表生岩溶有关	>100	不规则状、漏斗状、条带状	半充填、全充填	羌资12井 100.22m
裂缝	构造缝	构造活动过程中形成的破裂缝		以高角度缝居多，呈两组方向延伸，缝宽一般为0.01～10mm，从未充填到完全充填均有，充填物多为亮晶方解石，可是识别出3期主要的方解石胶结，第一期为沿缝壁的白色亮晶方解石脉，第二期发育肉红色亮晶方解石，第三期为白色亮晶方解石脉或晶体		羌资12井 54.64m，×5（−）
	溶蚀缝	岩早期裂缝、微裂隙扩容而成		缝壁凹凸不平，缝宽也大小不一，往往能够连通孤立的孔洞，缝内未充填、半充填居多，也可见亮晶方解石完全充填		羌资11井 594.40m，×2.5（−）
	成岩缝	成岩过程中的压溶作用形成		包括缝合线、微缝合线，以中-低幅为主，缝合线主要发育有因压实作用形成的大致沿水平方向（顺层面）的缝合线，和受构造挤压的高角度延伸的缝合线，缝宽较小，多为1mm以下，常见有机质、泥质充填		巴格底加日剖面，×5（−）

1. 组构选择性孔隙

膏模孔：主要是指石膏、硬石膏及石盐被溶蚀后而形成的一种孔隙，主要出现在蒸发岩较发育的达卓玛-鄂斯玛地区，在北羌塘拗陷沃若山北大沟布曲组剖面底部也有膏模孔发育，在羌资12井的样品薄片鉴定时，有1件样品见到蒸发盐类溶蚀后残留的膏溶孔。

铸模孔/粒内溶孔：是在选择性溶蚀作用下，使原生颗粒（砂屑、鲕粒或生物碎屑颗粒）被溶蚀但保留有颗粒外部轮廓的一种孔隙，若颗粒被全部溶蚀则形成铸模孔，部分溶蚀则形成粒内溶孔，岩心和镜下观察显示在南羌塘拗陷古油藏带白云岩中，这类孔隙主要发育在（残余）颗粒白云岩中，也有少部分晶粒白云岩的颗粒幻影部位可见残余的粒内溶孔，扫描电镜观察显示这类溶蚀孔隙边缘往往被粉晶、自形白云石胶结物充填，总体来说，在古油藏带，膏模孔在研究区发育程度不高，而粒内溶孔则较为发育，特别是在扫描电镜下，可以看到白云岩晶粒的溶蚀。

晶间孔/晶间溶孔：主要发育在自形程度较高的白云石晶体格架之间，也属于组构选择性溶蚀孔隙，其大小、形态与白云石的晶体大小、自形程度和接触方式密切相关，这类孔隙在南羌塘拗陷布曲组白云岩中以细晶、自形白云石中最为发育，由于该类白云岩以晶粒支撑为主，晶体间未被灰泥及胶结物充填的部分就构成良好的储集空间，孔隙形态可以是多面体或四面体状，部分晶间孔周围可见明显的溶蚀现象，孔径略有增大，构成晶间溶孔。细晶、半自形白云岩中也常见这类孔隙发育，特别是孔隙发育处白云石晶体的自形程度明显偏好，而微-粉晶白云岩和中-粗晶、他形白云岩中晶间孔/晶间溶孔则较为匮乏。

2. 非组构选择性孔隙

溶蚀孔洞：主要是指由溶蚀作用形成的储集空间，习惯上把小于 2mm 的储集空间称为溶孔，大于 2mm 的储集空间则称为溶洞，其形态和大小不受原岩组构的控制，形状不规则，分布不均匀，边界多呈港湾状，并切穿原岩组构。对南羌塘拗陷古油藏带布曲组白云岩来说，溶蚀孔洞在各类白云岩中均有发育，甚至是晶间孔发育的平面-自形白云石中也常常伴有溶蚀扩大的现象，可形成超大溶蚀孔隙，导致许多白云石晶粒呈漂浮状分布其中，但大多数的溶蚀孔洞仍发育在中-粗晶、他形白云石中。

大型溶洞（洞穴）：在羌资 11 井、羌资 12 井钻井过程中，多次遇到钻具放空、钻速异常和泥浆大量漏失的情况，均是钻遇到未充填的溶蚀洞穴层所致，甚至在羌资 12 井底部近 120m 段发育有多层的溶蚀孔洞，取心显示为薄层状泥晶灰岩与灰白色粉末的互层。

3. 裂缝

构造缝：是指在构造应力作用下形成的裂缝，镜下所见多为微裂缝，羌塘盆地白云岩储层中构造裂缝相对较发育，形状较规则，缝宽一般为 0.5～2mm，有的达到 5mm。多期裂缝相互交叉呈树枝状、网状分布，有些样品构造缝相互连通，有后期构造缝切割早期构造缝现象。缝壁一般比较平直、延伸较远，大多数被方解石和沥青充填或半充填，少泥质、氧化铁等充填。

溶蚀缝：一般是沿构造微裂缝溶蚀扩大形成的弯曲状裂缝，形状不规则，粗细长短不一。多充填方解石等，一般有残留孔隙，可能是充填的方解石被溶蚀所致。常常和白云石晶间溶孔伴生，形成溶蚀孔洞发育的优质储层。

成岩缝：多为锯齿状、波状和不规则状，大部分被泥质、有机质、沥青和氧化铁等充填，在溶蚀作用强烈的样品中可见沿缝合线形成许多断续或连续的串珠状溶孔。

（三）白云岩储层物性特征

在羌资 11 井和羌资 12 井资料的基础上，我们同时收集了大庆油田羌地 2 井的资料，其中羌资 11 井的白云岩层段较薄，只有 24m，现以羌地 2 井和羌资 12 井为例，阐述研究区井下白云岩储层的物性特征。

1. 羌地 2 井

大庆油田在日尕尔保实施的羌地 2 井为整个羌塘盆地首口钻遇侏罗系布曲组白云岩储层的探井，设计井深为 1300m，完钻深度为 847.47m，主要钻遇地层为中侏罗统布曲组。据 58 件碳酸盐岩储层物性样品分析测试结果（表 5-11），储层孔隙度为 0.92%～17.48%，平均为 5.44%，集中分布在 2%～6%范围内，占分析样品总数的 61%，其次分布在 6%～12%范围内，占分析样品总数的 28%，以中、低等孔隙度为主；渗透率为 0.0017×10^{-3}～$1.77 \times 10^{-3} \mu m^2$（其中 13 件样品由于实验时破碎未检测），平均为 $0.2428 \times 10^{-3} \mu m^2$，主要分布在 0.002×10^{-3}～$0.25 \times 10^{-3} \mu m^2$ 范围内，约占分析样品总数的 76%，其次分布在 0.25×10^{-3}～$1.00 \times 10^{-3} \mu m^2$ 范围内，约占分析样品总数的 11%，大于 $1.00 \times 10^{-3} \mu m^2$ 的约占分析样品总数的 11%，以低-特低渗透性为主。

表 5-11　羌地 2 井布曲组碳酸盐岩储层常规物性（据李启来等，2013）

岩类	孔隙度/%				渗透率/($\times 10^{-3} \mu m^2$)			
	样品数	平均值	最大值	最小值	样品数	平均值	最大值	最小值
白云岩	26	6.53	17.48	2.06	22	0.2886	1.77	0.0029
灰岩	32	4.56	12.53	0.92	23	0.199	1.13	0.0017
碳酸盐岩	58	5.44	17.48	0.92	45	0.2428	1.77	0.0017

白云岩孔隙度和渗透率的最大值、最小值和平均值均高于灰岩（表 5-11），同时白云岩孔隙度相较于灰岩相对集中分布在较高孔隙度区域，渗透率分布亦有类似的规律。因此，白云岩储层各项参数均优于灰岩，说明白云岩储层物性比灰岩储层要好。

按碳酸盐岩储层评价标准，总体属于低孔低渗、特低孔特低渗储层，其中Ⅱ类（较好）储层占 31%，Ⅲ类（中等-较差）储层占 64%，Ⅳ类（差）储层占 5%，相比之下，白云岩储层优于灰岩储层。

2. 羌资 12 井

成都地质调查中心于 2014 年在巴格底加日剖面附近布置了羌资 11 井、羌资 12 井两口地质调查井，其中羌资 11 井底部 576～600m 井段钻遇有针孔状白云岩，敲开新鲜面有浓重的油味和 H_2S 的臭鸡蛋气味，在羌资 12 井开窍层 4.2～216m 井段钻遇砂糖状含油白云岩，岩心较为破碎，多为白云岩角砾，被多期次亮晶方解石胶结，方解石主要可以识别出 3 期。

依据 68 件样品（含羌资 11 井、羌资 12 井）灰岩、白云岩及过渡性岩类的实测结果，结合羌塘盆地碳酸盐岩储层分类评价标准（赵政璋，2001a），可得如下结论：白云岩主要为Ⅲ类储层和Ⅱ储层，灰岩储层多为Ⅲ类储层或Ⅳ类储层（非储层），白云岩孔隙度和渗透率的最大值、最小值和平均值均高于灰岩，同时白云岩孔隙度相较于灰岩相对集中分布在较高孔隙度区域，渗透率分布亦有类似的规律。因此，白云岩储层各项参数均优于灰岩，说明白云岩储层物性比灰岩储层要好。按碳酸盐岩储层评价标准，总体属于低孔低渗、特低孔特低渗储层，其中Ⅱ类（较好）储层占 32%，Ⅲ类（中等-较差）储层占 59%，Ⅳ类（差）储层占 9%，相比之下，白云岩储层优于灰岩储层（图 5-16～图 5-18）。

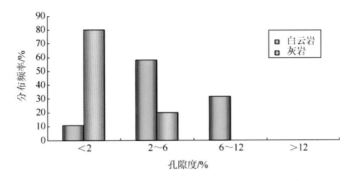

图 5-16　羌资 11 井、羌资 12 井白云岩、灰岩实测孔隙度分布频率直方图

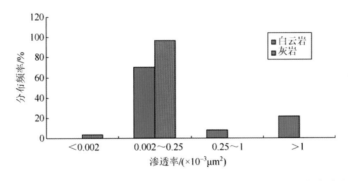

图 5-17　羌资 11 井、羌资 12 井白云岩、灰岩实测渗透率分布频率直方图

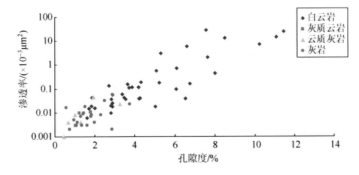

图 5-18　羌资 11 井、羌资 12 井白云岩、灰岩实测孔渗物性交会图

表明白云石化作用在一定程度上能够改善储层的质量，但即使在白云岩中，其物性仍具有较大的差异，有些物性较好，但仍有物性较差的白云岩储层，结合薄片鉴定结果，物性好的白云岩储层主要为晶间孔、晶间溶孔发育的细晶、自形白云岩和细晶、半自形白云岩储层。

按照不同结构类型对白云岩物性进行分类统计分析，结果表明保留先驱组构的白云岩（RD1）孔隙度为 1.701%～6.239%，渗透率为 $0.015 \times 10^{-3} \sim 0.041 \times 10^{-3} \mu m^2$，其中发育溶蚀孔隙的白云岩（RD1）孔隙度较不发育溶蚀孔隙的白云岩（RD1）要高，但其渗透率变化不大，细晶、自形白云岩（RD2）储层的孔隙度为 3.477%～11.447%，平均为 7.322%，渗透率为 $0.043 \times 10^{-3} \sim 24.874 \times 10^{-3} \mu m^2$，平均为 $7.17 \times 10^{-3} \mu m^2$，细晶、半自形白云岩（RD3）储层的孔隙度为 1.854%～7.634%，平均为 3.97%，渗透率为 $0.01 \times 10^{-3} \sim 2.109 \times 10^{-3} \mu m^2$，平均为 $0.378 \times 10^{-3} \mu m^2$，中-粗晶、他形白云岩（RD4）储层的孔隙度为 1.851%～3.638%，平均为 2.596%，渗透率为 $0.016 \times 10^{-3} \sim 0.159 \times 10^{-3} \mu m^2$。

本次测试的灰岩样品为颗粒灰岩、亮晶颗粒灰岩，其孔隙度为 0.559%～2.862%，平均为 1.685%，渗透率为 $0.002 \times 10^{-3} \sim 0.046 \times 10^{-3} \mu m^2$，平均为 $0.013 \times 10^{-3} \mu m^2$，过渡性岩类孔隙度为 0.436%～2.943%，平均为 1.163%，渗透率为 $0.001 \times 10^{-3} \sim 0.02 \times 10^{-3} \mu m^2$，平均为 $0.007 \times 10^{-3} \mu m^2$（图 5-19）。说明白云岩的物性要好于灰岩及过渡性岩类，细晶、自形白云岩物性最好，细晶、半自形白云岩物性次之，保留先驱灰岩原始组构的白云岩物性与中-粗晶、他形白云岩储层的物性相当，若保留先驱灰岩组构的白云岩能够保存溶蚀孔隙，则也能够形成好的储层。

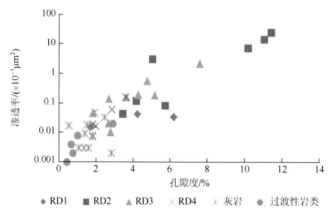

图 5-19　羌资 11 井、羌资 12 井不同类型白云岩的孔隙度、渗透率交会图

结合镜下观察显示，细晶、自形白云岩储层以晶间孔、晶间溶孔为主，缝合线不发育，说明细晶、自形白云岩形成于开始出现压溶作用之前，即至少发育在浅埋藏阶段，这一阶段上覆地层的压力还不是很大，形成的白云岩晶体能够大幅度提高地层的抗压实强度，从而保留了大量的晶间孔，并为后期流体运移提供通道。细晶、半自形白云岩储层也以晶间孔为主，但由于白云石晶体开始曲面化或者出现过度白云石化，占据一定的孔隙体积，从而使得其物性较细晶、自形白云岩储层有所降低。中-粗晶、他形白云岩物性较细晶白云岩储层更差，镜下观察显示，虽然白云石晶粒变得粗大，但白云石晶体的曲面化占据了大量的晶间孔，甚至堵塞喉道，从而降低了储层的孔隙度和渗透率。保留先驱灰岩原始组构

的白云岩中，储集空间以晶间孔和晶间溶孔为主，晶间溶孔发育在准同生阶段，以溶蚀蒸发型盐类为主，不发育晶间溶孔的储层物性较差。

二、成岩作用与成岩演化阶段

（一）成岩作用类型

羌塘盆地布曲组白云岩经历了漫长、复杂的成岩演化过程，各种成岩作用的交互进行极大地影响了孔隙的形成与保存，通过薄片鉴定、扫描电镜观察、阴极发光分析、电子探针、同位素分析和流体包裹体测温，表明白云岩地层主要发育有泥晶化作用，胶结作用，压实、压溶作用，白云石化作用，过度白云石化作用，白云石的新生变形和重结晶作用，去白云石化作用，溶蚀作用、自生黏土矿物充填及破裂作用等成岩作用，其中浅埋藏阶段白云石化作用、各类溶蚀作用（包括层序界面的大气淡水溶蚀、表生岩溶作用）和破裂作用属于建设性成岩作用，而胶结作用、过度白云石化作用和自生矿物充填作用则破坏了储集物性，这些成岩作用共同影响着盆地内部布曲组储层的性质。

1. 建设性成岩作用

1）白云石化作用

通过对布曲组白云岩及伴生灰岩和过渡性岩类的岩石学、矿物学、地球化学进行综合研究表明，羌塘盆地南拗陷古油藏带布曲组白云石化主要有 4 期：同生/准同生阶段白云石化、浅埋藏阶段白云石化、中-深埋藏阶段白云石化和与构造活动有关的白云石化。其中，同生/准同生阶段白云石化与高度饱和的白云石化流体有关，多形成晶粒较为细小的微-粉晶白云石。埋藏阶段白云石化多发生在布曲组块状白云岩、砂糖状白云岩中，大部分先驱灰岩原始沉积结构被破坏，其中浅埋藏阶段是古油藏带大规模白云石化发生的主要时期，这个时期发生在早白垩晚期第一期烃类充注之前，形成细晶、自形-半自形的砂糖状白云石和少量的缝洞充填物，中-深埋藏阶段较高的温度使得许多早期形成的白云石发生重结晶作用，从而形成大量的中-粗晶、半自形-他形晶白云石，而与构造活动有关的白云石是在构造挤压背景下，对地层流体或有深部幔源流体上涌，对埋藏阶段白云石化进行调整改造。

2）溶蚀作用

溶蚀作用是研究区白云岩储层形成过程中的重要成岩作用，根据溶蚀作用发生的时间，将研究区的白云岩储层溶蚀作用分为同生/准同生阶段溶蚀作用、表生岩溶作用和埋藏岩溶作用。同生/准同生阶段溶蚀作用主要受层序/高频层序界面控制，溶蚀具有一定的组构选择性，这一阶段的白云岩储层溶蚀作用发育在保留先驱灰岩原始组构的白云岩中，以溶蚀白云岩中蒸发性岩类为主，若溶蚀后形成的孔隙能够保存下来，则能形成物性较高的白云岩储层，但这类孔隙往往连通性较差（图 5-19）。表生岩溶作用与构造活动有关，一般说来表生岩溶作用受古地貌和断裂系统共同控制，一般不具有组构选择性，同时溶蚀范围广、作用深度大，但对羌资 12 井进行岩心观察表明，表生岩溶多显示为顺层岩溶，这一期岩溶具有同样的组构选择性，保留较好的孔隙连通性，这一时期的表生岩溶即沿着孔隙连通性好的层位发育，并形成岩溶角砾岩。而埋藏溶蚀作用主要与构造活动有关，这类溶蚀作用受断层发育程度控制明显，具体的溶蚀作用机制将在白云岩储层成因章节中进行讨论。

3）破裂作用

羌塘盆地中可以确认的构造运动包括加里东运动（有一幕）、海西运动（有三幕）、印支运动（有二幕）、燕山运动（有三幕）、喜马拉雅运动（有四幕）。对布曲组白云岩储层来说，燕山运动Ⅱ幕、Ⅲ幕和喜马拉雅运动的全部过程都或多或少地影响着储层的发育和演化，同样也控制着储层中烃类的充注、聚集成藏、古油藏破坏及烃类的再充注聚集成藏过程。青藏高原的隆升及构造挤压，造成布曲组内断裂系统发育，同时受到多期次流体溶蚀改造，使得布曲组白云岩在剖面上、岩心上及镜下薄片观察时，均有发育构造缝、溶蚀缝和成岩缝。

2. 破坏性成岩作用

1）胶结作用

虽然大部分的颗粒白云岩受后期重结晶作用的影响而使其原始结构被不同程度的破坏，但根据对部分原始结构保存较好的白云岩的观察表明，颗粒白云岩中主要发育两期胶结物，第一期为紧紧围绕颗粒白云石生长的纤维状-叶片状胶结物，第二期为颗粒间的亮晶胶结物，并且第二期胶结物粒度比第一期大，通常将颗粒之间的孔隙全部充填，使研究区颗粒白云岩的储集性能欠佳。

2）压实、压溶作用

由于胶结作用很快发生，因此羌塘盆地布曲组碳酸盐岩的压实作用相对较弱，仅有少量样品可见颗粒受到压实影响而产生微弱的形变。另外，部分细晶、自形白云岩中也可观察到微弱的压实作用，间接说明这些白云岩的形成时间相对较早。而压溶作用在羌塘盆地布曲组中较为常见，多形成不同幅度不同规模的缝合线。

3）过度白云石化作用

这里的过度白云石化作用主要是指围绕原有白云石晶体的再生长环边或次生加大边，布曲组晶粒白云岩中常见环带结构，环带的形状与生长空间的大小有关。另外，雾心亮边结构在布曲组白云岩中也较为常见，雾心亮边也可以被认为是环带的一种形式。过度白云石化作用对储层质量的影响是双重的，一方面当环带围绕白云石晶体不断生长并与相邻晶体的环带连片胶结时，可以构成坚固的格架，增强抗压强度，保存更多的晶间孔隙，但当过度发育导致晶体形态发生变化，晶体间呈镶嵌接触时，早期孔隙空间被破坏，此时对储层的影响是负面的。对古油藏带布曲组白云岩储层来说，细晶、自形白云岩中的环带往往出现在晶间孔发育的部位，有利于孔隙的保存，而细晶、半自形白云岩和中-粗晶、他形白云岩中环带的发育则暗示着储集空间的进一步缩小，严重制约了这两类白云岩的储集性能。

4）去白云石化作用

去白云石化作用是指方解石对白云石的交代作用，布曲组白云岩中的细晶、自形白云岩和鞍形白云石中的去白云石化作用最为明显,去白云石化作用既可以发育在晶体的核心部位,也可以发育在晶体的边缘部位,去白云石化作用在布曲组白云岩中所占的比例并不大,但去白云石化作用对储层的发育明显是不利的,去白云石化作用阶段的方解石充填了大部分的孔隙,导致储层质量急剧降低,南羌塘拗陷古油藏带布曲组白云岩中的去白云石化作用主要发生在还原性较强的埋藏成岩作用阶段。

5)自生矿物充填作用

布曲组白云岩中常见的自生矿物主要是自生黏土矿物,其含量极少,但对成岩流体演化及储层成因具有重要的指示意义,自生黏土矿物主要为丝缕状伊利石或薄片状伊蒙混层。

(二)成岩演化阶段

综合各类成岩作用特征及形成期次,我们建立了羌塘盆地布曲组白云岩储层的成岩演化及孔隙演化序列(图 5-20)。

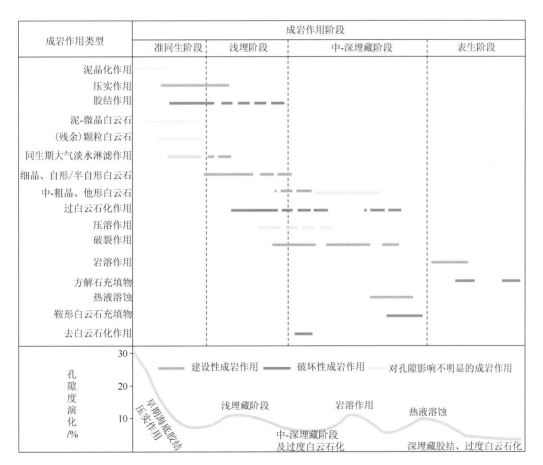

图 5-20 羌塘盆地隆鄂尼-昂达尔错地区中侏罗统布曲组白云岩成岩演化序列

1. 准同生成岩阶段

同生作用阶段的主要成岩作用类型有泥晶化作用、海底胶结作用、同生期白云石化作用和同生期大气淡水溶蚀作用。同时,由于沉积作用的持续进行,上覆地层厚度逐渐增加,开始出现压实作用,压实作用以机械压实为主,地层中的流体被排出,同时可能伴随海底胶结作用过程,此时的胶结作用发育时间稍晚,需要在地层中流体大量排出后形成过饱和流体时开始出现,以方解石胶结为主。对于布曲组白云岩储层而言,其沉积环境主要是蒸发背景下的局限台地和咸化潮坪环境,炎热的半干旱气候使局限环境中的水体强烈蒸发,表层海水盐度增大下沉,同时伴生有硬石膏或其他蒸发岩类沉淀,但在隆鄂尼-昂达尔错地区并未见到伴生的石膏等蒸发岩类,推测当时的水体虽然已咸化,但盐度不足以形成蒸发岩类沉淀,或者是已有蒸发盐类析出,但因后期的大气淡水淋滤被溶蚀殆尽。总之在同生阶段炎热半干旱的环境使得海水中 Mg^{2+}/Ca^{2+} 离子比升高,具备白云石化的能力,迅速交代沉积于底床上的灰泥或颗粒沉积物,形成大量的能够保留原始沉积结构的微-粉晶白云岩和颗粒白云石。

2. 浅埋藏成岩阶段

浅埋藏阶段沉积物和孔隙水由开放的环境进入半封闭-封闭的成岩环境,地层流体性质也由氧化环境进入半氧化-半还原环境。该阶段的成岩现象主要有颗粒沉积物中的二世代胶结作用,白云石大量形成,弱压实作用,伴随过度白云石化作用等,沉积物的大规模白云石化是这一阶段的主要成岩作用,也是布曲组地层中先驱灰岩大规模白云石化发育的主要阶段。在海底潜流环境中,孔隙水可在地下水头压力(水势)或密度差的作用下发生横向流动或扩散,随着地层温度的逐渐升高,与颗粒滩相邻的潟湖环境中局部咸化的海水排入颗粒灰岩地层中,其中封存的大量镁离子为白云石化作用提供了关键的物质来源,使得原始沉积物不断被白云石交代,形成粉-细晶、自形/半自形白云石,并发育连通性极好的晶间孔隙网络。随着白云石化流体的持续供给,过度白云石化作用开始出现,使得许多自形晶白云石开始向半自形晶转变或以白云石次生加大边的形式产出,导致晶间孔隙逐步减小。

3. 中-深埋藏成岩阶段

中-深埋藏阶段已完全脱离沉积环境,温度、压力较高,成岩流体具有较强的还原性。该阶段常见的成岩作用有压溶作用、中-深埋藏白云石化、过度白云石化、破裂作用,以及与构造有关的热流体溶蚀、白云石化及自生矿物形成。压溶作用形成的缝合线对于地层流体(包括烃类流体)能够提供一定的输导通道,中-深埋藏阶段的白云石化作用通常表现为对早期白云石的重结晶,使原本较小的晶体重结晶为更大的晶粒,对储层的改造意义并不明显,过度白云石化作用持续进行,导致早期形成的晶间孔隙被进一步充填,后期受构造挤压及地层增温的热流体的溶蚀作用极大改善了储层的物性,形成大量的裂缝和溶蚀孔洞系统,使得原本已很致密的地层重新具有勘探价值,随着溶蚀作用的进行,热流体的饱和度逐渐增大,开始发育鞍形白云石充填物,但其总量不多,对储层的影响有限。

4. 表生成岩阶段

表生成岩阶段是指已固结的碳酸盐岩地层抬升出露,接受大气淡水淋滤,从而发生一系列的溶蚀、充填和交代作用,与同生成岩作用相比,表生成岩作用发生在与海水毫无关系的大陆成岩环境,一般说来溶蚀作用是非选择性的,且持续时间久,但羌资 12 井的岩心观察结果表明,虽然这种溶蚀是非选择性的,但大气淡水下渗往往要沿着孔隙连通性较好的输导网络进行,仍表现出一定的选择性。羌塘盆地中侏罗统布曲组白云岩形成之后,先后经历了燕山运动 II 幕和喜马拉雅期的岩溶作用影响,特别是与青藏高原隆升的构造抬升相关的溶蚀作用,形成了大量的裂缝和溶蚀孔洞,同时发育有多期方解石胶结物充填在裂缝中。

三、白云岩储层成因机制

白云岩储层中储集空间不仅与白云石化作用有关,也与包括白云石化流体在内的多期流体溶蚀有关,白云石化过程既可以增加储层的储集空间,也可以保存孔隙,还可能会因为过度白云石化破坏孔隙。羌塘盆地布曲组白云岩的孔隙度虽然好于灰岩,但并非所有的白云岩都能够形成有效储层,不同结构、不同成因甚至不同阶段形成的白云岩,在其储集空间类型及储集性能方面各不相同。

(一)沉积作用对白云岩储层的控制

1. 沉积前的古地貌形态对沉积环境的控制

在晚三叠世随着班公湖-怒江洋盆的又一次打开,在羌塘盆地内发育了 3 个裂陷槽,形成"地堑-地垒"相间的地貌特征,控制了盆地的原型及格局,后期的沉积充填过程继承了盆地开启时的古地貌特征。布曲组沉积时,沿鄂纵错北东、毕洛错东、昂达尔错、其香错西一线分布的莎巧木组形成水下隆起区,布曲组在此一带继承性发育碳酸盐岩台地的台缘礁滩相沉积,沿此线往北至中央隆起带发育碳酸盐岩开阔台地→局限台地→蒸发台地→潮坪环境。在塞仁地区莎巧木组发育灰黑色钙质泥岩,布曲组沉积早期,该地区仍为局限水体,蒸发海水为提供白云石化流体。向西至肖茶卡-毕洛错水体逐渐变深,布曲组沉积早期难以发生白云石化作用,即布曲组沉积前的古地貌形态控制了布曲组的沉积环境及沉积微相展布,进而控制了白云岩发育的地区和层段。

2. 相对海平面变化对白云岩储层的控制

本书研究的相对海平面变化对白云岩储层的控制主要是指三级层序以上的短期旋回内海平面变化控制了白云岩的发育。虽然研究区布曲组白云岩储层是白云石化作用的结果,但其在沉积序列及岩性组合上具有很强的规律性,即白云石化作用发育的层段往往位于高位体系域的中后期。依据对羌资 12 井钻井岩心资料的观察,在 9.23～

600.5m 井段，共识别出 81 个短期旋回，每个短期旋回的地层厚度（取心井段厚度，不代表地层厚度）为 2.23～28.24m 不等，白云岩储层发育在 215.86m 以上井段，共识别出 24 个短期旋回，5 个中期旋回、每个中期旋回中包括 3～5 个短期旋回，并且每个中期旋回中发育的短期旋回中，自下而上，白云岩单层厚度增大，灰岩厚度减小（图 5-21）。

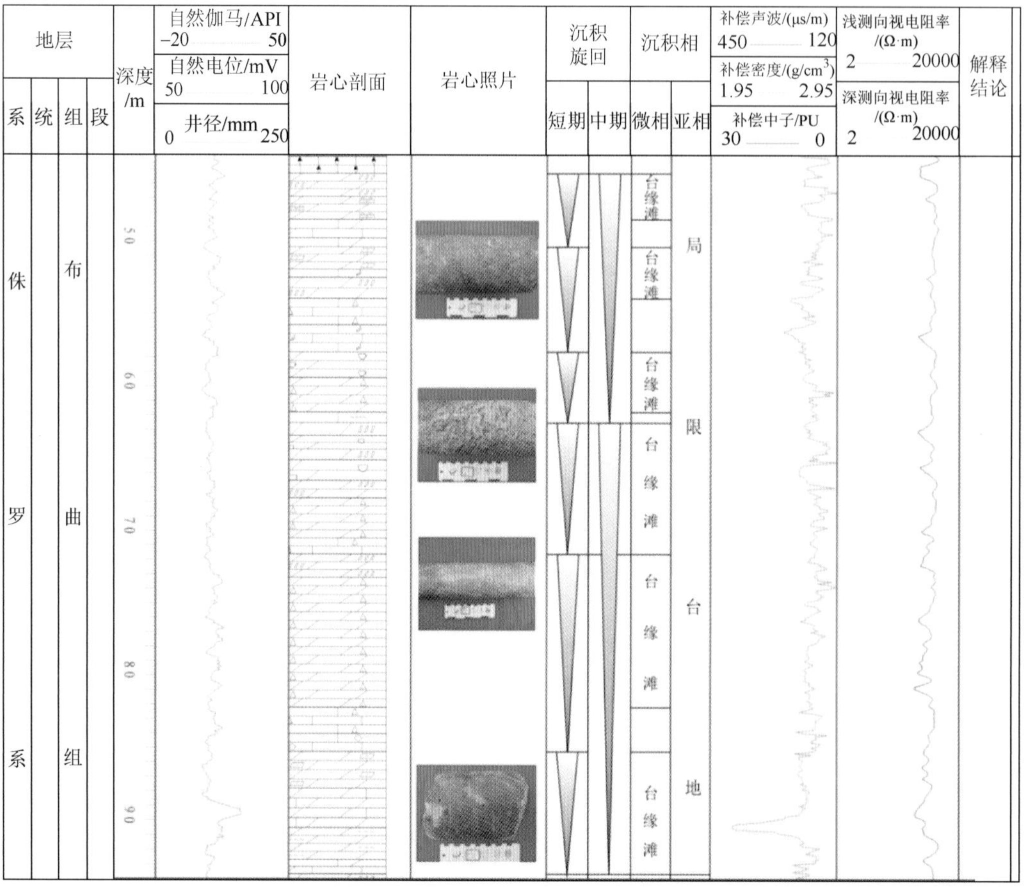

图 5-21　昂达尔错地区羌资 12 井沉积-层序综合柱状图（1∶200）

在每个中期旋回内，高频海平面变化控制的高位体系域中晚期开始发育白云石化作用。研究区中侏罗统巴通阶处于赤道以北的低纬度地区，在炎热的、半干旱-半潮湿古气候背景下，班公湖-怒江洋盆水体循环受阻形成局限水体，并由于强烈蒸发使得海水咸化，进而影响到早期形成的白云岩储层，以及为浅埋藏阶段的白云岩储层提供了物质基础——白云石化流体。在中央隆起带以南的局限台地也演化成蒸发台地，可发育与蒸发泵模式有关的白云岩，即这些高频海平面变化发育的高频层序界面势必控制了泥-粉晶白云岩、颗粒白云岩和细晶、自形白云岩及细晶、半自形白云岩的储层质量，从而形成多个与高频层序界面有关的白云岩储层（图 5-22）。

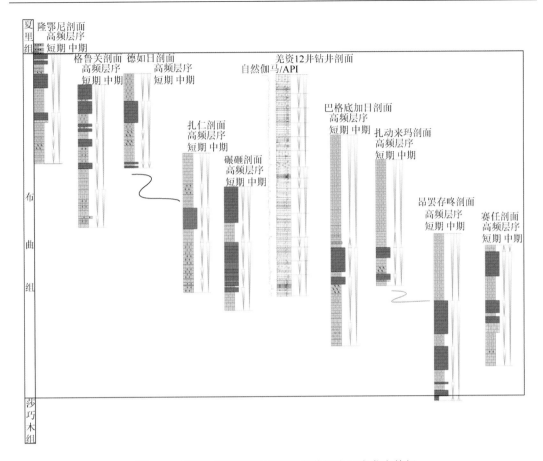

图 5-22　高频层序格架控制下的布曲组白云岩发育特征

另外，在羌资 12 井上，并非所有的高位体系域中-后期都能够形成白云岩储层，可能与层序界面形成时的相对海平面下降幅度有关，较小的下降幅度不能够使研究区内形成局限的水体，研究区内的水体仍可与班公湖-怒江洋盆海水顺畅循环，或形成局限水体的时间较短，强烈的蒸发不足以使局限的水体仅仅轻微咸化，不足以满足准同生阶段、浅埋藏阶段白云石化的条件。

（二）白云石化作用对储层的控制

1. 白云石含量对储层孔隙的控制

根据对研究区 59 片铸体薄片的鉴定统计结果表明，白云石含量低于 40% 时，几乎对白云石的孔隙度无影响，白云石含量超过 40%，但低于 90% 时，含有较多白云石的样品虽然孔隙度可达 1%，但随着白云石含量的增加，样品的总孔隙度仍未呈增加趋势，并且在镜下鉴定表明，这些增加的储集空间，多为灰岩溶蚀的孔隙，与白云石的发育关系不明显。白云石含量为 90%～96% 时，孔隙度最为发育（图 5-23），甚至最大孔隙度可达 16%，也就是说，对布曲组碳酸盐岩储层来说，只有白云石化作用较为彻底的岩石才具有发育孔隙的基础，如果仅仅少量发生白云石化或者部分发生白云石化，对储层的储集空间影响并不大。

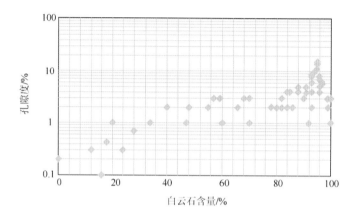

图 5-23　隆鄂尼-昂达尔错地区布曲组白云岩储层中白云石含量与孔隙度关系

2. 白云石化作用阶段与储层孔隙演化关系

白云石化流体对先驱灰岩及储层的改造受先驱灰岩的组构、白云石化流体浓度、成岩系统的开放-封闭程度以及白云石化作用的成岩温度等因素共同控制，由于隆鄂尼-昂达尔错地区古油藏带布曲组白云岩遭受多期次成岩流体的改造，因此不同阶段的白云石化过程对储层储集空间及物性的影响各不相同。

1）准同生/同生阶段白云石化

在开放的成岩系统中，白云石化流体以同期蒸发海水为主，这一阶段的白云石化过程以 $CaCO \cdot Mg^{2+} + CO_3^{2-} \rightarrow CaMg(CO_3)_2$ 进行，白云石对方解石的交代并非为等摩尔交代方式，这种白云石化的结果使固相的白云石体积不断增大，白云石间的孔隙主要来自对先驱灰岩的继承，往往会造成白云石化作用不仅不能够增加孔隙，反而会在一定程度上造成孔隙度的降低。当然，若在此阶段白云石化作用发生以后，遭受大气淡水淋滤，大气淡水对白云石孔隙中的一些蒸发岩类是不饱和的，可以将其溶蚀淋滤掉，即能够在一定程度上增加储层的总孔隙，这与研究区泥-微晶白云岩晶间孔隙不发育，但局部发育溶蚀孔隙的现象一致，晶间孔隙即为白云石化过程中残余的先驱灰岩所占据的孔隙空间，而溶蚀孔隙多为后期外源流体溶蚀增加的孔隙。

2）浅埋藏阶段白云石化

进入浅埋藏阶段以后，成岩系统处于半开放-半封闭的环境，白云石化流体以中等蒸发为主，白云石化过程以 $2CaCO_3 + Mg^{2+} \rightarrow 2CaMg(CO_3)_2$ 方式进行，即等摩尔交代，在这一过程中，白云石交代方解石后，可以增加约 13% 的孔隙。但在浅埋藏阶段，成岩系统并不是完全封闭的，孔隙流体中往往会带来部分上覆水体的 CO_3^{2-}，若仅外来少量的 CO_3^{2-}，那么白云石化后的体积变化不明显，也就是说白云石化的过程是对先驱灰岩储集空间的继承和调整，不产生新的储集空间。在研究区发育细晶、自形白云岩交代先驱灰岩的现象，形成砂糖状白云岩，一方面是由于白云石化过程对先驱灰岩储集空间的继承和调整，同时也存在白云石化增加孔隙的过程，另一方面，这一过程形成的白云石晶体具有更高的抗压实强度，并且这些白云石的晶体网格系统能够保存晶间孔隙，最终使得这些储集空间得以保存。

随着盆地的持续沉降，埋藏深度逐渐增大，虽然与上覆水体的物质交换逐渐降低，但在相邻富有机质地层中可能开始有机质热化释放出有机酸，对富集的方解石进行溶蚀，能够持续提供 CO_3^{2-}，若此时地层流体中 Mg^{2+} 仍有富余，则这一阶段的白云石化过程往往沿着 $Ca^{2+}+Mg^{2+}+2CO_3^{2-}\rightarrow CaMg(CO_3)_2$ 进行，也就是开始发育过度白云石化，这个过程对白云岩储层来说，增加的白云石开始占据白云石晶体间的孔隙，从而降低白云岩储层的孔隙度，对白云石本身来说，前一阶段形成的细晶、自形白云石开始向细晶、半自形白云石转变。

3）中-深埋藏阶段

在该阶段，成岩系统完全进入封闭环境，这一阶段交代白云石的发育逐渐变为次要，以白云石的重结晶为主。通过对这一阶段形成的中-粗晶、他形白云岩的孔隙特征进行研究发现，重结晶并未增加晶间孔隙，这类白云岩的孔隙发育主要与后期的溶蚀作用有关。此外，该阶段的有机质热演化排出大量有机酸，对相邻地层的方解石进行溶蚀，能够源源不断地提供 Ca^{2+} 和 CO_3^{2-}，过度白云石化作用仍可能进行，对早期形成的孔隙进行破坏，即在中-深埋藏阶段，白云岩中并未形成新的储集空间，这一段的储层发育以对早期形成的储集空间的调整为主，在局部可形成高效储层，但基于物质守恒定律，有溶蚀就会有沉淀，在形成局部发育的高效储层的同时，在地层流体运移低势区往往会伴随着沉淀，如白云石或者方解石能够沿着孔隙系统顺畅的通道运移到低势区沉淀，充填储集空间，从而形成致密层段。

通过对前述白云石化作用与孔隙之间关系的论述，浅埋藏阶段形成的细晶、自形白云岩（即研究区砂糖状白云岩）的晶间孔隙应该与白云石化作用有关，虽然这些孔隙可能是在白云石化过程中继承了先驱灰岩的孔隙，但这些孔隙都是白云石化作用的结果。与白云石化作用相关的白云岩储层，其发育与分布实质上与细晶、自形白云岩和细晶、半自形白云岩的发育程度和保存情况密切相关。

（三）后期构造活动对白云岩储层的改造作用

这里的与构造活动有关的白云岩储层主要是指发育有鞍形白云石充填物的储层，在羌资11 井和羌资 12 井钻井取心上见有鞍形白云石充填裂缝，鞍形白云石充填物的成因与构造活动有关。在早白垩世晚期，拉萨地块与羌塘地块的碰撞过程，在北羌塘拗陷形成挤压环境，在南羌塘拗陷（即研究区）形成拉张背景，可能发育有深大的断裂，沟通了大气淡水，同时也造成了古油藏的破坏，下渗的大气淡水经过夏里组碎屑岩地层时，俘获了高 $^{87}Sr/^{86}Sr$ 比值的夏里组地层水，并将其一起带入布曲组地层中，对地层流体进行稀释，随后的挤压背景使得深大断裂关闭，直至新构造运动强烈的挤压背景形成了构造热点，如赛帮集-那小祁优萨农根剖面中侵入的安山玢岩，驱动布曲组中已稀释的流体再次发生白云石化作用，形成鞍形白云石充填物，但未见硅质充填物，因此排除为来自深部硅质热流体参与的可能。

在地球化学方面，鞍形白云石的均一温度较高，但其盐度分布范围较大，从低于正常海水的盐度值到达到正常海水 2～3 倍的盐度值均有，$^{87}Sr/^{86}Sr$ 值远高于同期海水，氧同位素组成明显低于中-粗晶、他形白云石，并且碳同位素组成已经不再为同期海相方解石的碳同位素组成范围内，说明鞍形白云石的形成与外来流体有关，并且在羌资 11 井发育鞍形白云石的井段，见到大量的溶蚀针孔，可能与参与形成鞍形白云石的外来流体溶蚀有关。

这类白云石的形成，对白云石发育部位来说，是以裂缝、孔洞充填物的形式产出，对储层是破坏性的，但外来流体及大气淡水下渗有关的流体，对碳酸盐岩矿物来说，是不饱和的，在进入布曲组地层中，可对宿主白云岩进行溶蚀，从而形成大量的溶蚀孔洞，当然这种溶蚀孔洞的发育受到断裂系统及其沟通早期形成的白云岩储层发育情况的共同控制。

第五节 井下与地表储层特征对比

一、物性特征对比

（一）碎屑岩物性特征对比

从上述分析可知，羌塘盆地井下储集岩包括碎屑岩和碳酸盐岩储集层，大多具有低孔低渗特征。由于地表色哇组储层分析数据较少，这里重点讨论上三叠统和中侏罗统夏里组碎屑岩储集层的地表与井下对比问题。

1. 上三叠统

上三叠统储层主要指土门格拉组碎屑岩储集层，地表剖面上岩性主要为岩屑石英砂岩、岩屑砂岩、长石岩屑砂岩和岩屑长石砂岩等。碎屑成分以石英为主，含量为 45%～87%，平均含量为 63%；长石含量在不同剖面中间差距较大，为 5%～40%，平均含量为 15.25%，以斜长石为主，次为钾长石；岩屑的含量仅次于石英，含量一般为 13%～35%，平均含量为 18%，岩屑类型以变质岩岩屑为主，次为火成岩岩屑、沉积岩岩屑；胶结物则以黏土矿物、钙质及硅质等类型为主。砂岩总体粒度较细，以细砂岩为主，次为中砂岩，粉砂岩含量最低；分选程度总体较好，碎屑磨圆程度以次棱角状为主，胶结类型以压嵌型、孔隙-次生加大型、次生加大型和次生加大-压嵌型为主。

以扎那陇巴剖面为例，储集岩地表样品孔隙度为 1.44%～14.38%，平均为 4.84%，渗透率为 $0.001 \times 10^{-3} \sim 9.05 \times 10^{-3} \mu m^2$，平均为 $0.15 \times 10^{-3} \mu m^2$；井下样品以羌资 6 井为例，储集岩孔隙度为 0.8%～11.2%，平均为 6.28%，渗透率为 $0.02 \times 10^{-3} \sim 6.27 \times 10^{-3} \mu m^2$，平均为 $1.0313 \times 10^{-3} \mu m^2$（表 5-12）。由此可见，上三叠统碎屑岩井下样品孔隙度略好于地表样品，而井下样品渗透率明显好于地表样品，但均显示低孔低渗的特征，属于致密储集层。

表 5-12 羌塘盆地地表与井下储集岩物性特征对比

区域	取样位置	层位	碎屑岩		碳酸盐岩		白云岩	
			孔隙度/%	渗透率/(×10⁻³μm²)	孔隙度/%	渗透率/(×10⁻³μm²)	孔隙度/%	渗透率/(×10⁻³μm²)
龙尾湖	井下	J_2x	0.36~4.31 (2.59)	0.0031~0.0401 (0.0265)				
		J_2b			0.50~2.40 (0.96)	0.0001~33.60 (3.37)		
	地表	J_2x	1.76~3.18 (2.47)	0.0507~0.0774 (0.065)				
扎仁	井下	J_2b			0.31~7.11 (1.55)	0.0026~1.6215 (0.0537)	0.37~4.33 (1.77)	0.0031~1.0683 (0.1591)
	地表	J_2b			1.54~3.77 (2.54)	0.0179~3.4021 (1.405)	2.37~14.2 (7.188)	0.0585~14.572 (5.2505)
扎那陇巴	井下	T_3t	0.8~11.2 (6.28)	0.02~6.27 (1.0313)				
	地表	T_3t	1.44~14.38 (4.84)	0.001~9.05 (0.15)				

注：括号内为平均值。

2. 夏里组

夏里组碎屑岩井下样品岩性主要为粉-细砂岩、岩屑石英砂岩及岩屑砂岩；碎屑成分以石英为主，且变化较大，占40%~85%；次为岩屑，以细粒为主，次为中粒；分选性较好，磨圆很差，颗粒间以凹凸接触为主，次为线-点接触；接触式胶结，次为孔隙式-基底式接触；胶结物以方解石、黏土为主，含量多为5%~25%，为一套潮坪砂坝或潮道砂体沉积。储集岩孔隙度为0.36%~4.31%，平均为2.59%，渗透率为$0.0031×10^{-3}$~$0.0401×10^{-3}μm^2$，平均$0.0265×10^{-3}μm^2$，具低孔低渗的特征（表5-12）。

地表剖面上碎屑岩类储集层主要岩性为石英砂岩、岩屑石英砂岩及长石岩屑砂岩，颗粒成分以石英为主，且变化较大，占40%~85%，次为长石和岩屑，以细粒为主，次为中粒，分选性较好，次棱角状，颗粒间呈点-线接触，接触式胶结，次为孔隙式-基底式接触，填隙物以方解石为主，含量多为5%~25%，黏土杂基含量小于3%，为一套潮坪-三角洲砂体沉积。储集岩孔隙度为1.76%~3.18%，平均为2.47%，渗透率为$0.0507×10^{-3}$~$0.0774×10^{-3}μm^2$，平均为$0.065×10^{-3}μm^2$，也显示低孔低渗的特征（表5-12），从孔隙度与渗透率的分布情况看，井下储集层孔隙度小于3%的占76.5%，为3%~5%的占17.6%，8%~12%的占5.9%，好于地表对应储集层的孔隙度（图5-24），但两者渗透率分布范围基本一致，主要为$0.01×10^{-3}$~$0.05×10^{-3}μm^2$，属于很致密储集层（图5-25）。

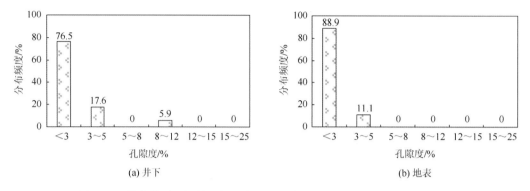

图 5-24　北羌塘夏里组井下与地表碎屑岩类储集层孔隙度分布直方图对比

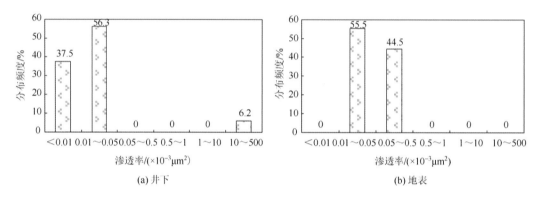

图 5-25　北羌塘夏里组井下与地表碎屑岩类储集层渗透率分布直方图对比

（二）碳酸盐岩物性特征对比

羌塘盆地碳酸盐岩储层主要发育在布曲组地层中，以龙尾湖地区羌资 1 井为例，布曲组碳酸盐岩主要为微-泥晶灰岩、泥灰岩、含生物泥晶灰岩夹泥页岩。这些储集岩较为致密，孔隙度为 0.50%～2.40%，平均为 0.96%，渗透率为 $0.0001×10^{-3}$～$33.60×10^{-3}\mu m^2$，平均为 $3.37×10^{-3}\mu m^2$（表 5-12）。值得注意的是，大部分分析样品的渗透率小于 $0.001×10^{-3}\mu m^2$，这些资料表明，羌资 1 井中碳酸盐岩类岩石不能作为好的储集岩，但从所获取的样品资料来看，井下碳酸盐岩类样品较为破碎，裂隙、裂缝发育，这些裂隙或裂缝中见有沥青充填，显然，这些裂隙或裂缝是好的储集空间。地表剖面上布曲组碳酸盐岩储集层也显示类似的特征，单从物性特征分析，属于非储集层，但这些碳酸盐岩大多较为破碎，裂隙和裂缝发育，仍然显示较好的储集性能。

在扎仁地区，井下碳酸盐岩储集层岩石类型有鲕粒灰岩、泥晶灰岩、泥-微晶白云岩、砂砾屑灰岩、亮晶砂砾屑灰岩、团粒灰岩等，为一套浅滩相沉积的岩性组合。孔隙度为 0.31%～7.11%，平均为 1.55%，渗透率为 $0.0026×10^{-3}$～$1.6215×10^{-3}\mu m^2$，平均为 $0.0537×10^{-3}\mu m^2$（表 5-12），显示低孔低渗的特征。相比而言，地表剖面上布曲组碳酸盐岩储集层岩石类型也主要包括鲕粒灰岩、泥晶灰岩、泥-微晶白云岩、砂砾屑灰岩、亮晶砂砾屑灰岩等，孔隙度为 1.54%～3.77%，平均为 2.54%，渗透率为 $0.0179×10^{-3}$～

$3.4021 \times 10^{-3} \mu m^2$，平均为 $1.405 \times 10^{-3} \mu m^2$（表 5-12），尽管这些碳酸盐岩仍然显示低孔低渗的特征，但其物性特征明显好于井下对应层位碳酸盐岩的物性特征。从孔隙度与渗透率的分布范围来看，也显示类似的特征，地表储集层孔隙度主要分布在 2.0%～6.0% 范围内 [图 5-26（b）]，渗透率主要分布为 $0.25 \times 10^{-3} \sim 10 \times 10^{-3} \mu m^2$ [图 5-27（b）]，明显好于井下对应层位碳酸盐岩的物性特征 [图 5-26（a）、图 5-27（a）]，这可能与地表储集层经历了较强的风化作用，溶蚀孔、缝发育有关。

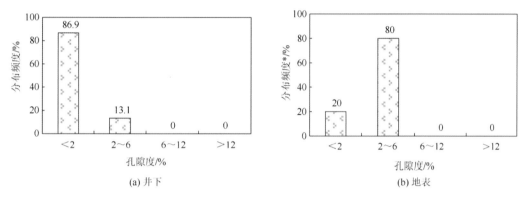

图 5-26　南羌塘布曲组井下与地表碳酸盐岩类储集层孔隙度分布直方图对比

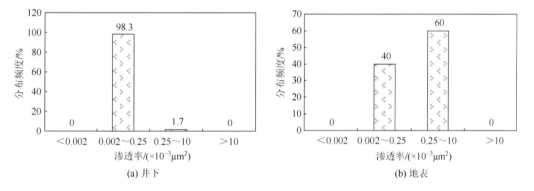

图 5-27　南羌塘布曲组井下与地表碳酸盐岩类储集层渗透率分布直方图对比

（三）白云岩物性特征对比

白云岩类储集层主要分布于南羌塘隆鄂尼—昂达尔错一带，以羌资 2 井为例，井下样品主要包括微-泥晶含粒屑白云岩、泥晶灰质白云岩、微晶白云岩、粉-微晶白云岩、含泥灰质泥晶白云岩，岩石主要由泥晶、微晶白云石组成，含量为 59%～90%，其余为方解石和泥质，这些白云岩为局限台地环境下形成的产物。孔隙度为 0.37%～4.33%，平均为 1.77%，渗透率为 $0.0031 \times 10^{-3} \sim 1.0683 \times 10^{-3} \mu m^2$，平均为 $0.1591 \times 10^{-3} \mu m^2$（表 5-12）。

相对而言，地表剖面上白云岩主要为粗-中粒状，矿物成分主要由白云石和方解石组成，其中白云石含量为 85%～95%。一般为自形-半自形粒状，粗、中、细晶粒均有，不规则相间分布，晶棱多较平直；方解石含量为 5%～15%，主要表现为交代残余方解石；

为局限台地环境下的潮上高能带的产物。孔隙度为 2.37%～14.20%，平均为 7.188%，渗透率为 $0.0585×10^{-3}$～$14.572×10^{-3}\mu m^2$，平均为 $5.2505×10^{-3}\mu m^2$（表 5-12）。由此可见，地表白云岩储集层物性特征明显优于地下白云岩物性特征。

从孔隙度与渗透率的分布范围来看，也显示类似的特征，地表储集层孔隙度主要分布在 2%～6%和 6%～12%范围内 [图 5-28（b）]，渗透率主要分布为 $0.25×10^{-3}$～$10×10^{-3}\mu m^2$ 范围内 [图 5-29（b）]，明显好于井下对应层位白云岩的物性特征 [图 5-28（a）、图 5-29（a）]，这可能与两者成岩作用以及后期溶蚀作用的差异有关。井下白云岩大多经历了早期微晶白云石化，主要表现为：①原先的泥晶方解石被交代形成微晶白云岩，白云石中还残留有泥晶方解石；②亮晶鲕粒灰岩中呈第二世代产出的粒状方解石胶结物常被交代形成粒状白云石，白云石化作用使原先的泥晶方解石砂屑变得模糊不清。地表白云岩不仅经历了早期微晶白云石化，还经历了晚期细晶白云石化，形成细粒、中粒及粗粒白云岩。另外，地表白云岩中晶间溶孔及溶蚀缝发育，显示明显的后期溶蚀特征。

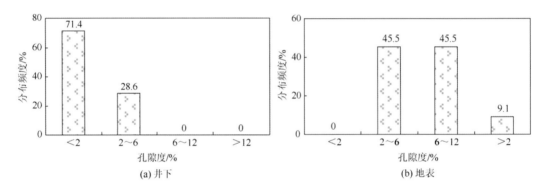

图 5-28　南羌塘布曲组井下与地表白云岩类储集层孔隙度分布直方图对比

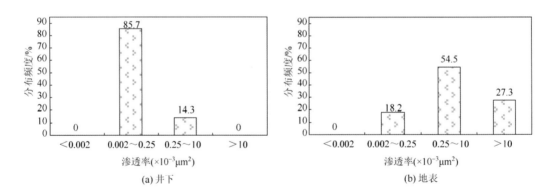

图 5-29　南羌塘井下与地表白云岩类储集层渗透率分布直方图对比

二、孔隙类型及结构特征

无论是地表储集层还是井下储集层，其孔隙类型均较为相似，储集空间主要包括孔隙与裂缝两种类型，储集空间组合表现为孔隙-裂缝型储层。但在孔隙结构上，地表储集层与井下储集层表现出一定的差异。

1. 夏里组碎屑岩

从上文的分析可以得知，龙尾湖地区井下储集层样品的毛管压力曲线分为3种类型，Ⅰ型为孔喉分选较好，进汞曲线略向左凹；Ⅱ型为孔喉分选性较差，进汞曲线呈陡的斜线上升，略左凹或左凸；Ⅲ型为孔喉分选性差，进汞曲线完全左凸。井下样品毛管压力曲线主体为Ⅲ型，Ⅱ型和Ⅰ型次之。地表储集层与之相比类似，样品毛管压力曲线主体为Ⅲ型，Ⅱ型次之，Ⅰ型较少，其孔喉分选较差，仅部分样品较好。井下储集层孔隙以微孔为主，为 $0.037\sim9.74\mu m$，平均为 $1.68\mu m$，喉道类型微喉-细喉为主，为 $0.01\sim0.189\mu m$，平均为 $0.047\mu m$；地表储集层孔隙也以微孔为主，为 $0.01\sim1.43\mu m$，平均为 $0.20\mu m$，喉道类型微喉为主，为 $0.01\sim0.03\mu m$，平均为 $0.02\mu m$（表 5-13）。因此，无论从毛管压力曲线的形态来看，还是从孔隙、喉道的分布类型来看，在北羌塘地区，井下与地表碎屑岩类储集层孔隙结构的差异并不明显。其他孔隙结构参数（表 5-13，图 5-30）也显示类似的特征，总体上均表现为低孔低渗的特征，喉道连通性差，属于低孔低渗型储集层。

表 5-13 羌塘盆地地表与井下储集岩孔隙结构参数对比

地区	取样位置	岩性	时代	P_d/MPa	R_d/μm	P_{50}/MPa	R_{50}/μm	S_{min}/%	分选	喉道类型
龙尾湖	井下	碎屑岩	J_2x	0.08~40.96 (6.57)	0.037~9.74 (1.68)	19.9~66.11 (40.76)	0.01~0.189 (0.047)	11.26~60.46 (34.58)	0.93~2.87 (2.10)	微-细
		碳酸盐岩	J_2b	2.56~81.92 (31.08)	0.009~0.29 (0.069)	53.06~162.53 (105.25)	0.005~0.014 (0.009)	20.76~74.54 (58.20)	0.058~2.13 (1.00)	微
	地表	碎屑岩	J_2x	0.52~91.74 (35.13)	0.01~1.43 (0.20)	23.32~175.36 (90.51)	0.01~0.03 (0.02)	10.35~57.61 (38.15)	0.76~2.81 (1.59)	微
扎仁	井下	碳酸盐岩	J_2b	1.59~104.95 (47.42)	0.006~0.181 (0.0324)	19.89~190.44 (93.71)	0.004~0.154 (0.0139)	7.66~78.12 (48.81)	0.17~2.27 (0.80)	微-细
		白云岩	J_2b	1.28~122.4 (50.81)	0.012~1.67 (0.26)	16.32~22.06 (19.19)	0.006~0.588 (0.132)	16.58~78.35 (48.69)	0.11~2.26 (0.94)	微-细
	地表	碳酸盐岩	J_2b	0.67~4.02 (2.12)	0.187~1.127 (0.514)	13.16~25.82 (18.22)	0.029~0.057 (0.044)	17.44~28.95 (21.75)	2.53~3.58 (3.00)	微-细
		白云岩	J_2b	0.063~3.94 (0.97)	0.143~11.95 (5.40)	0.17~40.67 (8.15)	0.018~4.33 (1.129)	4.54~32.49 (12.27)	2.30~4.43 (3.46)	微-粗

注：括号内为平均值。

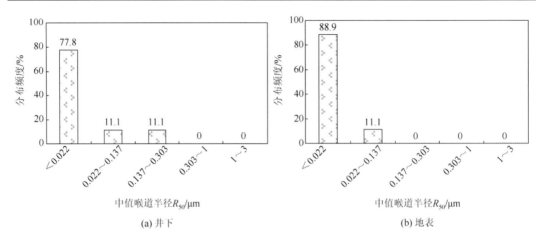

图5-30 北羌塘夏里组井下与地表碎屑岩类储集层中值喉道半径（R_{50}）分布直方图对比

2. 布曲组碳酸盐岩

该类储集层在南羌塘扎仁地区主要为一套浅滩相沉积的岩性组合，无论是井下还是地表储集层，其毛管压力曲线形态均主要表现为孔喉分选性较差的II型或III型，但二者的孔隙结构特征表现出一定的差异。地表剖面上碳酸盐岩类储集层孔隙以微孔为主，为0.187～1.127μm，平均为0.514μm，喉道类型以微-细喉为主［图5-31（b）］，为0.029～0.057μm，平均为0.044μm；井下碳酸盐岩类储集层孔隙也以微孔为主，为0.006～0.181μm，平均为0.0324μm，喉道类型以微喉为主［图5-31（a）］，为0.004～0.154μm，平均为0.0139μm（表5-13）。尽管井下与地表碳酸盐岩类储集层均属于低孔低渗型储集层，但井下碳酸盐岩类储集层更为致密，最小非饱和孔喉体积百分数（S_{min}）明显偏高，而地表则明显低得多（表5-13），这可能与地表储集层经历了较强的风化作用，溶蚀孔、缝发育有关。

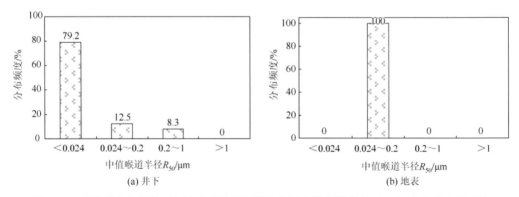

图5-31 南羌塘布曲组井下与地表碳酸盐岩类储集层中值喉道半径（R_{50}）分布直方图对比

3. 布曲组白云岩

南羌塘扎仁地区井下与地表白云岩类储集层孔隙结构特征表现出了较大的差异。地表白云岩类储集层排替压力为0.063～3.94MPa，平均为0.97MPa，表明门槛压力较低；孔隙以微孔为主，但见有部分小孔，为 0.143～11.95μm，平均为 5.40μm；喉道类型以中-粗喉为主［图 5-32（b）］，为 0.018～4.33μm，平均为 1.129μm；最小非饱和孔喉体积百分数（S_{min}）较低，为 4.54%～32.49%，平均为 12.27%（表 5-13），说明大多数白云岩中孔、粗孔所占体积大。与之相比，井下白云岩类储集层排替压力更高，为 1.28～122.4MPa，平均 50.81MPa，表明门槛压力较高；孔隙以微孔为主，为 0.012～1.67μm，平均为 0.26μm；喉道类型以微喉为主，见有部分中喉［图 5-32（a）］；最小非饱和孔喉体积百分数（S_{min}）较高，为 16.58%～78.35%，平均为 48.69%（表 5-13），说明大多数白云岩储层孔隙类型中微孔所占体积大。因此，从孔隙结构分析，地表白云岩储集层孔隙结构特征明显优于地下白云岩孔隙结构特征，这可能也与两者成岩作用及后期溶蚀作用的差异有关。

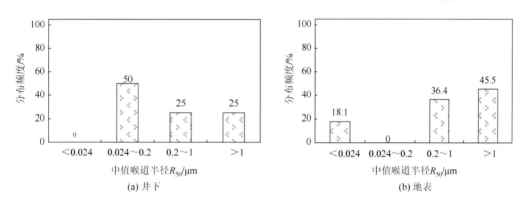

图 5-32　南羌塘布曲组井下与地表白云岩储集层中值喉道半径（R_{50}）分布直方图对比

综上所述，在北羌塘龙尾湖地区，井下储集层主要表现为碎屑岩类储集层，无论是井下储集层还是地表储集层均表现为低孔低渗的特征，两者物性特征及孔隙结构特征的差异并不明显。在南羌塘扎仁地区，井下储集层表现为两类：一类为碳酸盐岩型储集层，主要为浅滩环境下沉积的岩性组合；另一类为白云岩类储集层。与地表相比，井下储集层的物性特征及孔隙结构特征均明显偏差。

第六节　储层发育的影响因素

一、各期储层成岩作用特征分析

（一）上三叠统储层成岩作用

上三叠统储层主要是指土门格拉组砂岩，砂岩储层经历的主要成岩作用类型包括压实作用、胶结作用、溶蚀作用、交代作用和破裂作用等。

1. 压实作用

通过镜下薄片观察，研究区总体上压实作用强烈，压实作用主要有如下标志：上三叠统碎屑岩储层碎屑颗粒大多以线接触或线-凹凸接触为主，颗粒间紧密接触；长形颗粒会形成压实优选方位，定向排列明显，其长轴方向近于平行；在压实作用强烈的地方，塑性物质如岩屑、云母等甚至被挤入孔隙形成假杂基；石英、长石等脆性颗粒发生破裂，产生破裂纹，被后期方解石脉充填。

2. 胶结作用

上三叠统储层中胶结作用普遍发育，胶结物的类型主要为硅质胶结和自生黏土矿物胶结，其次为碳酸盐胶结（包括方解石、铁方解石、铁白云石、菱铁矿等）等。

1）硅质胶结

硅质胶结物是研究区巴贡组砂岩中最常见的胶结物之一，常以无色微粒集合体或石英次生加大充填于孔隙及喉道中，颗粒间呈线-凹凸接触。多期的硅质胶结严重堵塞了粒间孔隙，并降低了储层渗透率。巴贡组砂岩中的硅质胶结物主要有两种来源，首先为强烈的压实作用导致的石英颗粒溶解，在加大边与石英颗粒之间可见黏土"脏线"；其次为钾长石溶解产生的硅质，在扫描电镜下可见这一反应产生的高岭石与自生石英共生。

2）自生黏土矿物胶结

研究区的自生黏土矿物主要为伊利石，其次为高岭石和伊蒙混层，绿泥石占比较小，蒙脱石仅在黏土矿物 X 衍射分析结果中有发现。

在 XRD、扫描电镜和偏光显微镜分析中发现，所有砂岩样品均有伊利石分布。这些伊利石大多晶形较好，主要以片状或不规则弯曲片状充填于孔隙之中，部分以包膜形式生长于颗粒表面，或以丝缕状与片状的伊利石伴生。上三叠统砂岩地层中高岭石的分布差异较大，通过扫描电镜和光学显微镜观察，研究区高岭石多充填于剩余粒间孔或长石溶孔中，高岭石单晶呈完整的六方片状，集合体呈蠕虫状、书页状。扫描电镜和显微镜下可见绿泥石主要以孔隙衬里和针叶状充填粒间的赋存形态产出。绿泥石衬里一般形成于成岩作用的较早阶段，通常认为这种绿泥石能够抑制石英的次生加大，并显著提高岩石的机械强度和抗压实能力，对于储层物性的发育有着良好的建设性作用；在粒间充填的针叶状绿泥石形成时间较晚，其含量较少，一般分布于较大的孔隙之中，这种绿泥石由于占据了有效孔喉空间，对储层物性有破坏作用。

3）碳酸盐胶结物

研究区中碳酸盐胶结物包括白云石、方解石、铁方解石等类型。可分为两个期次：第一期为粒间孔隙中呈基底式胶结的碳酸盐灰泥，可见碎屑颗粒在填隙物中呈漂浮状，压实改造影响较小，说明形成于机械压实作用之前，通常形成于常温常压条件下，为同生期、准同生期成岩产物，较为少见；第二期为镶嵌结构的白云石、（铁）方解石胶结，可见在连生状方解石半充填裂缝中，白云石、方解石多呈晶粒结构，呈镶嵌状充填于粒间溶蚀孔，此类白云石可部分交代碎屑颗粒，多形成于晚成岩期。

4）自生矿物

自生矿物主要为黄铁矿和菱铁矿，仅部分样品中少量分布，在扫描电镜下可见两者与高岭石共生，为成岩早期的产物。

3. 溶蚀作用

由于早期溶蚀产生的次生孔隙在后期的强烈压实中难以保存,因此现有的次生溶孔主要来自晚期的溶蚀作用,发生于储层强烈压实之后的成岩阶段。研究区中被溶蚀的组分主要有长石、岩屑和碳酸盐胶结物,表现形式主要有:①长石、岩屑及石英等碎屑颗粒均有不同程度的溶蚀,特别是长石最容易被溶蚀,形成铸模孔及粒内孔;②方解石胶结物大多被溶蚀形成晶间孔及晶内溶孔,局部强烈溶蚀形成溶孔。溶蚀作用大大改善了巴贡组砂岩的物性,为储集空间的扩大做出了重要的贡献。

4. 交代作用

在镜下观察可见,研究区砂岩中矿物之间的成岩转化作用十分常见。最常见的是白云石交代石英、长石,这种交代作用在局部地区十分强烈,使碎屑颗粒边缘呈锯齿状或残骸状,甚至彻底使石英(或其他)颗粒消失。其次为黏土矿物交代砂岩中的各种组分,被交代的主要为石英、长石、方解石等,扫描电镜下可见长石颗粒完全蚀变成为高岭石。

5. 破裂作用

羌塘盆地经历了漫长而剧烈的构造活动,形成了以近东西向为主的大量裂缝。在镜下,根据产状可分为沿颗粒边缘延伸的微裂缝和贯穿颗粒的微裂缝;在岩心中,可见大量垂直于层面的裂缝成组出现,并相互切割,部分裂缝被硅质完全充填。裂缝能够极大地提高砂岩的渗透性能,但对于油气保存不利。

(二)色哇组储集层成岩作用

色哇组碎屑岩储层以羌资 2 井为代表,成岩作用类型主要包括压实-压溶作用、胶结作用、交代作用、溶蚀作用、黏土矿物的成岩作用。

1. 压实-压溶作用

压实作用在各类型砂岩中普遍发育,以颗粒的密集排列和软岩屑颗粒的塑性变形形成假杂基为特征,且颗粒长轴大致定向排列,大部分颗粒间为线接触,次为点接触。压实作用主要表现为碎屑颗粒发生重排位移、形变或破裂,颗粒间由点接触-线接触-凹凸接触逐渐过渡,在无或少胶结物处,颗粒形成镶嵌结构,一些塑性较强的泥岩岩屑被压扁嵌入粒间孔隙形成假杂基。压溶作用可以引起颗粒间发生溶蚀作用,也能形成压溶缝合线。

2. 胶结-充填作用

色哇组碎屑岩储层的胶结作用主要为碳酸盐胶结(包括方解石、白云石、铁方解石、菱铁矿等)、石英(长石)次生加大、自生黏土矿物充填-胶结作用,其次为铁泥质。

(1)碳酸盐胶结。方解石或者白云石是本区碎屑岩最重要的胶结物类型,一般为泥-微晶,沿颗粒边缘连晶状胶结颗粒,充填粒间孔,并交代石英或长石,含量为 1%～35%,胶接类型主要为接触式,次为孔隙式和基底式。胶结作用一般分为 3 个期次:早期为颗粒间孔隙中的泥晶灰泥胶结，属于沉积作用范畴，或者同生期、准同生期的成岩产物；中期表现为晶粒状方解石或白云石胶结，主要以粉晶或细晶结构，为埋藏中期成岩产物；晚期为连生结构和（铁）方解石胶结或中粗晶马鞍状热液型方解石胶结物。本区碳酸盐胶结物大多以中期为主，碳酸盐胶结物的含量与砂岩孔隙度的关系比较明显，一般碳酸盐含量高，则孔隙度通常较低，两者呈明显的负相关性。

（2）石英（长石）次生加大。硅质胶结物在碎屑岩中含量为 1%～2%，呈无色微粒集合体，主要充填粒间孔并常以石英加大的形式出现。加大部分占岩石总体的 1%～3%，石英的次生加大与碳酸盐胶结物互为消长关系，次生加大的石英含量与储层物性呈负相关关系。石英的次生加大作用不仅减少了储层的孔隙空间，也改变了储层的孔隙结构。多期次的石英加大使储层的粒间管状喉道变为弯片状或缝状喉道，严重影响了流体的渗透性能，从而大大降低了储层的渗透性能。

（3）自生黏土矿物充填-胶结。黏土矿物主要为细片状绿泥石，多沿颗粒边缘分布，有时交代长石、石英。

3. 交代作用

交代作用发生于成岩作用的各个阶段，是盆地内普遍存在的一种成岩现象，主要包括以下几种。

（1）碳酸盐岩交代碎屑颗粒。最常见的是方解石或白云石交代石英、长石。这种交代作用在局部地区十分强烈，使碎屑颗粒边缘呈锯齿状或残骸状，甚至彻底使石英（或其他）颗粒消失。

（2）方解石、白云石的相互交代作用。主要表现为方解石胶结物的白云石化，以及含铁白云石对方解石、白云石的交代作用。

（3）黏土矿物交代砂岩中的各种组分。被交代的主要为石英、长石、方解石等，自生黏土矿物沿碎屑颗粒（长石、石英）边缘交代。

此外，偶见硬石膏的交代作用。

4. 溶蚀作用

溶蚀作用是羌塘盆地一种最为重要的成岩作用，它产生大量的次生孔隙，大大改善了储层的储集物性，构成本区碎屑岩储层的主要储集空间。被溶蚀组分主要包括方解石和白云石胶结物、长石、岩屑、石英等颗粒，表现形式主要有：①方解石或白云石胶结物大多被溶蚀形成大量的晶间孔及晶内溶孔，局部强烈溶蚀形成溶孔；②碎屑颗粒（如长石、岩屑及石英等）均有不同程度的溶蚀，特别是长石、灰岩岩屑等更容易被溶蚀，形成铸模孔及粒内孔。溶蚀作用大大改善了储层的物性，为油气储集提供了有效空间。

5. 黏土矿物的成岩作用

色哇组砂岩中黏土矿物主要有伊利石（I）、高岭石（K）、绿泥石（C）和伊蒙混层（I/S），其中以伊利石为主，其次为高岭石，绿泥石第三，伊/蒙混层含量最低。

（1）碎屑岩储层中的自生黏土矿物组合主要有伊利石＋高岭石、伊利石＋绿泥石、

伊利石 + 高岭石 + 绿泥石组合，占整个黏土矿物总含量的 95%～100%，伊利石、高岭石和绿泥石含量高说明碎屑岩储层成岩作用强烈。

（2）黏土矿物的成岩演化对储层物性有很大的影响。伊利石主要呈片状或包膜状均匀地围在碎屑颗粒周围的粒间孔隙中和喉道部位生长，因此严重影响了储层物性[图 5-33（a），伊利石含量与孔隙度呈负相关关系]。绿泥石主要呈微细颗粒状充填在粒间孔隙中，其含量变化对储层物性影响不大。一般高岭石含量高处，溶蚀作用都较强烈，次生溶孔发育，因此高岭石的大量出现是次生孔隙发育的一个标志，其含量越高，则储层物性就越好[图 5-33(b)，高岭石含量与孔隙度呈正相关关系]。

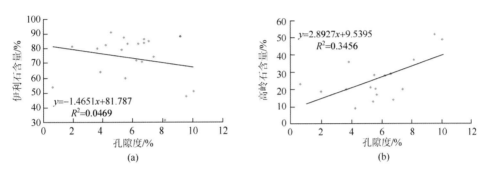

图 5-33　黏土矿物成分与孔隙度之间的相关关系

（三）布曲组储集层成岩作用

以羌资 1 井和羌资 2 井中的布曲组碳酸盐岩为代表，盆地内碳酸盐岩的成岩作用包括压实-压溶、重结晶、胶结、交代、白云石化、溶蚀、破裂及充填作用（图 5-34）。其中，以胶结和交代作用最为复杂，而以溶蚀作用和破裂作用最为重要，白云石化作用已在上述章节中详细描述，在此就不做论述。

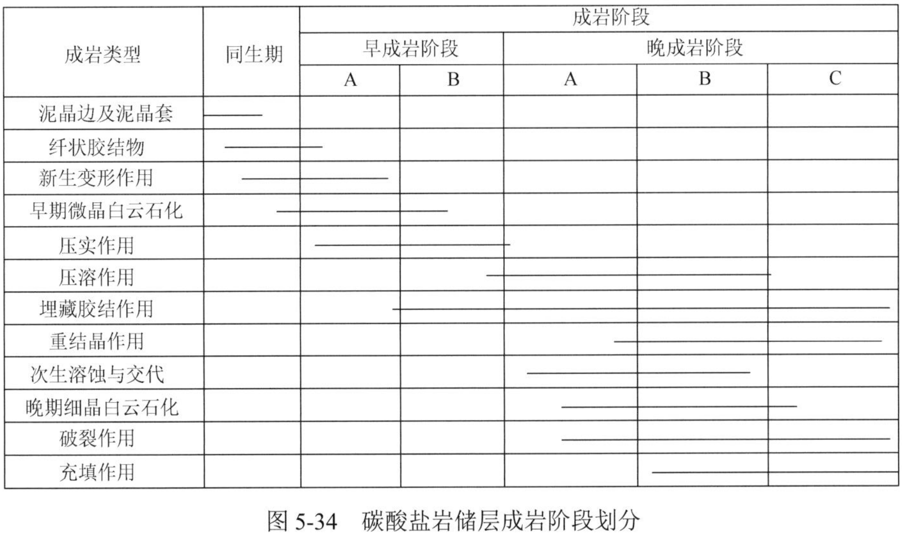

成岩类型	同生期	成岩阶段				
		早成岩阶段		晚成岩阶段		
		A	B	A	B	C
泥晶边及泥晶套	———					
纤状胶结物	———	—				
新生变形作用		——				
早期微晶白云石化		——				
压实作用		———	—			
压溶作用			—	—		
埋藏胶结作用			—	——	——	—
重结晶作用			—	——		
次生溶蚀与交代				——	——	
晚期细晶白云石化				—	—	
破裂作用				——	——	
充填作用					——	—

图 5-34　碳酸盐岩储层成岩阶段划分

1. 压实-压溶作用

布曲组碳酸盐岩储层压实作用主要表现为：鲕粒颗粒受挤压变形或破裂成变形鲕或破裂鲕，介屑受挤压成密集排列，被压平或压扁。压实作用的继续则变成了压溶作用，主要标志是形成大量压溶缝合线，缝合线呈幅度不等的锯齿状、波纹状发育在泥晶灰岩、鲕粒灰岩中，缝合线甚至可以切穿鲕粒。缝合线中常发育沥青等有机质，说明它曾经是油气运移的有效通道，对储层物性的改善作用是明显的。

缝合线又可分为高幅度和低幅度两种类型。高幅度压溶缝合线可切断应力缝，半充填、充填方解石，局部见残余沥青。这种压溶缝可能是构造缝与压溶相结合形成的，溶解作用有限。高幅度缝合线数量较低幅度缝合线少，形成时间也晚于低幅度缝合线。低幅度压溶缝合线延伸稳定，半充填沥青，常被后期溶蚀，局部形成溶孔，但其边缘仍残留沥青。

2. 胶结作用

碳酸盐岩的胶结作用是一种孔隙水的物理化学沉淀作用，它把碳酸盐颗粒或矿物黏结起来使之变成固结的岩石。胶结作用一般使储集层的孔渗性能降低，但增加了岩石抗压实能力，保存了大量潜在的空间；同时后期胶结物被溶蚀又可以形成大量次生孔隙。胶结物类型主要有：①纤状、页片状方解石胶结物，主要发育在浅滩相颗粒灰岩粒间，这是成岩早期的产物；②粒状方解石胶结物，该类胶结物一般形成在成岩作用中期和晚期；③共轴生长胶结物，与棘皮碎屑有关，形成于成岩中晚期；④连生胶结物，形成于成岩中晚期。

3. 重结晶作用

布曲组碳酸盐岩的重结晶作用主要为早期沉积的泥晶方解石变为微晶、粉晶或细晶方解石甚至为连生方解石。另外，碎屑岩中杂基黏土也发生重结晶作用。泥晶方解石的重结晶作用可产生一定的晶间孔，改善了储集空间的性能，而黏土矿物中伊利石含量的提高会大大降低储层的渗透性能。

4. 溶蚀作用

碳酸盐岩溶蚀作用是最为重要、最为普遍的成岩作用之一，埋藏环境下的非选择性溶蚀作用形成的溶孔孔径一般较大，大部分又被方解石、白云石、硅质、铁泥质及沥青半充填或全充填，岩石中残留的孔隙也是该时期溶蚀形成的，通过薄片分析井下溶蚀作用主要表现为：①颗粒或生屑内溶蚀形成粒内溶孔，甚至形成铸模孔；②颗粒边缘被溶蚀，形成粒间溶孔；③方解石和白云石晶间溶蚀形成晶间溶孔；④沿缝合线或裂缝边缘溶蚀，形成连续或断续的溶孔、溶缝；⑤基质或胶结物内形成的溶孔或粒间溶孔。

溶蚀作用既扩大了孔隙空间，又改善了岩石的渗透能力。从镜下可以见到溶蚀孔洞经常被沥青质半充填或全充填，有力地说明了溶蚀孔洞是油气良好的储集空间。

5. 破裂作用

由于构造运动引起的破裂作用导致岩石产生大量成组的微裂缝。这些裂缝在后期经过溶蚀，可形成裂缝内溶孔或溶缝。构造缝不仅可以作为连通孔隙网络的通道，大大提高储集层的渗透性，同时可构成有效的储集空间，对本区低孔低渗型碳酸盐岩储层具有重要意义。

6. 充填作用

碳酸盐岩中发育大量裂缝，但大多数被方解石等充填，大部分孔隙也被充填从而大大降低了储集岩石的孔渗性，充填物成分有方解石、白云石、铁泥质、硅质及沥青等。早期的充填作用表现为方解石、白云石对大气环境下形成的粒内孔、鸟眼，以及早期微裂缝、缝合线的充填；中期的充填作用表现为方解石、白云石、铁泥质、有机质对粒内溶孔、裂缝、缝合线的全充填或半充填；晚期的充填作用表现为方解石、硅质等对构造缝的充填。

（四）夏里组储集层成岩作用

井下夏里组碎屑岩的成岩作用包括压实-压溶作用、胶结作用、交代作用、溶蚀作用、黏土矿物的成岩作用，以机械压实作用最为普遍且相对强烈。

1. 压实-压溶作用

压实-压溶作用是碎屑岩物性降低的主要因素，压实作用主要表现为碎屑颗粒发生重排位移、形变或破裂，颗粒间由点接触-线接触-凹凸接触逐渐过渡，在无或少胶结物处，颗粒形成镶嵌结构，一些塑性较强的泥岩岩屑被压扁嵌入粒间孔隙形成假杂基。对羌资1井内岩石薄片资料的统计表明，压实作用在夏里组砂岩中普遍发育，颗粒以凹凸接触为主，次为点、线接触。

2. 胶结作用

夏里组碎屑岩的胶结作用主要为碳酸盐胶结（包括方解石、白云石、铁方解石、菱铁矿等）、石英（长石）次生加大、自生黏土矿物胶结，其次为铁质、硬石膏胶结等。

（1）碳酸盐胶结。方解石胶结是夏里组碎屑岩最重要的胶结类型，一般为泥晶或微晶方解石沿颗粒边缘充填，方解石较干净，连晶状胶结颗粒，充填粒间孔，并交代石英或长石，含量为1%~35%，胶结类型主要为接触式，次为孔隙式和基底式。胶结作用一般分为3个期次：早期为颗粒间孔隙中的泥晶灰泥胶结，为同生期、准同生期；中期表现为晶粒状方解石胶结，主要为粉晶或细晶结构，为埋藏中期成岩产物；晚期为连生结构和（铁）方解石胶结或中粗晶马鞍状热液型方解石胶结物。方解石胶结物大多以中期为主，碳酸盐胶结物的含量与砂岩孔隙度的关系比较明显，一般碳酸盐含量高，孔隙度通常较低，两者呈明显的负相关性，随着碳酸盐胶结物含量的升高，相应孔隙降低。

（2）石英（长石）次生加大。硅质胶结物在碎屑岩中的含量为1%~2%，呈无色微粒集合体，主要充填粒间孔，常以石英加大的形式出现，加大部分占岩石总体的1%~3%，石英的次生加大与碳酸盐胶结物互为消长关系,次生加大的石英含量与储层物性呈负相关关系。石英的次生加大作用不仅减少了储层的孔隙空间,也改变了储层的孔隙结构。多期次的石英加大使储层的粒间管状喉道变为弯片状或缝状喉道,严重影响了流体的渗透性能,从而降低了储层的渗透性能。

(3)自生黏土矿物胶结。黏土矿物主要为鳞片状绿泥石,多沿颗粒边缘分布,有时交代长石、石英等。

3. 交代作用

交代作用发生于成岩作用的各个阶段,是盆地内普遍存在的一种成岩现象,主要包括以下几种。

(1)碳酸盐矿物交代碎屑颗粒。最常见的是方解石交代石英、长石。

(2)方解石、白云石的相互交代作用。主要表现为方解石胶结物的白云石化,以及含铁白云石对方解石、白云石的交代作用。

(3)黏土矿物交代砂岩中的各种组分,被交代的主要为石英、长石、方解石等,自生黏土矿物沿碎屑颗粒(长石、石英)边缘交代。

此外,偶见硬石膏的交代作用。

4. 溶蚀作用

夏里组碎屑岩中被溶蚀的组分主要包括方解石胶结物和长石、岩屑等颗粒,表现形式主要有:①方解石胶结物大多被溶蚀形成大量的晶间孔及晶内溶孔,局部强烈溶蚀形成溶孔,油气进入孔隙空间,阻碍了压实作用及胶结作用的进一步进行,后期地层抬升,石油被氧化为沥青,镜下可见沥青分散充填于胶结物中;②碎屑颗粒(如长石、岩屑及石英等)均有不同程度的溶蚀,特别是长石、灰岩岩屑等更容易被溶蚀,形成铸模孔及粒内孔。溶蚀作用大大改善了储层的物性,为油气储集提供了有效空间。

二、储层发育控制因素分析

(一)原生控制因素分析

1. 碎屑岩储集层

中侏罗统夏里组一段为一套潮坪沉积砂体,主要岩性为粉-细粒石英砂岩、岩屑石英砂岩、黏土质粉细砂岩及钙质粉砂岩、纹层状黏土质粉砂岩等。中侏罗统色哇组主要为三角洲沉积体系,可进一步划分为前三角洲亚相和三角洲前缘亚相,岩性主要为岩屑石英砂岩、岩屑砂岩、粉砂-粗砂岩、灰云质砂岩、黏土质粉砂岩、杂粉砂岩等。上三叠统土门格拉组主要为三角洲沉积体系,可进一步划分为三角洲平原、三角洲前缘及前三角洲亚相,岩性主要为泥岩、煤线或煤层、粉砂岩及砂岩等,其中以泥岩、粉砂岩、砂岩为主。地层颜色整体呈现为弱氧化-还原环境,砂岩粒度分布以细砂岩为主,其次为粉砂岩、中砂岩,少见粗砂岩。砂岩的粒度分选较好，颗粒磨圆为差-中等，呈次圆状-次棱角状，岩石结构类型以颗粒支撑为主，其总体结构成熟度为中等。沉积构造以机械成因的层理构造、层面构造及生物成因的生物搅动构造为主。

各井下碎屑岩储集层以粉砂结构、粉-细粒结构为主，原岩结构致密性较高，原生孔隙极不发育，直接控制着成岩期胶结作用、交代作用及溶蚀作用的发育程度。通过对原始沉积相和岩石类型对孔隙形成的控制作用进行分析表明，原始的沉积相控制着原始的岩石类型特征及空间展布，原始的岩石类型控制成岩晚期的埋藏溶蚀作用。

2. 碳酸盐岩储集层

羌塘盆地井下碳酸盐岩储集层主要分布于布曲组，其碳酸盐岩综合沉积模式可划分为开阔台地亚相（滩、滩间）、局限台地亚相（滩间）和浅海亚相，开阔台地台亚相又可进一步划分为台地边缘浅滩微相、台地边缘滩-滩间微相。

较高能的开阔台地亚相环境中形成的亮晶鲕粒灰岩、亮晶含云质鲕粒灰岩、砂砾屑灰岩、颗粒灰岩等，其原生孔隙度较之低能的局限台地亚相和浅海亚相形成的泥晶灰岩、含生屑泥晶灰岩等明显偏高。从微相组合特征来看，井下布曲组储集体主要为粒屑滩、潮下高能带藻粒屑相带，这些相带原始沉积环境水动力条件较强，所形成的岩石类型以颗粒碳酸盐岩为主，抗压实能力较强，有助于原始孔隙的形成和保存，也有利于后期次生孔隙的发育。由于布曲组中白云岩层段受后期成岩作用改造强烈，重结晶作用和溶蚀作用已经将原有的岩石特征重塑。但通过详细的微观对比可以发现，次生孔隙的发育特征和原始的沉积相密切相关。

因此，沉积相及原始岩石类型对碳酸盐岩优质储层发育具有重要控制作用，碳酸盐台地中的浅滩微相、滩-滩间微相形成的颗粒碳酸盐岩优于局限台地亚相（滩间）和浅海亚相。

（二）后生控制因素分析

羌塘盆地井下储集层岩性众多，有粉砂岩、细砂岩、鲕粒灰岩、粒屑灰岩、白云质灰岩等，不同岩性储集性能不同，而影响储集层性能的因素众多，原始的沉积微相和岩性特征外，还有成岩期各种后生成岩作用改造因素。从井下储集层后期成岩作用特征分析来看，影响储集层发育的因素主要是压实-压溶作用、溶蚀-沉淀作用及构造破裂-充填作用。

1. 压实-压溶作用

压实-压溶作用是导致各岩性储集层孔隙度下降的主要因素之一，压实作用主要发生在同生期-成岩早期阶段，是导致岩石原生孔隙下降最快的原因。在沉积物沉积以后，随着埋藏深度的增加，上覆荷载的不断加大，孔隙流体从沉积物中排出，使沉积物发生排水和脱水，沉积物体积不断缩小，孔隙度迅速降低。在储集层中主要表现为碎屑颗粒发生重排位移、形变或破裂，颗粒间由点接触-线接触-凹凸接触逐渐过渡，鲕粒颗粒受挤压变形或破裂成变形鲕或破裂鲕，介屑受挤压成密集排列等特征。

对于碳酸盐岩来说，正常压实条件下，在深度约 3000m 时，碳酸盐岩灰泥物质孔隙基本消失殆尽；而亮晶胶结颗粒灰岩原生孔隙度可达 45%，在正常条件下，深度为 5000m 时，由于机械压实及胶结作用影响，可残存 5% 孔隙。

成岩晚期形成的压溶缝合线，缝合线中常见大量的难溶物质充填和残余的沥青充填，因此，从成岩序列及有机质演化序列对应关系看，压溶缝合线形成时间稍早于油气大量排出时间，故可做良好油气动移通道。

2. 溶蚀-沉淀作用

溶蚀-沉淀改造作用是一把双刃剑，埋藏条件下，溶解-沉淀机理一般是一个动态平衡的过程，被溶蚀物质随着流体不断运移，受到温度、压力条件的改变，或者流体混合等影响，又会在其他地方发生结晶沉淀，从而堵塞原有的部分或全部孔隙。所以，溶蚀-沉淀作用对储层物性的影响具有双重性质，溶蚀-沉淀系统是遵守质量守恒定律，但不遵守体积守恒定律。但对于储层的储渗空间来说，空间体积才是最为重要的。

在羌塘井下储层中，镜下观察偶见成岩早期溶蚀作用形成的长石、灰岩岩屑或者是灰岩砂屑的粒内溶孔或铸模孔，但是多数早期孔洞在浅埋藏过程中很快被充填，对于改善储层的储渗空间意义不大。

成岩晚期的溶蚀作用主要影响了碎屑岩中的方解石脉体、灰岩中的粒屑间填隙物，以及改善了压溶缝合线等。影响溶蚀作用最主要的因素包括两个方面：①溶蚀流体的来源及性质；②溶蚀流体运移的通道。溶蚀流体的来源又可分为两种：一种是内源流体，即岩石本身的有机质演化产生的层内酸性流体；另一种是外源流体，也就是沿不整合面、裂缝及断层等由上往下运移的大气淡水流体、由下往上运移的酸性流体及热液流体等。由于井下储集层类型丰富，上下层位甚至层内自身有机质丰度较高，内源流体（主要为有机酸）丰富，局部又受到明显外来大气淡水流体改造，故其溶蚀作用介质主要为外源和内源流体综合成因。

3. 构造破裂-充填作用

研究表明，岩层在外力作用下，受挤压或拉张发生破裂。破裂作用的主要产物为构造裂缝，可形成裂缝型储层。羌塘盆地在加里东-喜马拉雅各个构造期都会受到不同程度的构造破裂影响。在后生-进后生深埋藏条件下，造山运动产生断裂、褶皱和破裂作用，温度、压力升高，也可新增岩层的裂缝。此外，裂缝为烃类及流体进入储层提供了通道，有利于溶蚀作用的进行。裂缝自身也是储层中另一种重要的储渗空间。

通过对井下储集层的岩心及镜下薄片的观察发现，色哇组和夏里组的碎屑岩储集层及布曲组中的碳酸盐岩储集层都受到明显的构造应力改造。相比之下，碳酸盐岩储集层中的构造裂缝发育程度远强于碎屑岩储集层，既有几厘米宽的大型裂缝，也有 1～2mm 宽微裂隙。通过电子自旋共振（electron spin resonance，ESR）测年也表明布曲组储层中的方解石脉体至少存在 3～4 期次的充填。仅在局部可见有效储集空间的裂缝。尽管构造破裂作用会产生各种裂缝，有利于流体的运移、扩散，但是外来流体所引起的充填作用强于溶蚀作用。因而，构造裂缝实际上不利于优质储层的形成，对于已形成的储渗空间具有间接的破坏作用。

第六章 盖 层 特 征

　　盖层条件是油气藏形成的必备条件之一，盖层封闭性能的优劣，直接影响着油气的聚集和保存，它不仅控制着油气聚集数量的多少，而且也控制着油气在空间上的分布。大型含油气盆地，必然存在良好的区域性盖层。

第一节 盖层岩石类型及分布特征

　　综合羌塘盆地井下各盖层的分布特征来看，钻遇的地层包括上侏罗统索瓦组泥岩，中侏罗统夏里组泥岩及膏岩、布曲组泥岩及碳酸盐岩、雀莫错组泥岩及膏岩、色哇组泥页岩、曲色组泥岩，以及上三叠统泥岩，它们大多具有较好的封盖性能。其中，上三叠统盖层、中下侏罗统雀莫错组盖层和中侏罗统夏里组盖层为 3 套区域性盖层，其他为局部性盖层。

一、上侏罗统索瓦组盖层

　　羌资 3 井所钻遇索瓦组地层整体呈现出砂岩与泥岩或灰岩层互层状产出的特征，裂缝不甚发育的泥岩和灰岩常较砂岩具有较高的排替压力。由此可见索瓦组地层中裂缝不甚发育的泥岩和灰岩在某种程度上均具有作为盖层的潜力。

　　综合全井的岩性垂向配置关系可以看出，实际可能具有区域盖层作用的盖层主要是发育于 320.0m 以浅的厚层状至块状泥岩，其累计厚度可能达 100.0m 左右，因此，在井下泥岩对砂岩中油气的侧向和垂向运移都起着一定的封闭作用。

二、中侏罗统夏里组盖层

　　夏里组地层主要见于南羌塘昂达尔错地区的羌资 14 井、北羌塘龙尾湖地区的羌资 1 井、万安湖地区的羌地 17 井及正在实施的羌科 1 井。

　　南羌塘羌资 14 井夏里组盖层厚度为 347.28m，岩性以粉砂质泥岩、泥质粉砂岩和泥岩为主，几乎不含灰岩（图 6-1）。

　　北羌塘龙尾湖地区羌资 1 井中夏里组地层以碎屑岩为主，主要有钙质泥岩、泥质粉砂岩和粉砂质泥岩、粉砂质细砂岩、纹层状粉细砂岩等。夏里组地层中还发育多套石膏层，累计厚度为 6.65m，泥岩及泥灰岩也较为发育，厚度分别为 119.3m 和 60.92m，是非常有利的区域性盖层。膏岩类盖层主要发育于羌资 1 井上部的潟湖相沉积序列中，发育有两层，总厚度约为 6.65m。岩石由石膏、硬石膏及少量方解石和泥质组成。晶体呈粒状或板状，解理发育，具有很强的干涉色，晶粒紧密镶嵌。岩石孔隙和裂缝极不发育。由于膏岩单层厚度较薄，不能作为独立的盖层，但从井下获取的资料来看，这些膏岩层常与泥灰岩、泥岩共生，呈薄层状产出，形成含膏岩灰岩、泥岩的组合。泥岩及泥灰岩类盖层发育于羌资1 井中上部，与膏岩层一起形成含膏岩灰岩、泥岩的组合，厚约 164m，占井下夏里组地层厚度的 64.3%。

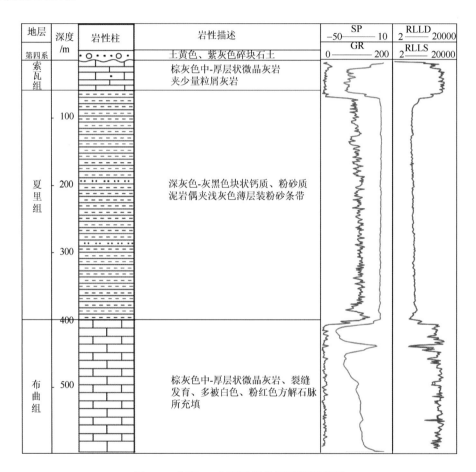

图 6-1　羌资 14 井夏里组盖层厚度示意图

注：RLLS 为浅测视电阻率（Ω·m）；RLLD 为浅测视电阻率（Ω·m）；SP 为自然电位（mV）；GR 为自然伽马（API）

万安湖地区羌地 17 井夏里组地层岩性以灰-灰黑色粉砂质泥岩、泥质粉砂岩为主，夹灰岩，地层厚度为 673.9m，其中盖层为泥质粉砂岩及泥岩，厚度为 518.88m，占井下夏里组地层厚度的 77.0%。邻近羌地 17 井的羌科 1 井，盖层主要分布在夏里组下部，为一套泥岩为主、夹石膏（含石膏）的地层，泥岩单层最大厚度 65m，泥岩夹石膏连续累计厚度达 263m，占井下夏里组地层厚度的 26.5%。地震剖面上显示为一层弱反射层，地层较为平缓，连续性好，无大规模的破碎和错断，显示该套盖层受构造活动改造小（图 6-2），足以封闭住油气。

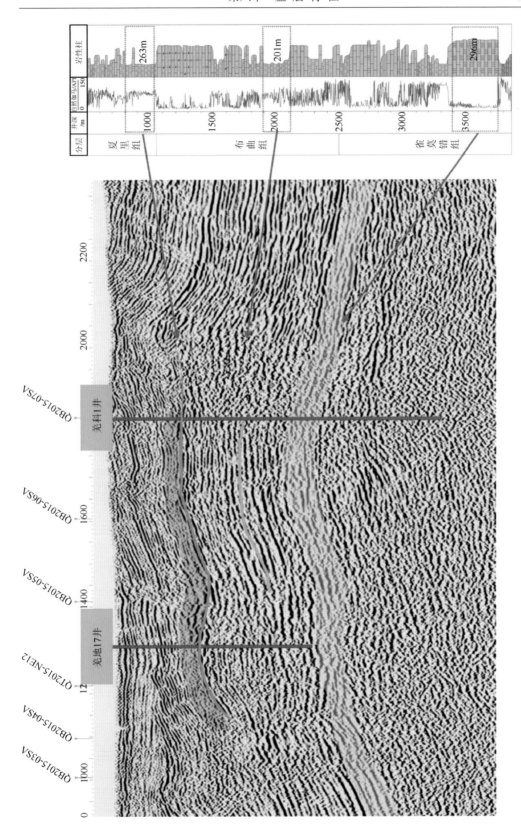

图 6-2　羌塘盆地半岛湖地区雀莫错组、布曲组和夏里组盖层示意图

三、中侏罗统布曲组盖层

在北羌塘龙尾湖地区的羌资 1 井及南羌塘扎仁地区的羌资 2 井、羌资 11 井、羌资 12 井、羌资 14 井、羌地 17 井及羌科 1 井中，均钻遇到布曲组地层，其岩性组合为泥晶灰岩、微晶灰岩、生屑灰岩、粒屑（鲕粒、砂屑、生屑等）灰岩及白云质灰岩，盖层主要为致密的泥晶灰岩及微晶灰岩。

在北羌塘龙尾湖地区羌资 1 井中，灰岩盖层累计厚度超过 223m，占该井布曲组地层厚度的 83.8%，单层最大厚度超过 39m。在北羌塘半岛湖地区，羌科 1 井中布曲组泥岩盖层的厚度 201m，占地层厚度的 13.9%（图 6-2）。

在南羌塘隆鄂尼-昂达尔错地区，羌资 2 井中，灰岩盖层累计厚度超过 490m，占该井布曲组地层厚度的 77.6%，单层最大厚度可达 224m；在羌资 11 井中，灰岩盖层累计厚度超过 392m，占该井布曲组地层厚度的 65.6%，单层最大厚度可达 60m；在羌资 12 井中，灰岩盖层累计厚度超过 271m，占该井布曲组地层厚度的 45.5%，单层最大厚度可达 34m；在羌资 14 井中，致密灰岩盖层累计厚度 195m。

四、下-中侏罗统雀莫错组盖层

雀莫错组地层主要见于北羌塘玛曲地区羌资 16 井及半岛湖地区羌科 1 井，盖层岩性主要为膏岩、泥岩、粉砂岩等。

羌资 16 井雀莫错组总厚度为 823.78m，仅膏岩厚度累计就可达 372m，主要分布在 258～630m 井段，占地层厚度的 45.2%，石膏段岩心完整，多为灰到灰黑色，以粉石膏为主，少量硬石膏，具光泽，硬度低，易刻画，条痕白色，性脆，岩屑呈团块状，撵成粉末后具滑感。该段厚层的石膏少见溶蚀，厚度大，具有良好的封盖能力。在半岛湖地区羌科 1 井中，雀莫错组膏岩层的厚度达到 296m，占地层厚度的 18.9%。从地震资料来看，该套雀莫错组盖层分布稳定，地层较为平缓，连续性好，为一套较好的区域性盖层（图 6-2）。

五、下-中侏罗统曲色-色哇组盖层

曲色-色哇组地层主要见于南羌塘扎仁地区的羌资 2 井及其香错地区的羌资 9 井和羌资 10 井。其中羌资 2 井岩性为紫红、深灰色泥岩、粉砂质泥岩与薄-厚层状白云质粉-中粒砂岩、岩屑石英细砂岩、岩屑砂岩。泥岩及粉砂质泥岩为该套地层的一般性盖层，分布于色哇组地层的中部及下部，累计厚度超过 121m，占该井色哇组地层厚度的 59%，单层最大厚度超过 87m。

羌资 9 井及羌资 10 井盖层岩性主要为灰-深灰-灰黑色含泥质粉砂岩、泥质粉砂岩，粉砂质泥岩，含粉砂质泥岩等。其中，羌资 9 井色哇组地层厚度 600.1m，羌资 10 井色哇组地层厚度 595.9m，盖层厚度大。

在毕洛错地区实施的钻井中，曲色组盖层岩性为灰黑色泥页岩及泥质粉砂岩，盖层厚度 97.8m，最大单层厚度 26.3m，但未见顶和底。地表毕洛错曲色组剖面中，泥岩、页岩

及油页岩厚度可达 582m，石膏层厚度 44.7m，均可作为良好的盖层。

六、上三叠统盖层

上三叠统地层主要见于北羌塘玛曲地区的羌资 7 井、羌资 8 井、羌资 16 井，南羌塘隆鄂尼-鄂斯玛地区羌资 6 井、羌资 13 井和羌资 15 井，盖层岩性为泥岩及粉砂质泥岩。

在南羌塘隆鄂尼-鄂斯玛地区，羌资 6 井中，泥岩及泥质粉砂岩盖层累计厚度约 35.15m，占该井上三叠地层厚度的 6.4%；羌资 13 井中，泥岩及泥质粉砂岩盖层累计厚度超过 84m，占该井上三叠统巴贡组地层厚度的 14.1%；羌资 15 井中，泥岩及泥质粉砂岩盖层累计厚度超过 240m，占该井上三叠统巴贡组地层厚度的 40.5%，单层最大厚度可达 66m。

在北羌塘玛曲地区羌资 7 井中，泥岩及泥质粉砂岩盖层累计厚度 241m；在羌资 8 井中，泥岩及泥质粉砂岩盖层累计厚度 166m，但是均未见顶；羌资 16 井中，泥岩及泥质粉砂岩盖层累计厚度超过 417m，占该井上三叠统巴贡组地层厚度的 93.7%，单层最大厚度可达 65.6m。

第二节　盖层封盖条件特征

一、封闭性能评价标准

羌塘盆地井下资料显示，盖层岩性众多，有膏岩、泥岩、泥晶灰岩、泥灰岩、致密砂岩、粉砂岩等，不同岩性盖层的封闭性能不同。根据不同岩性盖层的封闭性能，羌塘盆地井下盖层的评价标准如表 6-1 所示。

表 6-1　盖层物性封闭综合评价标准（据赵政璋等，2001a）

级别	封闭流体	孔隙度/% 权值 0.1	渗透率/($\times 10^{-3} \mu m^2$) 权值 0.2	排替压力/MPa 权值 0.5	盖层厚度/m 权值 0.1	孔隙含量(<100Å)/% 权值 0.1	评价结果	
I 权值>0.8	油	<5.0	$<10^{-2}$	>2.5	>50	85	可封闭 1000m以上油柱	好
	气	<2.5	$<10^{-3}$	>10.0	>100	85	可封闭 1000m以上气柱	
II 权值>0.6	油	5.8~8.0	10^{-2}~10^{-1}	2.5~1.15	50~30	50~85	可封闭 500~1000m油柱	中
	气	2.5~5.0	10^{-3}~10^{-2}	10.0~5.0	100~70	75~85	可封闭 500~1000m气柱	
III 权值>0.5	油	8.0~10.0	10^{-1}~1	1.15~0.25	30~10	35~50	可封闭 100~500m油柱	一般
	气	5.0~8.0	10^{-2}~10^{-1}	5.0~1.0	70~20	50~75	可封闭 100~500m气柱	
IV 权值>0.3	油	>10.0	>1	<0.2	<10	<35	一般不能封闭油田	差
	气	>8.0	$>10^{-1}$	<1.0	<20	<50	一般不能封闭气田	

二、不同岩性的封闭性能

1. 膏岩

膏岩是已被实践所证实了的优质盖层，从井下样品分析结果来看，膏岩的孔隙度、渗透率均较低，分别为 2.74%～3.85% 和 0.0352×10^{-3}～$0.1179\times10^{-3}\mu m^2$，排替压力较高，为 33.60～45.10MPa，平均为 40.68MPa（表 6-2）。同时，井下资料显示，羌资 16 井和羌科 1 井雀莫错组膏岩厚度大于 200m，膏岩显然可以作为好的盖层。区域上，膏岩层在横向上的展布是否具有类似的特征需要进一步研究，但从前人统计的地表资料来看，部分地区膏岩层厚度仍然较大，如北羌塘拗陷那底岗日地区，膏岩层累计厚度达到 98.00m，最大单层厚度为 93.70m（赵政璋等，2001a），显然这些膏岩层完全可以作为好的独立盖层。

表 6-2 羌塘盆地井下各岩性盖层物性特征分析结果

样品编号	岩性	层位	孔隙度/%	渗透率/（$\times10^{-3}\mu m^2$）	模拟上覆压力/MPa	模拟温度/℃	突破压力/MPa	排替压力/MPa
GW1-1	膏岩	J_2x	3.11	0.0883	18	30	34.60	43.90
GW2-1			3.85	0.1179	18	30	31.40	40.30
GW38-1			2.74	0.0352	18	30	33.90	45.10
GW-10					25	50	31.20	33.60
GW-11					25	50	30.40	40.50
GW-1	泥岩	J_2x			25	50	20.10	15.70
GW-2					25	50	21.20	7.50
GW-8					25	50	18.50	7.70
GW-9					25	50	24.30	9.90
GW361-1		J_2s	5.41	0.3569	18	30	2.05	5.05
GW-3	泥灰岩	J_2x	<1	$<10^{-3}$	25	50	11.80	18.90
GW-4			<1	$<10^{-3}$	25	50	0.95	9.70
GW-5			<1	$<10^{-3}$	25	50	17.60	29.40
GW-6			<1	$<10^{-3}$	25	50	16.10	7.30
GW-7			<1	$<10^{-3}$	25	50	14.50	17.10
CW31-1	泥晶灰岩	J_2b	1.04	0.0090	18	30	5.12	
CW33-1			0.83	0.0136	18	30	5.12	
CW37-1			1.38	0.0041	18	30	2.56	
CW50-1			1.20	0.0053	18	30	2.56	

续表

样品编号	岩性	层位	孔隙度/%	渗透率/（×10⁻³μm²）	模拟上覆压力/MPa	模拟温度/℃	突破压力/MPa	排替压力/MPa
CW63-1			0.60	0.0028	18	30	20.48	
CW74-1			0.85	0.0031	18	30	2.56	
CW77-1			1.03	0.0028	18	30	10.24	
CW84-1			1.01	0.0026	18	30	2.56	
CW92-1			1.15	0.0053	18	30	5.12	
CW94-1			0.37	0.0031	18	30	81.92	
CW97-1			0.66	0.0031	18	30	20.48	
CW110-1			0.98	0.0060	18	30	10.24	
CW111-1	泥晶灰岩	J₂b	1.68	0.0120	18	30	5.12	
CW115-1			1.05	0.0159	18	30	10.24	
CW124-1			0.88	0.013	18	30	10.24	
CW125-1			1.66	0.0043	18	30	2.56	
CW131-1			0.63	0.0033	18	30	20.48	
CW138-1			0.88	0.0080	18	30	5.12	
CW139-1			1.02	0.0086	18	30	10.24	
CW142-1			1.38	0.0067	18	30	5.12	
CW143-1			0.77	0.0044	18	30	10.24	
GW320-1	泥质粉砂岩		8.64	0.8441			2.17	6.88
GW325-1	泥质粉砂岩		9.69	0.2816			3.71	8.86
GW334-1	石英粉砂岩		4.58	0.1871			8.11	46.81
GW341-1	石英粉砂岩		6.78	0.2711			1.88	4.51
GW342-1	石英细砂岩	J₂s	3.44	0.0877	18	30	3.53	7.65
GW349-1	石英粉砂岩		5.99	0.2332			8.91	45.80
GW352-1	石英细砂岩		6.76	0.9916			1.62	3.88
GW355-1	石英细砂岩		6.38	0.1744			7.82	28.87
GW356-1	石英粉-细砂岩		9.14	0.5138			1.42	2.95

2.泥岩

羌塘盆地井下泥岩类盖层主要分布于夏里组及色哇组地层中，孔隙度较低，大多小于5%，但渗透率略微偏高，排替压力较高，为5.05～15.70MPa（表6-2），平均为9.17MPa。

从物性特征来看，夏里组地层中泥岩的封盖性能明显好于色哇组地层中泥岩的封盖性能，而且夏里组地层中泥岩类盖层厚度较大，累计厚度可达164m，单层最大厚度大于23m，泥岩中见石膏沉积，大大改善了泥岩作为盖层的封闭性能，因此，泥岩可以作为独立的盖层（Ⅲ～Ⅱ类封油，Ⅲ类封气）。值得注意的是，尽管色哇组地层中泥岩类盖层的物性特征较差，但其连续沉积厚度较大，可达87m，因此，南羌塘色哇组的泥岩也具有一定的封盖性能。

3. 泥灰岩

羌塘盆地井下泥灰岩类盖层主要分布于夏里组地层中，具有低孔低渗的特征，所测试的样品孔隙度大多小于1%，渗透率小于$10^{-6}\mu m^2$，排替压力较高，为7.30～29.40MPa（表6-2），平均为16.48MPa。泥灰岩单层厚度不大，最大单层厚度为11m，但泥灰岩常与泥岩或致密碎屑岩一起产出，其连续沉积最大厚度大于80m，两者共同形成好的Ⅰ类盖层（封油和封气）。

4. 泥晶灰岩

羌塘盆地井下泥晶灰岩类盖层主要分布于布曲组地层中，具有低孔低渗的特征，21件分析样品的孔隙度为0.38%～1.68%，平均为1.00%，渗透率为0.0026×10^{-3}～$0.0159\times10^{-3}\mu m^2$，平均为$0.00652\times10^{-3}\mu m^2$，排替压力与泥灰岩相似，均大于5MPa，已经完成的调查井中，泥晶灰岩的厚度存在一定的差异，南羌塘的羌资2井泥晶灰岩最大单层厚度可达234m，而北羌塘的羌资1井泥晶灰岩最大单层厚度仅为38m，可作为较好的盖层（Ⅱ～Ⅰ类封油，Ⅱ类封气），但是由于泥晶灰岩本身脆性大，在构造运动下容易产生裂缝、孔隙等，同时也容易遭受地下水的溶蚀作用，因此，泥晶灰岩普遍封盖性能不佳。

5. 致密碎屑岩

致密碎屑岩主要包括石英细砂岩、石英粉砂岩及泥质粉砂岩，这些碎屑岩类盖层主要分布于色哇组地层中，夏里组地层中也有少量分布，具有孔隙度高、渗透率较好的特征，9件样品的孔隙度为3.44%～9.69%，平均为6.82%，渗透率为0.0877×10^{-3}～$0.9916\times10^{-3}\mu m^2$，平均为$0.3983\times10^{-3}\mu m^2$，排替压力为2.95～46.81MPa，平均为17.36MPa，在羌资1井中致密碎屑岩最大单层厚度为42m，在羌资2井中致密碎屑岩类盖层厚度更大，其最大单层厚度超过99m。综合分析表明，致密碎屑岩可作为一般至中等封油盖层，封气性能相对较差。

第三节　井下与地表盖层特征对比

一、膏岩封盖性对比

盆地膏岩十分发育，主要呈中-薄层状、块状产出或呈极薄层状夹于泥岩中，具纤维状、板状和粒状结构。由于前人石膏样品来自地表，受降水溶蚀影响而使其封盖性能极差（表6-3），其孔隙度平均值为5.39%～31.70%；渗透率平均值为0.021×10^{-3}～$96.37\times10^{-3}\mu m^2$，饱和煤油突破压力为0.20～1.10MPa，饱和水突破压力为1.50～7.68MPa，膏岩平均孔隙直径为 6.59~136nm，而 50~100nm 的孔隙占 20%~46%（赵政璋等，2001a），显然不具有封闭特性。

表 6-3 羌塘盆地不同岩性盖层封盖性能统计表（据赵政璋等，2001a）

| 岩性 | 层位 | 孔隙度/% | 渗透率/(×10⁻³μm²) | 突破压力/MPa | | 排替压力/MPa | 比表面/(m²/g) | 扩散系数/(×10⁻⁵cm²/s) |
				饱和煤	饱和			
膏岩	J₃s	31.70	4.08		1.50		7.6212	0.0516
	J₂x	16.41	96.37	1.10	6.84	5.51	7.23	1.59
	J₂b	5.39	0.021	1.00	4.60		6.5	
	J₂q	12.36	2.14	0.20	7.68		5.63	4.59
泥岩	J₂x	1.42	0.0012	9.00	18.37		2.8300	6.3650
	J₂b	1.14	0.0190	1.00	5.00			
	J₂q	1.24	0.0028		8.74			
	J₁q	2.00	0.0033	6.50	11.70	5.34	7.3400	0.0061
	T₃x	3.57	0.0223	3.00	9.00		10.24	0.0361
泥晶灰岩	J₃s	1.22	0.0420	6.30	10.68		3.8200	0.7080
	J₂x	1.85	0.1020	4.10	8.94	2.43	3.0800	6.6700
	J₂b	1.39	0.0650	2.98	7.21	10.34	4.0300	0.9244
	J₂q	0.87	0.0074	5.25	11.00		0.9000	
	T₃x	2.77	0.0130	1.38	7.40	4.35	0.4300	2.2200
泥灰岩	J₃s	1.73	0.0295	0.20	2.30	8.00	0.2000	0.0398
	J₂x	1.34	0.0007					
	J₂b	0.99		9.81				
	J₂q	1.60	0.0028		22.20			
	T₃x	2.59	0.0701		8.30			0.0409
致密砂岩	J₃s	3.25	0.0174		10.97		1.7504	2.3095
	J₂x	1.38	0.0084	7.00	11.80		0.7509	1.7480
	J₂b	4.37	0.0352	2.00	5.65			
	J₂q	1.93	0.0037	4.00	9.00			0.3890
	J₁q	1.16	0.0021					
	T₃x	0.83	0.0033	7.00	14.20			

在羌塘盆地井下 150m 范围内获取了 5 件石膏样品，其孔隙度比地表样品成倍数降低，排替压力明显比地表高（表 6-3，表 6-4）。在 50℃温度和 25MPa 覆压下的饱和水模拟突破压力分别为 31.2MPa 和 30.4MPa，也比地表样品（表 6-3）的饱和水模拟突破压力高，且当地表样品的围压增加到 50MPa 时，温度为 70℃，突破压力可达到 32MPa（赵政璋等，2001a），表明石膏在地下具有极强的封盖能力。

表 6-4　地表及浅钻石膏岩封闭参数统计表

层位	样品编号	孔隙度/%	渗透率/(×10⁻³μm²)	模拟有效上覆压力/MPa	模拟温度/℃	突破压力/MPa	排替压力/MPa	来源
E₂s	D3091G1	7.01	0.0946	25	50	26.5		
	D3091G2	7.69	0.0684	25	50	27.8		
	D3091G3	5.98	0.0553	25	50	29.3		龙尾湖区块地表
J₃x	D7051G1	4.23	1.6916	25	70	0.98		
J₃s	D3022G1	8.53	0.3325	25	70	29.3		
	D3015G2	6.24	0.3337	25	70	20.6		
	D3015G1	5.73	0.0557	25	70	25.5		
J₂x	GW10	3.20	0.2254	25	50	31.2	33.6	
	GW11	2.46	0.2548	25	50	30.4	40.5	
	GW1-1			180	30	34.6	43.9	浅钻
	GW2-1			180	30	31.4	40.3	
	GW38-1			180	30	33.9	45.1	

二、泥岩封盖性对比

羌塘盆地各层位地表泥岩（表 6-3）孔隙度为 1.14%～3.57%，渗透率为 0.0012×10⁻³～0.0223×10⁻³μm²，饱和水突破压力为 5.00～18.37MPa，饱和煤油突破压力为 1.00～9.00MPa，排替压力为 5.34MPa，显示泥岩盖层孔隙度低、孔渗性特低、排替压力和突破压力高的特点。

地下浅钻泥岩排替压力为 7.5～15.7MPa（表 6-5），平均为 10.2MPa，比地表的排替压力明显偏高。在 50℃温度和 25MPa 覆压下的饱和水模拟突破压力为 18.5～24.3MPa，平均值为 21.0MPa，明显比地表泥岩突破压力、排替压力大，显示泥岩在地下的封盖性能更好。

表 6-5　羌资 1 井浅钻泥岩封闭参数统计表

层位	样品编号	模拟有效上覆压/MPa	模拟温度/℃	突破压力/MPa	排替压力/MPa
J₂x	GW-1	25	50	20.1	15.7
	GW-2	25	50	21.2	7.5
	GW-8	25	50	18.5	7.7
	GW-9	25	50	24.3	9.9

泥岩中黏土矿物的伊利石和蒙脱石，具有较强的可塑性、吸水膨胀性和封闭性。赵政璋等（2001a）研究泥岩孔隙以小于 10nm 的微小孔隙为主（＞45%），平均孔隙直径为 1.63～12.61nm。

三、泥晶灰岩封盖性对比

盆地地表各层位泥晶灰岩盖层（表 6-3）以特低孔特低渗为主，突破压力、排替压力较大；孔隙度为 0.87%～2.77%，渗透率为 0.0074×10^{-3}～0.1020×10^{-3}μm^2，饱和水突破压力为 7.40～11.00MPa，饱和煤油突破压力为 1.38～6.30MPa，排替压力为 2.43～10.34MPa。

地下浅钻泥晶灰岩排替压力为 7.3～29.4MPa（表 6-6），平均为 17.9MPa，比地表排替压力显著增高。在 50℃温度和 25MPa 覆压下的饱和水模拟突破压力为 14.5～17.6MPa，平均为 16.1MPa，比地表突破压力明显偏高，表明地下泥晶灰岩的封盖性能比地表好。

表 6-6 羌资 1 井浅钻泥晶灰岩及泥灰岩封闭参数统计表

层位	样品编号	岩性	模拟有效上覆压力/MPa	模拟温度/℃	突破压力/MPa	排替压力/MPa
	GW-3	泥灰岩	25	50	11.8	18.9
	GW-4	泥灰岩	25	50	1.0	9.7
J$_2$x	GW-5	泥晶灰岩	25	50	17.6	29.4
	GW-6	泥晶灰岩	25	50	16.1	7.3
	GW-7	泥晶灰岩	25	50	14.5	17.1

四、泥灰岩封盖性对比

地表各层位泥灰岩（表 6-3）的孔隙度为 0.99%～2.59%、渗透率为 0.0007×10^{-3}～0.0701×10^{-3}μm^2，饱和水突破压力为 2.30～22.20MPa，饱和煤油突破压力为 0.20～9.81MPa，具有特低孔特低渗，突破压力高的特征。

地下浅钻泥灰岩的排替压力为 9.7～18.9MPa（表 6-6），平均为 14.3MPa。在 50℃温度和 25MPa 覆压下的饱和水突破压力为 1.0～11.8MPa，平均为 6.4MPa，与地表样品的突破压力相近。

第四节　盖层发育的影响因素

影响盖层封盖性能的因素众多，如岩性、韧性、厚度、连续性、构造活动等，且各因素又相互制约、相互弥补。

一、盖层岩性

不同岩性盖层的封盖性能不同，羌塘盆地井下盖层岩性众多，盖层有膏岩、泥岩、泥晶灰岩、泥灰岩、致密碎屑岩等。

泥岩盖层由于孔隙细小，其排替压力往往很高，具有较强封盖能力，同时厚层泥岩易于发育超压，很多泥岩同时还是烃源岩，封盖条件一般较好。泥质含量对盖层封闭性有很大影响，泥质含量的增加会增加岩石的排替压力，从而使其封盖能力增强。膏岩盖层基本不具备孔隙，其阻挡天然气扩散的能力一般要比泥岩强近 100 倍。灰岩是脆性岩石，非常容易破碎，但是在裂缝不发育的构造活动较弱地区，致密的灰岩也可以作为盖层。钻井表明，羌资 16 井及羌科 1 井雀莫错组发育泥岩-膏层，羌资 1 井、羌地 17 井及羌科 1 井中揭示夏里组中发育膏岩-泥岩盖层，具有良好的封盖条件。

二、盖层厚度

盖层厚度间接影响其封盖能力，盖层厚度大，越不易被小断层错断，在其内部易于形成异常压力，导致其封盖性能增强。一般局部盖层厚度为几十米甚至几米就可，而区域盖层的厚度往往需要百余米甚至几百米。从羌塘盆地井下研究结果来看，羌资 16 井及羌科 1 井中雀莫错组膏岩层厚度达 300m 以上，羌科 1 井及羌地 17 井夏里组膏岩-泥岩厚度也超过 200m，封盖性能良好。

三、连续性和分布范围

盖层大范围连续性分布对于油气聚集有重要意义，分布范围大、连续性好的区域盖层对于油气封盖最为有利。从钻井钻遇的实际并结合区域情况来看，上三叠统巴贡组泥岩盖层和中-下侏罗统雀莫错组膏岩-泥岩盖层及中侏罗统夏里组泥岩-膏岩盖层分布面积广、厚度大，具备作为区域盖层的条件。其他层组都有分布局限，或者厚度较小，或者封盖岩石类型欠佳而只能作为局部地区的盖层。

四、韧性

盖层的韧性对油气封存也很重要，在构造变形中，脆性盖层易于出现裂缝，而韧性盖层不易产生断裂和裂缝。通常，韧性的顺序由大到小依次为盐岩＞硬石膏＞富含有机质页岩＞页岩＞粉砂质页岩＞钙质页岩＞燧石岩。雀莫错地区羌资 16 井膏岩层和北羌塘拗陷中心的半岛湖-万安湖地区羌科 1 井膏岩层厚度均超过 300m，具有较好的韧性，是优良的封盖层。

五、构造活动对盖层封闭性的破坏作用

构造活动对盖层封闭性具有破坏作用，构造活动越强烈的地区，盖层保存条件越不好，越不利于盖层封盖油气。夏里组和雀莫错组是羌塘盆地最为重要的两套区域性盖层，从图 6-2 地层剖面上可以看见，夏里组和雀莫错组地层显示为一层弱反射层，地层较为平缓，连续性好，无大规模的破碎和错断，显示这两套最为重要的区域性套盖层受构造活动改造小，构造活动对盖层的封闭性破坏不大。

第七章 油气成藏条件研究

在实施的多口油气地质调查井中也发现了丰富的油气显示,表明羌塘盆地具备了油气形成的基本油气成藏条件,具有良好的油气勘探前景。

第一节 油 气 显 示

羌塘盆地地质调查井中,已有多口钻井发现了油气显示,钻遇油苗的地层包括上二叠统、下三叠统巴贡组及中侏罗统夏里组、布曲组和索瓦组,主要为含油白云岩和沥青等(表7-1)。

表 7-1 羌塘盆地地质调查井中油气显示统计

井号	构造位置	地区	层位	显示类型
羌资 1 井	北羌塘	龙尾错	J_2x	沥青
羌资 2 井	南羌塘	扎仁	J_2b	沥青
羌资 3 井	北羌塘	托纳木	J_3s	沥青
羌资 5 井	中央隆起	角木茶卡	P_3l	沥青、含油白云岩
羌资 7 井	北羌塘	玛曲	T_3bg	沥青
羌资 8 井	北羌塘	玛曲	T_3bg	沥青
羌资 11 井	南羌塘	隆鄂尼-鄂斯玛	J_2b	含油白云岩
羌资 12 井	南羌塘	隆鄂尼-鄂斯玛	J_2b	含油白云岩
羌资 16 井	北羌塘	玛曲	T_3bg	沥青
羌地 17 井	北羌塘	万安湖	E_2s、J_2b	含油石膏、气显示

一、二叠系

位于中央隆起带角木茶卡地区的羌资 5 井二叠系岩心中发育有大量油气显示,见有油气显示的井段为 10~92m、152~731m、867~1001.4m,油气显示以沥青为主,还有含油白云岩,如图 7-1 所示。具体划分如下。

1. 层间缝中发育的沥青脉

角木茶卡龙格组灰岩为薄-中层状,其层间缝非常发育。层间缝中发育发大量沥青脉,沥青脉中常伴生有方解石脉,如图 7-1(a)所示。

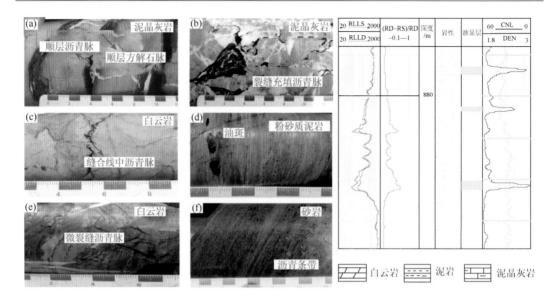

图 7-1　羌资 5 井油气显示特征

注：RLLS 为浅测视电阻率（Ω·m）；RLLD 为浅测视电阻率（Ω·m）；CNL 为补偿中子（PU）；DEN 为补偿密度（g/cm³）

2. 含油白云岩

在羌资 5 井岩心中 41～44m 和 887～890m 两段发育含油白云岩。含油白云岩断面呈砂状、黑色，用地质锤敲开后可以闻到浓烈的油气味，如图 7-1（b）所示。

3. 缝合线中充填的沥青脉

缝合线是碳酸盐岩中最常见的裂缝之一，其常常平行于地层层面，也说明其一般形成于地层埋藏早期。羌资 5 井中发育大量缝合线，其中均充填有黑色沥青脉，如图 7-1（c）所示。

4. 构造裂缝中充填的沥青脉

羌资 5 井位于中央隆起带，其构造变形程度较强，因此，岩心中构造缝也比较发育。通过钻井岩心中构造裂缝的详细研究，发现该处至少发育 5 期比较典型的构造裂缝，其中大部分充填有黑色沥青脉，如图 7-1（c）所示。

5. 后期溶蚀作用形成的孔、洞中充填的沥青

在羌资 5 井岩心中见到大量由溶蚀作用形成的孔洞，其中均充填有黑色沥青，且与沥青一起还常伴生有白色方解石石脉，如图 7-1（d）所示。

6. 泥岩中沥青斑

在羌资 5 井岩心的 890m 处，发育有 1m 左右的浅灰色黏土质泥岩，其硬度小于指甲。该黏土质泥岩发育典型的油浸段，并且还有部分泥岩未被油浸，其中仅见有 1cm 左右的

椭圆状油斑，这是油浸的最好证据，也是古油藏存在的有力证据。在测井曲线上，油浸段的视电阻率差值较大，补偿中子较低，其补偿中子和补偿密度曲线都出现向低的方向回返的趋势，两侧视电阻率的差值较大，（RD-RS）/RD 出现较大的峰值（图 7-1）。

二、三叠系

羌塘盆地玛曲地区羌资 7 井、羌资 8 井及羌资 16 井三叠系地层中都发现大量油气显示，主要为沥青，可以概括为如下 3 类。

（1）层间缝中充填的沥青脉。层理缝是沉积岩中最发育、最常见的一种裂缝，也是非构造成因缝，又被称为层间缝。羌资 8 井（图 7-2）和羌资 16 井（图 7-3）岩心中主要呈薄-中层状，其层间缝非常发育。层间缝中发育大量沥青脉，沥青脉中常伴生有方解石脉。

图 7-2　羌资 8 井层间缝中充填沥青　　　　　图 7-3　羌资 16 井层间缝中充填沥青

（2）构造裂缝中充填的沥青脉。羌资 7 井、羌资 8 井及羌资 16 井岩心中构造裂缝也比较发育。岩心中至少发育 5 期较典型的构造裂缝，其中大部充填有黑色沥青脉（图 7-4～图 7-6）。

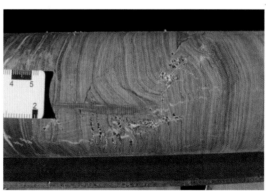

图 7-4　羌资 7 井构造裂缝中充填沥青　　　　　图 7-5　羌资 16 井构造裂缝中充填沥青

图 7-6　羌资 8 井断层破碎带和中角度裂缝中充填沥青

（3）后期溶蚀缝中充填的沥青脉。由于地下流体的化学溶蚀作用，碳酸盐岩中常形成大小不均的不规则孔、洞、缝。羌资 7 井岩心中发育大量溶蚀成因的孔、洞、缝，其中均充填有黑色沥青脉，与沥青一起还常伴生有白色方解石石脉（图 7-7）。

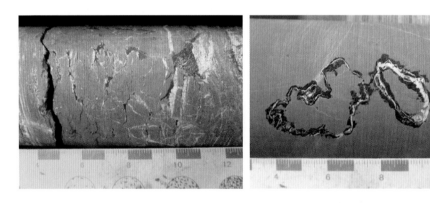

图 7-7　羌塘盆地羌资 7 井溶蚀缝中充填沥青

三、侏罗系

在羌塘盆地羌资 1 井、羌资 2 井、羌资 3 井、羌资 11 井和羌资 12 井中岩心中均见丰富的油气显示。

羌资 1 井位于北羌塘龙尾错地区，钻遇地层为中侏罗统夏里组（J_2x）和布曲组（J_2b）。岩心中油气显示丰富，主要有以下几种形式。

（1）呈有机包裹体形式分布于方解石脉及石英脉中。此外，在白云岩中也见有少量有机包裹体，这些包裹体常以气-液混合相存在，单独的气、液包裹体仅少量分布。包裹体以发淡蓝色荧光为主（图 7-8），间夹蓝灰绿色、蓝绿色、蓝色、亮蓝色及蓝灰色荧光，荧光强度以弱-中等为主，偶尔较强，说明油气类型为轻-中质型（以轻质型为主）的低成熟油-成熟油，热演化程度为中-高成熟阶段。

（2）以油浸石膏形式存在。该类油气显示主要分布于夏里组地层中，石膏油浸后呈棕色，具淡黄色-浅黄色荧光显示。

（3）呈干沥青分布于裂隙、裂缝和缝合线中（图 7-9），沥青多分布于裂缝表面，呈薄膜状，具油脂光泽，少部分层理面上可见淡黄色荧光显示。此外，在溶孔中也偶见沥青分布。

图 7-8　羌资 1 井方解石脉中的淡蓝色荧光有机包体　　图 7-9　羌资 2 井布曲组裂缝面上油气显示

　　羌资 2 井位于南羌塘扎仁地区，钻遇地层为中侏罗统布曲组（J_2b）和色哇组（J_2s），其油气显示除在布曲组碳酸盐岩缝合线（或裂缝）及色哇组碎屑岩裂缝中发现大量沥青外，还在荧光录井、荧光薄片、包裹体研究中发现大量油气显示。沥青大多呈薄膜状分布于裂缝（或缝合线）的表面，偶尔在溶孔中有沥青发现，但这些沥青多充填于溶孔表面。部分灰岩岩心具有明显油浸特征，荧光灯下呈橙黄色。岩心中的有机包裹体主要为气-液混合相包裹体，气或液单相包裹体较为少见，这些包裹体主要产在方解石脉中，少量产在石膏晶体中。另外，在鲕粒灰岩的亮晶方解石胶结物中也发现有不少烃类包体。3 种包裹体特征明显，形成于不同的期次中。包裹体荧光以淡蓝色为主，间夹蓝灰绿色、蓝绿色、蓝色、亮蓝色及蓝灰色荧光，荧光强度以弱-中等为主，偶尔较强，表明羌资 2 井的油气类型为轻-中质型（以轻质型为主）的低成熟油-成熟油，热演化程度为成熟-高成熟阶段。

　　羌资 3 井位于北羌塘托纳木地区，钻遇地层为上侏罗统索瓦组（J_3s），所取岩心从117.4m 开始至完井，发现大量沥青油气显示，据初步统计为 97 处。其产出方式多样，主要为顺岩层层面裂缝充填，其次为灰岩中的压溶线充填和少量孔洞充填。116.6m～119.6m井段的沥青油气显示最厚部分约为 2cm，呈玻璃光泽，污手，顺岩层面产出，在海拔 5260m氧气稀薄的环境中能燃烧（图 7-10）。

(a) 羌资3井115.6～117.2m井段砂岩中填充的沥青　　(b) 羌资3井461.6～464.6m井段灰岩压溶缝内的沥青

图 7-10　羌资 3 井裂缝中充填的沥青

羌资 11 井和羌资 12 井位于南羌塘隆鄂尼-昂达尔错古油藏带东缘，钻井的开孔位置位于研究区东南部的巴尔扎—晓嘎晓那—巴格底加日—日尕尔保古油藏带上。钻遇的地层为布曲组地层。岩性主要为浅灰色、深灰色微晶灰岩，灰黑色泥晶灰岩、灰色—浅灰色粉晶灰岩、灰白色灰质白云岩、深灰色介壳灰岩、浅灰色砂屑灰岩、浅灰色礁灰岩、深灰色藻灰岩、灰黑色砂糖状含油白云岩等。在钻井编录的过程中，在羌资 11 井 589～600m 井段和羌资 12 井 0～120m 井段分别发现厚度大于 11m 和 100m 的含油白云岩段（图 7-11），呈灰黑色-浅黑色，砂糖状晶粒结构，晶粒大小不等，从中晶到细晶均有存在，以细晶为主，敲开可闻到浓烈油气味。荧光特征也证实了这一点，含油白云岩荧光颜色以淡蓝色为主，淡绿色及淡黄色次之，荧光强度中等。早期沥青呈深褐色、黑褐色，浸染于白云岩颗粒边缘，晚期沥青呈淡黄色，主要充填于微孔或微缝隙中（图 7-11）。

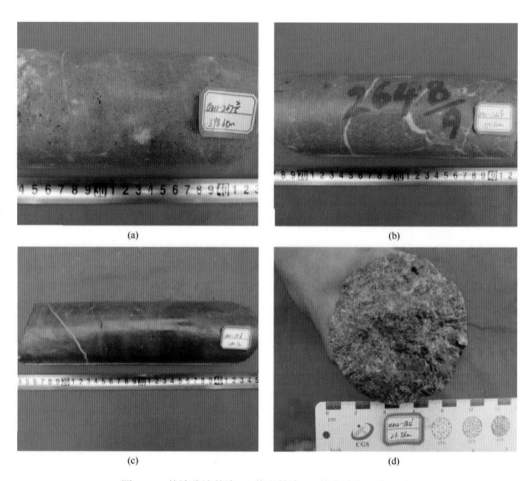

图 7-11　羌塘盆地羌资 11 井和羌资 12 井含油白云岩照片

羌地 17 井位于北羌塘拗陷万安湖地区，气测曲线（图 7-12）在 1484～1485m 出现高峰值，$\sum C_n 0.186\uparrow 3.901\%$，$C_1$：$0.154\uparrow 3.781\%$。进行了 3 次后效观测，其中 8 月 14 日对该段的后效观测中，气测值达到高峰。全烃：$0.253\uparrow 10.587\%$，C_1：$0.238\uparrow 0.10.197\%$，C_2：

0.000↑0.001%，C_3：0.000↑0.003%，其他组分无，持续时间约 7min，反映该段含气性较好，结合岩心观察，认为该段含气层可能是裂缝含气层。

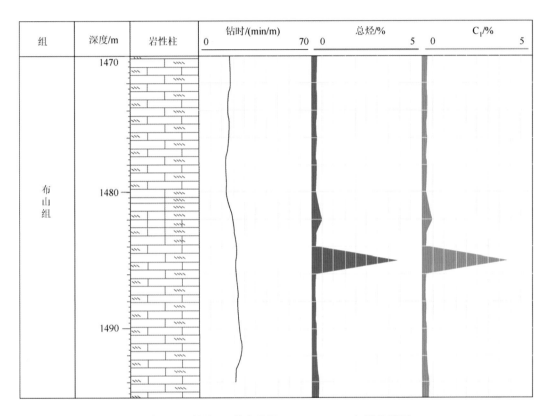

图 7-12　羌地 17 井布曲组 1470～1495m 气测曲线图

第二节　油苗地球化学特征及油源对比

一、羌资 16 井下三叠统巴贡组沥青地球化学特征及油源对比

1. 沥青饱和烃地球化学特征

由羌资 16 井样品的饱和烃气相色谱图（图 7-13）可以看出，羌资 16 井巴贡组沥青的正构烷烃系列主要有两种不同的分布模式。第一种为前峰型，其主峰碳为 nC_{19} 或 nC_{20}，碳数范围为 $nC_{14} \sim nC_{36}$，nC_{21}^{-}/nC_{21}^{+} 值为 0.59～2.22，平均为 1.01，表现出低等水生生物为主的生物母质的贡献。第二种为后峰型，主峰碳为 nC_{25}，碳数范围为 $nC_{15} \sim nC_{38}$，nC_{21}^{-}/nC_{21}^{+} 值为 0.50，显示重烃组分占优势的特征，主要反映了高等植物的贡献。OEP 值为 0.86～1.06，CPI 值为 0.92～1.10，均接近平衡值。Pr/nC_{17} 值为 0.42～0.91，Ph/nC_{18} 比值为 0.77～1.11，Pr/Ph 值为 0.14～0.21，平均为 0.17，说明沥青的有机母质可能形成于还原环境。

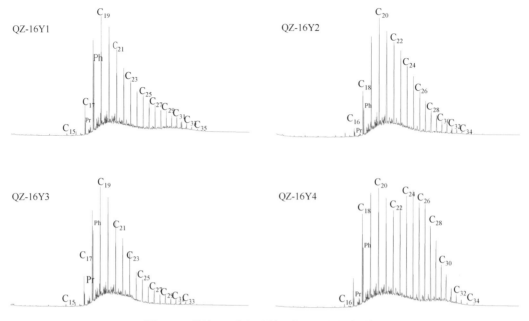

图 7-13　羌资 16 井部分样品饱和烃气相色谱图

2.甾烷萜烷特征

羌资 16 井沥青样品油苗中 C_{29} 甾烷含量相对较高（图 7-14），分别为 43%～48%，均值为 45.5%，其次为 C_{27} 甾烷，含量为 25%～34%，均值为 29.5%，C_{28} 甾烷含量 22%～30%，均值为 24.8%，沥青样品中规则甾烷总体表现为 $C_{29} > C_{27} > C_{28}$ 的分布特征，反映了形成沥青的母质中有较多高等来源输入的特征。

$C_{29}\alpha\alpha\alpha20S/\alpha\alpha\alpha$（20S＋20R）和 $C_{29}\alpha\beta\beta/$（$\alpha\alpha\alpha＋\alpha\beta\beta$）是常用的甾烷成熟度参数。一般认为，生油门限（$R_o$ 约为 0.6%）两参数值约为 0.25，到生油高峰（R_o 约为 0.8%）达到平衡，前一比值达到 0.52～0.55，后一比值达到 0.7 左右。研究的羌资 16 井中沥青样品 $C_{29}\alpha\alpha\alpha20S/\alpha\alpha\alpha$（20S＋20R）值为 0.33～0.49，$C_{29}\alpha\beta\beta/$（$\alpha\alpha\alpha＋\alpha\beta\beta$）值 0.37～0.42，说明沥青样品处在成熟阶段。沥青样品的 $C_{31}22S/$（22S＋22R）值为 0.59～0.62，平均为 0.60，Ts/（Tm＋Ts）值在 0.44～0.50 内变化，平均为 0.48，也反映了沥青处在成熟阶段。

3. 油源对比

1）生物标志物综合参数对比

羌塘盆地东部羌资 16 井三叠系巴贡组沥青的族组成均以较高饱和烃含量和高饱芳比为特征，主峰碳和 Pr/Ph 较低，均具前高单峰型的正构烷烃分布形态；油苗甾烷、萜烷的分布特征也表明油苗母质来源于低等藻类等水生生物，生物标志物成熟度参数 $C_{29}\alpha\alpha\alpha20S/\alpha\alpha\alpha$（20S＋20R）、$C_{29}\alpha\beta\beta/$（$\alpha\alpha\alpha＋\alpha\beta\beta$）和 $C_{31}22S/$（22S＋22R）等表明，油苗处在成熟阶段。从已经有的研究结果来看，三叠系巴贡组发育的暗色泥岩可能是油苗的母源，其有机碳含量较高，为 0.62%～1.42%，平均为 1.15%，为中等-好烃源岩，有机质类型为 II₂-III 型，镜质体反射率为 0.89%～1.44%，平均为 1.1%，处在成熟-高成熟阶段。

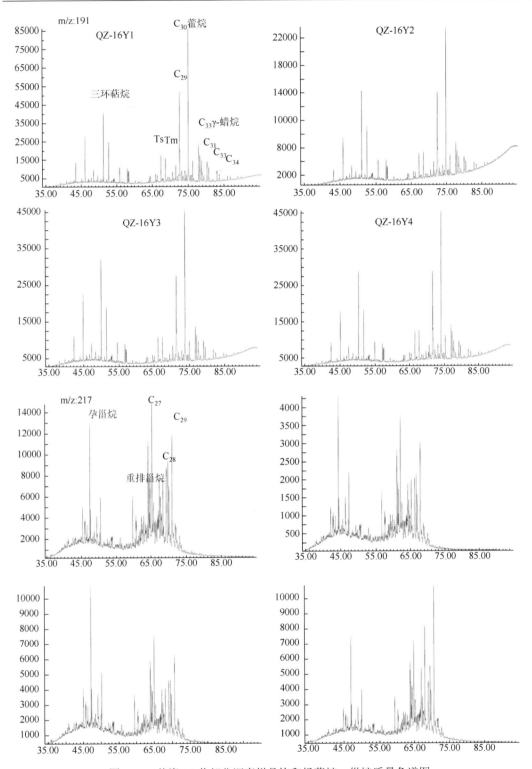

图 7-14　羌资 16 井部分沥青样品饱和烃萜烷、甾烷质量色谱图

从三叠系巴贡组烃源岩与油苗生物标志物参数的对比来看（图 7-15），它们具有较好的对比性，表明三叠系油苗可能来自三叠系巴贡组烃源岩。

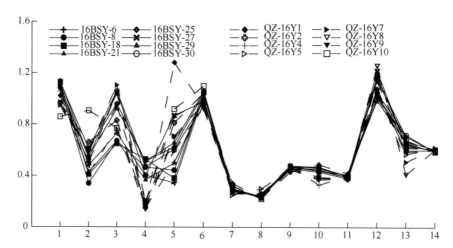

图 7-15　羌塘盆地羌资 16 井三叠系沥青与烃源岩生物标志物对比图（实线为烃源岩，虚线为油苗）

横坐标：1. OEP；2. Pr/C$_{17}$；3. Ph/C$_{18}$；4. Pr/Ph；5. C$_{21}^{-}$/C$_{21}^{+}$；6. CPI；7. C$_{27}$；8. C$_{28}$；9. C$_{29}$；10. C$_{29}$ 甾烷 20S/（20S + 20R）；11. C$_{29}$ 甾烷 ββ/（αβ + ββ）；12. Ts/Tm；13. C$_{24}$ 四环萜烷/C$_{26}$ 三环萜烷；14. C$_{31}$ 藿烷-22S/（S + R）

2）单体碳同位素对比

单体烃碳同位素将油源对比提高到了分子级别，原油单体正构烷烃碳同位素组成主要受其形成的沉积环境和母质类型控制。图 7-16 给出了羌塘盆地羌资 16 井中三叠系巴贡组烃源岩样品和油苗样品的单体烃碳同位素分布特征曲线对比图。

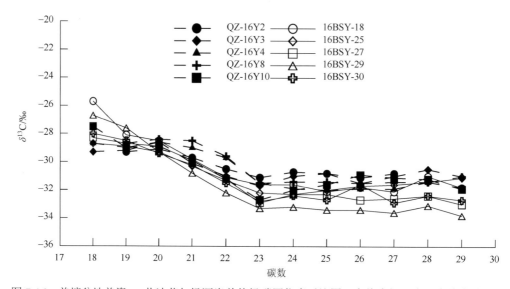

图 7-16　羌塘盆地羌资 16 井油苗与烃源岩单体烃碳同位素对比图（实线为烃源岩，虚线为油苗）

由图 7-16 可以看出，巴贡组烃源岩样品的单体烃碳同位素组成也较轻，并且与沥青的分布形式和变化趋势基本相似，但是单体烃碳同位素还是存在一定的差别，表明了沥青混合来源的特征，即羌资 16 井巴贡组地层中沥青除主要来自巴贡组烃源岩外，还可能存在其他来源，需要进一步研究。

二、羌资 1 井油苗地球化学特征及油源对比

1. 饱和烃图谱对比

羌资 1 井中沥青的正构烷烃系列主要有 3 种不同的分布模式，如图 7-17 所示。

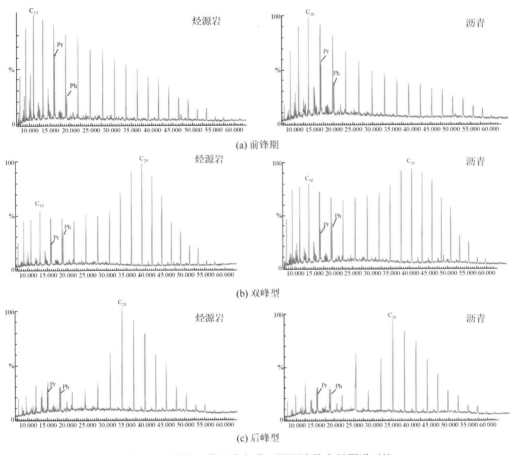

图 7-17 羌资 1 井沥青与井下烃源岩饱和烃图谱对比

第一种为前峰型，该类型的沥青主要分布在布曲组的上部，主峰碳为 nC_{16}（或 nC_{15}），碳数范围为 $nC_{13} \sim nC_{33}$，nC_{21}^-/nC_{21}^+ 值为 $1.27 \sim 1.39$，这种特征常被解释为水生生物为主的生物母质的贡献。

第二种为后峰型，广泛分布于夏里组的上部及布曲组的中下部，主峰碳为 nC_{23}（或 nC_{22}、nC_{24}、nC_{25}），碳数范围为 $nC_{14} \sim nC_{33}$，nC_{21}^-/nC_{21}^+ 值为 $0.08 \sim 0.65$，显示重烃组分占优势的特征，井下沥青正构烷烃的这种后峰型不同于典型的后峰型，其主峰碳以中等碳数正烷烃为主，结合其他生物标志物参数，除部分高等植物的贡献外，可能更主要地反映了细菌为主的有机质生物母源的输入。

第三种为介于上述两类之间的双峰型，该类型的沥青主要分布于夏里组下部及布曲组的顶部和中部，前峰为 nC_{16}（或 nC_{14}），后峰为 nC_{25}，碳数范围为 $nC_{13} \sim nC_{33}$（或 nC_{35}），nC_{21}^{-}/nC_{21}^{+} 值为 $0.35 \sim 0.52$，反映了水生生物及陆源高等植物的双重贡献。井下沥青样品正构烷烃的这种分布型式完全可与对应层位烃源岩正构烷烃分布模式相对比，表明这些沥青并未经过长距离的运移，是烃源岩自生自储的产物。

2. 生物标志物综合参数对比

在油源对比中，生物降解对原油或烃源岩中各生物标志物参数有重要的影响，烃中的成分不同，抗生物降解作用的能力也不同。Peters 等（1993）的研究表明，生物降解难易顺序为正烷烃＞无环异戊二烯烷烃＞藿烷（有 25-降藿烷）≥甾烷＞藿烷（无 25-降藿烷）＞重排甾烷＞芳香甾烷＞卟啉。在轻度生物降解情况下，首先是正烷烃被消耗，其次是类异戊二烯烷烃；轻度到中等程度生物降解并不能引起甾、萜烷类化合物组成的变化。因此，在油源对比中，单一的饱和烃图谱对比并不可取，生物标志物综合参数对比成为油源对比的有效手段。在图 7-18 中，尽管井下沥青样品与烃源岩在 nC_{21}^{-}/nC_{21}^{+} 值上存在较大的差异，但总体上，两者具有较好的相关性，并且对于不同 nC_{21}^{-}/nC_{21}^{+} 值范围的沥青样品，井下均有对应 nC_{21}^{-}/nC_{21}^{+} 值范围的烃源岩存在，表明这些沥青并未经过长距离的运移，是井下烃源岩自生自储的产物。

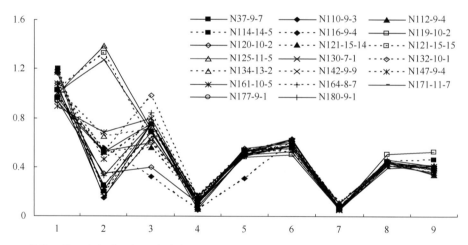

图 7-18　羌资 1 井沥青与井下烃源岩综合参数对比（实线为井下烃源岩样品，虚线为井下沥青样品）

横坐标：1. OEP；2. C_{21}^{-}/C_{21}^{+}；3. Pr/Ph；4. γ-蜡烷/αβ-C_{30} 藿烷；5. Ts/(Ts + Tm)；6. C_{31} 藿烷 22S/(S + R)；7. C_{29} 三环萜烷/(C_{29} 三环萜烷 + C_{30} 藿烷）；8. C_{29} 甾烷 20S/(20S + 20R)；9. C_{29} 甾烷 ββ/(αβ + ββ)

3. 单体烃碳同位素对比

图 7-19 给出了羌资 1 井沥青正构烷烃及姥鲛烷、植烷碳同位素组成分布曲线，可归纳为 4 种不同的分布模式。第一类碳同位素（正构烷烃）组成的分布范围为 –27.09‰ ～ –31.76‰［图 7-19（a）］，具有偏负的姥鲛烷、植烷碳同位素组成（分别为 –28.85‰ ～ –30.96‰ 和 –32.01‰ ～ –32.65‰），包括样品 N114-14-5，主要分布于夏里组的下部。第二

类相对富 ^{13}C［图 7-19（b）］，正构烷烃 δ^{13}C 分布范围为–26.01‰～–32.49‰，姥鲛烷和植烷碳同位素组成分别为–27.74‰～–29.19‰和–29.22‰～–31.12‰，包括样品 N121-15-14、N132-10-1、N134-13-12、N142-9-9、N147-9-4 和 N164-8-7，主要分布于布曲组的中上部和底部。第三类碳同位素（正构烷烃）组成的分布范围为–27.06‰～–30.47‰，姥鲛烷和植烷碳同位素相对富 ^{13}C（分别为–27.58‰～–29.21‰和–27.29‰～–28.40‰）［图 7-19（c）］，包括样品 N116-9-4，该类烃源岩主要分布于夏里组的底部。第四类碳同位素（正构烷烃）组成的分布范围为–26.01‰～–30.55‰，明显富 ^{13}C，随着链烷烃碳数的增加，碳同位素值明显偏负［图 7-19（d）］，属典型的右倾型，姥鲛烷和植烷碳同位素组成分别为–27.99‰～–28.30‰和–29.18‰～–29.97‰，包括样品 N121-15-15，主要分布于布曲组的顶部。与之相对应，井下烃源岩正构烷烃及姥鲛烷、植烷碳同位素组成分布曲线也显示 4 种不同的分布模式（图 7-19），并且沥青的单体烃碳同位素曲线与井下烃源岩的单体烃碳同位素曲线几乎完全重合，显示沥青与井下烃源岩之间具有较好的相关性，从另外一个角度证实了这些沥青并未经过长距离的运移，是井下烃源岩自生自储的产物。

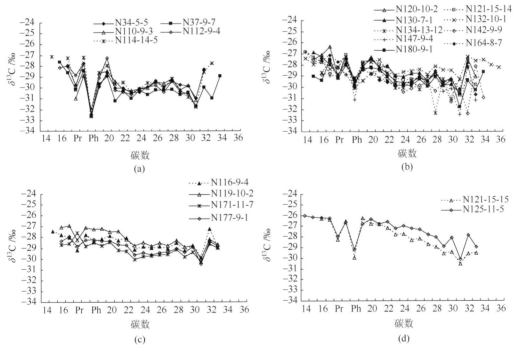

图 7-19 羌资 1 井中沥青与烃源岩正烷烃及姥鲛烷、植烷碳同位素分布模式对比（实线为烃源岩样品，虚线为沥青样品）

三、羌资 2 井油苗地球化学特征及油源对比

1. 饱和烃图谱对比

与北羌塘井下沥青相比，南羌塘井下（羌资 2 井）沥青正构烷烃分布模式更为单

一，均为前低后高的单峰型，主峰碳 nC_{25}，碳数范围 nC_{14}～nC_{33}，nC_{21}^-/nC_{21}^+ 值为 0.10～0.24。羌资 2 井中沥青正构烷烃的这种分布模式完全可与井下布曲组烃源岩正构烷烃分布模式相对比（图 7-20），表明这些沥青并未经过长距离的运移，是烃源岩自生自储的产物。

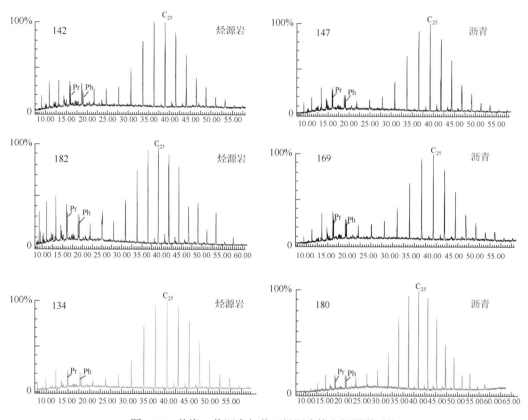

图 7-20　羌资 2 井沥青与井下烃源岩饱和烃图谱对比

2. 生物标志物综合参数对比

生物标志物综合参数分析表明，羌资 2 井中沥青可能存在两种不同的油源：一种以样品 169 为代表，具有高的 Pr/Ph 值（1.48）和明显偏低的三环萜烷/藿烷比值（1.03）；另一种以样品 147 和 180 为代表，这些沥青具有相对较低的 Pr/Ph 值（0.60～0.89）和高的三环萜烷/藿烷比值（2.07～2.08）。显然，羌资 2 井中沥青的各生物标志物参数与井下布曲组烃源岩各生物标志物参数是完全一致的（图 7-21），反映了该井中沥青来自布曲组烃源岩，是烃源岩自生自储的产物。

3. 单体烃碳同位素对比

羌资 2 井中，沥青正构烷烃碳同位素分布范围为 –27.44‰～–31.91‰，姥鲛烷和植烷碳同位素组成分别为 –29.58‰～–29.90‰ 和 –29.96‰～–30.29‰，总体上各沥青样品之间正构烷烃碳同位素的差异并不明显，反映了油源的相对单一，这一特征与饱和烃图谱所反映的特征是一致的。在沥青与井下烃源岩单体烃碳同位素分布模式对比图（图7-22）上，沥青的单体烃同位素曲线与井下布曲组烃源岩的单体烃碳同位素曲线几乎完全重合，也表明这些沥青主要来源于布曲组烃源岩，是烃源岩自生自储的产物。

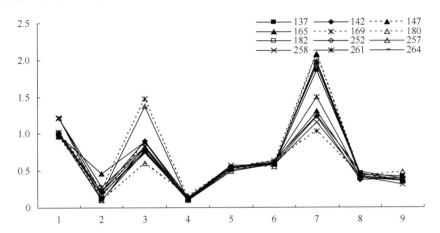

图 7-21　羌资 2 井沥青与井下烃源岩综合参数对比（实线为烃源岩样品，虚线为沥青样品）

1. OEP；2. C_{21}^-/C_{21}^+；3. Pr/Ph；4. γ-蜡烷/$\alpha\beta$-C_{30}藿烷；5. Ts/(Ts + Tm)；6. C_{31}藿烷 22S/(S + R)；7. 三环萜烷/藿烷；8. C_{29}甾烷 20S/(20S + 20R)；9. C_{29}甾烷 $\beta\beta/(\alpha\beta + \beta\beta)$

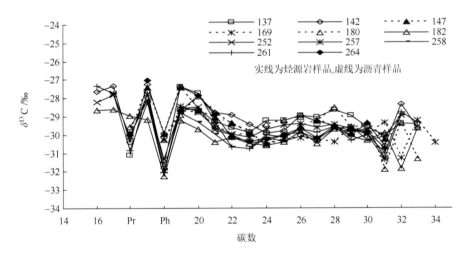

图 7-22　羌资 2 井中沥青与烃源岩正烷烃及姥鲛烷、植烷碳同位素分布模式对比

四、羌资 11 井、羌资 12 井中侏罗统布曲组油苗地球化学特征及油源对比

1. 族组分特征

羌资 11 井样品饱和烃含量为 30.4%～42.9%，芳烃含量为 10.3%～13.0%，饱和烃与芳烃的比值为 2.3～3.9，均值为 3.2；非烃 + 沥青质含量为 46.0%～56.5%；含油灰岩样品饱和烃含量为 39.6%～47.0%；芳烃含量为 18.8%～34.7%，饱和烃与芳烃的比值为

1.3～2.1；非烃 + 沥青质含量为 19.3%～41.7%。而羌资 12 井样品饱和烃含量为 45.5%～65.5%，芳烃含量为 11.4%～18.6%，饱和烃与芳烃的比值为 2.7～4.0，非烃 + 沥青质含量为 17%～43.2%。

2. 正异构烷烃特征

羌资 11 井和羌资 12 井 12 件原油样品的饱和烃气相色谱图（图 7-23）可以看出，正构烷烃从 nC_{13}～nC_{37} 均有分布，主峰碳以 C_{17} 和 C_{25} 为主，主要呈现以下两种不同的峰型：①前高后低的单峰型，主峰碳多为 nC_{17}、nC_{18}、nC_{19}、nC_{21}，低碳数正构烷烃的含量较高；②前低后高的单峰型，主峰碳多为 nC_{25}，高碳数正构烷烃的含量较高。研究区含油白云岩样品具有较低的轻重烃 nC_{21}^-/nC_{21}^+ 值，主要分布为 0.55～1.23，平均值为 0.73，且仅有一件样品大于 1.0，显示重烃组分占一定的优势。相比而言，灰岩样品则具有较高的 nC_{21}^-/nC_{21}^+ 值，主要分布为 1.11～3.98，平均值为 1.81，显示轻烃组分占明显的优势；OEP 分布为 0.93～1.03，平均值为 0.99，无明显的奇偶碳数分布优势。

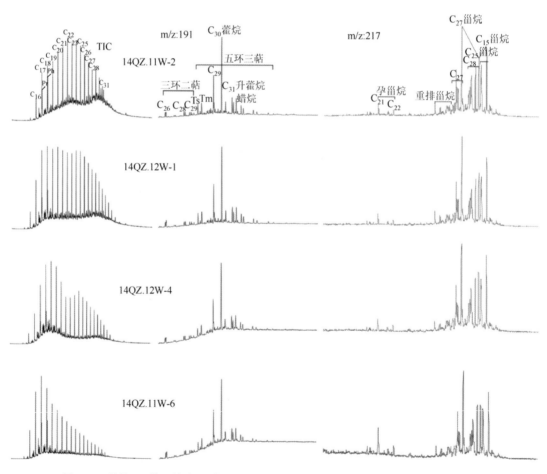

图 7-23　羌资 11 井、羌资 12 井部分样品饱和烃气相色谱和萜烷、甾烷质量色谱图

含油白云岩样品 Pr/Ph 值变化范围较小，研究区所有原油样品 Pr/Ph 值均小于 1.0，为 0.55～0.90，平均值为 0.73，反映了一种还原—弱还原的淡化咸水环境。另外，在 Pr/Ph-Pr/nC$_{17}$-Ph/nC$_{18}$ 三角图解中（图 7-24），羌资 12 井中含油白云岩及羌资 11 井含油灰岩样品均落入淡化海水的沉积环境，但羌资 11 井含油白云岩样品却落入正常海水的环境，可能与羌资 11 井含油白云岩样品遭受生物降解程度强导致 Pr/nC$_{17}$ 和 Ph/nC$_{18}$ 值偏高有关。

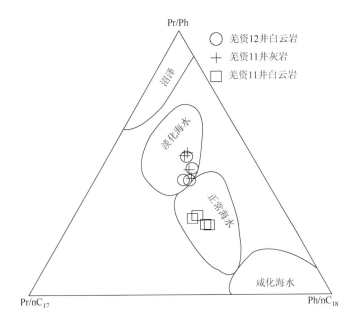

图 7-24 羌资 11 井、羌资 12 井含油样品 Pr/Ph-Pr/nC$_{17}$-Ph/nC$_{18}$ 分布图解

3. 甾烷萜烷特征

含油样品 C$_{27}$、C$_{28}$、C$_{29}$ 规则甾类化合物含量分别为 34%～40%、24%～29%、35%～38%，主要呈不对称"V"形和"L"形（图 7-23）。原油样品中仅有 1 件样品 C$_{29}$>C$_{27}$，4 件样品 C$_{27}$、C$_{29}$ 大致相等，其余样品具有 C$_{27}$>C$_{29}$ 的特征，表明这些原油母质可能以水生生物为主，特别是藻类的贡献作用大。研究表明重排甾烷在缺氧强还原条件下形成受到逆制，其含量往往较低。研究区原油样品重排甾烷 C$_{27}$/规则甾烷 C$_{27}$ 值较低，为 0.08～0.24，均值为 0.12，比强还原条件下重排甾烷 C$_{27}$/规则甾烷 C$_{27}$ 值略高，进一步反映了原油形成时可能为一种还原—弱还原的沉积环境。

羌资 11 井、羌资 12 井原油样品中 C$_{29}$ 甾烷 αββ/［C$_{29}$ 甾烷（ααα + αββ）］和 C$_{29}$ 甾烷 20S/［C$_{29}$ 甾烷（20S + 20R）］值分别为 0.35～0.39 和 0.38～0.43，该地区井下原油样品处于中等成熟阶段（图 7-25）。另外，原油样品中 C$_{31}$ 藿烷 22S/C$_{31}$ 藿烷（22S + 22R）比值为 0.58～0.60；C$_{32}$ 藿烷 22S/C$_{32}$ 藿烷（22S + 22R）值为 0.53～0.58。上述参数的值接近或达到其平衡值（0.57～0.60），即演化程度导致的异构化作用达到平衡。综合上述参数表明，研究区原油达到中等成熟阶段，为中等成熟型原油。

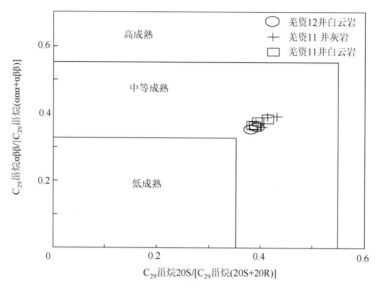

图 7-25　羌资 11 井、羌资 12 井含油样品的成熟度判别图

4. 油源对比

通过对研究区羌资 11 井、羌资 12 井含油白云岩样品类异戊二烯烃、萜烷、甾烷等化合物进行系统的分析，并与羌资 2 井深灰色泥晶灰岩（部分样品）、研究区附近曲色组、夏里组烃源岩样品的 12 个生物标志化合物参数进行对比分析，发现其与布曲组灰岩、夏里组泥页岩及曲色组页岩之间都具有较好的对比性（图 7-26）。

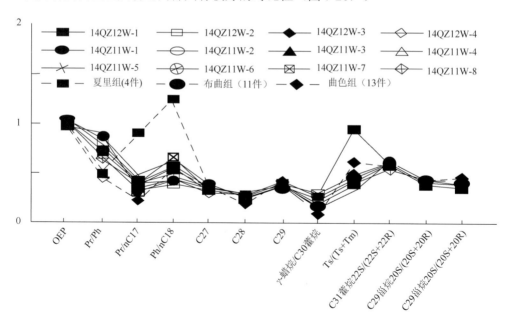

图 7-26　研究区附近布曲组、夏里组及曲色组烃源岩与含油样品生标化合物对比

关于南羌塘地区隆鄂尼—昂达尔错古油藏带的油源问题，前人进行过一定的研究，但

研究成果不一致。王成善等（2004）通过原油的单体碳同位素及生标化合物研究表明隆鄂尼古油藏油源来自毕洛错油页岩；赵政璋等（2001c）认为隆鄂尼地区古油藏油源来自夏里组烃源岩；陈文彬等（2008）研究认为扎仁古油藏油源具有混合来源的特征，主要来自夏里组烃源岩，可能也存在毕洛错油页岩的混入；季长军等（2013）通过对 D2 井中含油白云岩进行分析，认为原油可分成两类，第一类可能来自曲色组和布曲组烃源岩，第二类可能来源于夏里组。井下及地表烃源岩研究表明，布曲组和夏里组烃源岩有机碳含量偏低，可能不具备形成如此大规模古油藏带的条件，其生标化合物之间拟合度高也可能与布曲组灰岩中混有原油和夏里组提供部分油源有关。而毕洛错曲色组油页岩尽管厚度不大，但是其有机碳含量高，平均可以达到 8.34%，其烃源岩品质远远好于夏里组和布曲组，具备形成大型油气藏的潜力。曲色组油页岩干酪根碳同位素正偏，与全球早侏罗世拖尔期缺氧时间存在很好的对应关系，这可能是其烃源岩品质高的原因。曲色组黑色页岩生物标志化合物与原油之间存在一定的差异性，这可能与混入了部分其他油源及具有较高热演化程度有关。基于以上认识，本书认为南羌塘古油藏的油源可能为混合来源，油源主要来自中下侏罗统曲色组油页岩，混入部分其他来源的油源。

五、羌资 3 井索瓦组油苗地球化学特征及油源对比

羌资 3 井沥青正构烷烃分布均为前低后高的单峰型，主峰碳为 $nC_{17}\sim nC_{18}$，碳数范围为 $nC_{10}\sim nC_{35}$，nC_{21}^{-}/nC_{21}^{+} 比为 1.0～1.12～0.24，OEP 为 0.81～1.0。羌资 3 井中沥青正构烷烃的分布模式与井下索瓦组烃源岩正构烷烃分布模式较为相似（图 7-27）。

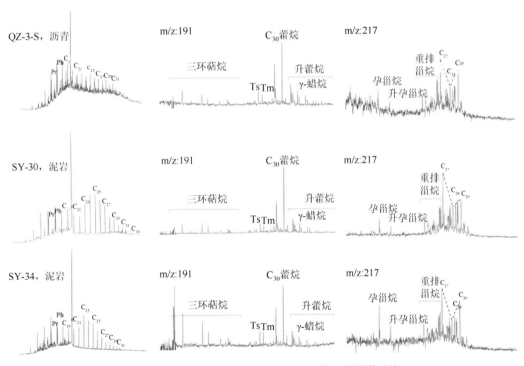

图 7-27　羌资 3 井沥青与井下烃源岩饱和烃图谱对比

生物标志物综合参数分析表明，索瓦组泥岩与沥青类异戊二烯烷烃、γ-蜡烷/C_{30}藿烷及规则甾烷 C_{27}、C_{28}、C_{29} 等参数表明其母质形成沉积环境与母源输入具有较好的一致性（图 7-27，图 7-28），反映了沥青与泥岩之间具有亲缘关系的特点。同时，泥岩与沥青中反映成熟度的生物标志化合物参数 Ts/（Ts + Tm）、C_{31}-22S/（22S + 22R）、$C_{29}\alpha\alpha\alpha$20S/（20S + 20R）和 $C_{29}\alpha\beta\beta$/（$\alpha\beta\beta$ + $\alpha\alpha\alpha$）在数值上差异也较小（图 7-28），表明羌资 3 井沥青与泥岩处于相同的成熟演化阶段。

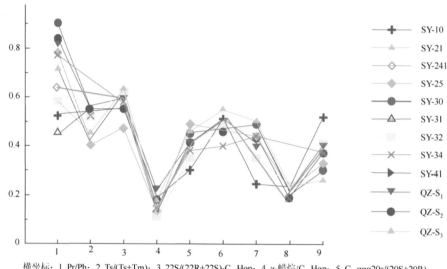

横坐标：1. Pr/Ph；2. Ts/(Ts+Tm)；3. 22S/(22R+22S)-C_{31}Hop；4. γ-蜡烷/C_{30}Hop；5. $C_{29}\alpha\alpha\alpha$20s/(20S+20R)；
6. $C_{29}\alpha\beta\beta$/($\alpha\beta\beta$+$\alpha\alpha\alpha$)；7. 5α-C_{27}/(5α-C_{27}+5α-C_{28}+5α-C_{29})；8. 5α-C_{28}/(5α-C_{27}+5α-C_{28}+5α-C_{29})；
9. 5α-C_{29}/(5α-C_{27}+5α-C_{28}+5α-C_{29})

图 7-28　羌资 3 井索瓦组沥青与泥岩生物标志化合物参数对比图

前人也曾对安多 114 道班索瓦组油苗、西长梁索瓦组含油灰岩油苗做过研究，通过碳同位素、单体烃同位素、生物标志化合物、氯仿沥青"A"族组成、饱和烃、荧光光谱、三芳甾类烃和有机质成熟度等的对比，结果表明安多 114 道班索瓦组油苗来自本地区上侏罗统索瓦组灰岩，西长梁索瓦组油苗来源于索瓦组灰岩（赵政璋等，2001c），说明羌塘盆地索瓦组油苗具有自生自储的特征。

第三节　包裹体特征与油气运移期次

含油气盆地包裹体记录了地质历史中发生的油气运移、聚集到破坏事件的各种信息，可以为石油地质综合研究提供重要依据。对采自羌塘盆地地质调查井中的侏罗系和三叠系包裹体进行了研究，探讨了油气成藏期次与成藏时间的科学问题。

一、侏罗系包裹体

对羌塘盆地羌科 1（QK-1）井侏罗系布曲组地层裂缝充填包裹体进行了岩相、温度和成分研究。包裹体样品为构造裂缝中充填的脉体，主要包括方解石脉和石英脉（表 7-2）。

表 7-2 羌塘盆地布曲组包裹体测温数据

样品编号	地层	深度/m	类型	冰点温度/℃	均一温度/℃	气液比	气相成分	液相成分
Sbg09	J_2b	209	G	−6	0	7	N_2	H_2O-N_2
Sbg10	J_2b	235	G-L	−8.9	189	8	$CH_4-H_2-H_2S-N_2$	$H_2O-CH_4-H_2S$
Sbg11	J_2b	235	G-L	−2.6	128	7	$CO_2-CH_4-H_2S-H_2-N_2$	$H_2O-CO_2-CH_4$
Sbg12	J_2b	251	G-L	−4.2	171	6	$H_2S-N_2-H_2$	H_2O-H_2S
Sbg13	J_2b	271	G-L	−2.0	122	11	$CH_4-H_2S-H_2$	$H_2O-CH_4-H_2S$
Sbg15	J_2b	331	G	−3.8	21	8	CO_2	H_2O-CO_2
Sbg16	J_2b	394	G-L	−10.2	241	9	$CO_2-CH_4-H_2$	$H_2O-CH_4-CO_2$
Sbg17	J_2b	437	G-L	−10.6	225	10	$CO_2-H_2S-CH_4-H_2-N_2$	$H_2O-CO_2-H_2SCH_4$
Sbg18	J_2b	445	G-L	−11.3	306	7	$CH_4-H_2S-N_2-H_2$	H_2O-H_2S
Sbg19	J_2b	520	G-L	−8.8	135	6	$H_2S-CO_2-CH_4$	$H_2O-CH_4-CO_2-H_2S$
Sbg20	J_2b	546	G-L	−10.3	351	7	$CH_4-H_2S-H_2$	$H_2O-CH_4-H_2S$
Sbg21	J_2b	593	G-L	−12.3	254	8	$CH_4-H_2S-H_2$	$H_2O-CH_4-H_2S$
Sbg22	J_2b	597	G	−2.7	82	11	$CH_4-H_2-N_2-H_2S$	$H_2O-CH_4-H_2S$
Sbg22	J_2b	597	G-L	−2.6	124	7	$CH_4-H_2-N_2-H_2S$	$H_2O-CH_4-H_2S$
Sbg23	J_2b	598	G-L	−13.8	255	9	$CH_4-H_2S-H_2$	$H_2O-CH_4-H_2S$
Sbg24	J_2b	680	G-L	−4.5	208	8	$CO_2-CH_4-H_2S-H_2$	$H_2O-CO_2-H_2S-CH_4$
Sbg24	J_2b	680	G-L	−5.5	241	6	$CO_2-CH_4-H_2S-H_2$	$H_2O-CO_2-H_2S-CH_4$
Sbg25	J_2b	679	G-L	−7.1	270	9	$CH_4-N_2-H_2S-H_2$	$H_2O-H_2S-CH_4$
Sbg25	J_2b	679	G-L	−3.8	252	7	$CH_4-N_2-H_2S-H_2$	$H_2O-H_2S-CH_4$
Sbg27	J_2b	727	G-L	−4.1	187	5	$CH_4-CO_2-H_2S-H_2-N_2$	$H_2O-CO_2-H_2S-CH_4$
Sbg28	J_2b	728	G-L	−7.6	323	12	$CO_2-CH_4-H_2$	$H_2O-CO_2-H_2S$
Sbg29	J_2b	778	G-L	−3.4	222	9	$CH_4-H_2S-H_2$	$H_2O-CH_4-H_2S$
Sbg30	J_2b	826	G-L	−12.1	22	7	CO_2	H_2O-CO_2

注：G-L 气液相包裹体；G 气相包裹体。

1. 岩相学特征

井下样品中流体包裹体形态特征多样，反映其形成条件的差别。包裹体的形态特征一般与流体介质的饱和度、盐度、生长空间、温度和压力等因素有关。本书中流体包裹体按照形态特征可分为规则、次规则和不规则 3 类（图 7-29）。

（1）规则类包裹体是指接近于理想形态的包裹体，通常是在接近于理想条件下形成的，其形态有矩形［图 7-29（a）］、正方形［图 7-29（b）］、菱形［图 7-29（c）］等，包裹体边缘平直、清晰，表明其在生长空间充足的条件下形成。

（2）不规则类包裹体是指其形态与理想形态相去甚远，主要有三角形［图 7-29（d）］、凹凸形［图 7-29（e）］和链条形［图 7-29（f）］等，包裹体边缘多呈锯齿状、圆弧状、凹凸状等，其生长空间一般不够充足。

（3）介于规则和不规则之间的为次规则类，相对于规则类而言，通常具有不同形状的尾巴，主要包括条形尾［图 7-29（g）］、方形尾［图 7-29（h）］和三角形尾［图 7-29（i）］。

根据荧光显微照片，就包裹体的聚集情况而言，通常发育为单个自由分布的包裹体、多个杂乱分布的包裹体和按一定规律发育的包裹体群。本书中流体包裹体的形态差异反映了羌塘盆地经历过多期不同应力场的构造改造，此结论与宏观地质现象很吻合。本书包裹体的气液比为 5%～13%，多为气液两相包裹体，偶见单一相包裹体。

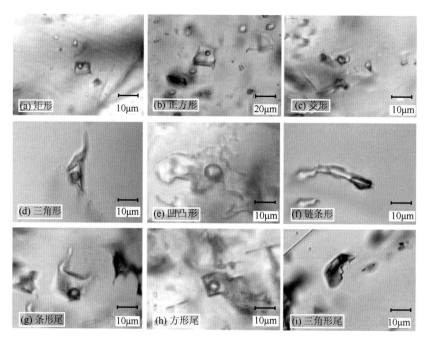

图 7-29　羌塘盆地流体包裹体基本形态

2. 显微荧光特征

有机质在荧光显微镜下显示出的各种颜色与热演化成熟度有关，一般发黄色、蓝色、浅黄色荧光的有机包裹体为低成熟油-成熟油；而发黄白色、蓝白色、白色、灰白色荧光的有机包裹体为成熟油-高成熟油；发褐色、黑色荧光的有机包裹体多为石油裂解后的沥青质，与其有关的包裹体均一温度为 140～160℃及以上。

羌塘盆地流体包裹体多具有荧光特征，且主要为淡黄色荧光包裹体和淡蓝白色荧光包裹体两类。图 7-30 中同时发育两类包裹体群，根据脉体微观穿插关系可以判断早期包裹体群具淡黄色荧光，后期包裹体显示淡蓝白色荧光。根据油气包裹体分类方案，羌塘盆地包裹体大部分具有淡黄色-蓝白色荧光，判定羌塘盆地主要为轻质油包裹体，属于成熟-高成熟热演化阶段。

3. 温度参数

研究样品的流体包裹体的冰点温度为 –14.2～–2.0℃，变化幅度较大。均一温度为 –1.1～367℃。冰点温度直方图 [图 7-31 (a)] 显示出 3 个比较明显的温度区间，但均一温度的直方图 [图 7-31 (b)] 中很难区别出几个温度区间，分析其原因为数据中包含大量羌科 1 井的数据，而岩心中样品可能具有连续的温度特征，从而在直方图中难以区别。为此，通过分析羌科 1 井均一温度和深度的关系，发现样品的深度与包裹体的均一温度之间具有负相关关系 [图 7-31 (c)]，即随着深度的增加，均一温度升高。

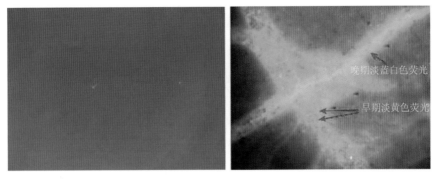

图 7-30　羌塘盆地布曲组中两期荧光特征

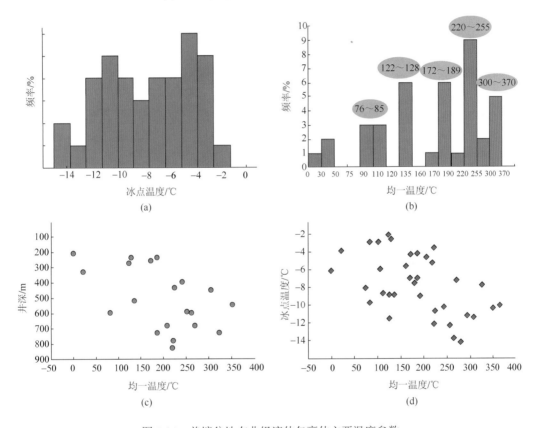

图 7-31　羌塘盆地布曲组流体包裹体主要温度参数

羌塘盆地内包裹体的冰点温度均大于-12℃，主体为-7～-3℃，据曹青等（2013）的观点，推算其盐度也应小于15%。另外，将均一温度和冰点温度之间进行相关分析发现，两者呈较强的正相关关系［图7-31（d）］，即均一温度越高，冰点温度越低。

根据本文包裹体样品均一温度分布直方图［图7-31（b）］，本书中至少存在6期主要的流体活动事件，分别为0～22℃、76～85℃、122～128℃、172～189℃、220～255℃和300～370℃。其中，0～22℃可能对应于超晚期构造抬升之后的流体活动，不含烃类物，与油气运移成藏无关。另外5期包裹体均含有烃类物质，可能与油气运移有关。

4. 成分特征

为了解流体包裹体的化学成分，通常进行激光拉曼光谱扫描。虽然样品中宿主矿物和水的拉曼峰特别强，加之方解石矿物属于发荧光的矿物（陈勇和 Burke，2009），因而要获得有机气体的拉曼峰比较困难，但部分样品中仍然检测到了明显的甲烷拉曼峰（图 7-32）。其中，Sbg10 和 Sbg13 的拉曼峰相对于背景而言稍弱些，最明显的是样品 Sbg25，它具有比较宽的有机气体峰，所含气体成分主要为 CH_4，还有一定的 H_2S、N_2 和 H_2，CH_4 气体所占比例最高，为 55.7%。

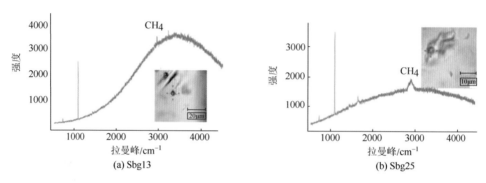

图 7-32　羌塘中生代盆地流体包裹体特征激光拉曼光谱图

根据包裹体中成分差别，可将本书包裹体分为三大类：无机盐水溶液的气液包裹体、单相有机烃类包裹体、有机气-液两相包裹体。其中，以有机气-液两相包裹体为主，有机气体主要为 CH_4。图 7-32（a）显示大部分包裹体的气相中 CH_4 含量达到 60%，其次是 40% 和 60% 两种含量，为良好的油气显示。

5. 油气成藏时间

通过有机包裹体分析，本文中与油气运移成藏的包裹体有 5 期。

第一期为 76～85℃，可能为烃源岩刚开始进入生油窗时的流体活动，主要出现于隆鄂尼地区的含油白云岩中。根据羌塘盆地的埋藏史，此次流体活动应该对应于中侏罗世晚期，生成的油气优先被优质储层白云岩储存下来。

第二期为 122～128℃，可能为油气大量生产过程中的流体活动，此次流体活动在羌塘盆地内普遍存在。此次流体活动发生于晚侏罗-早白垩世，对应于羌塘盆地的最高的海相沉积时期。

第三期和第四期分别为 172～189℃ 和 220～255℃，是本书中包裹体数量最多的期次，可能对应于干气生成阶段，与羌塘盆地内热演化程度普遍较高的特征相符，暗示羌塘盆地内可能存在天然气藏。该期对应于羌塘盆地内的第二次生烃高峰，时间为新近纪中-晚期，大约 18Ma，是羌塘盆地接受新生代大量陆相沉积的结果。

第五期为 300～370℃，该期流体活动在羌塘盆地内鲜有报道，仅南征兵等（2010）在羌塘盆地东部的火山岩石英脉中发现有如此高温的含烃类流体活动，该期流体活动可能与岩浆或其他热液活动有关。

二、三叠系包裹体

羌资 6 井井深为 549.65m，本书主要对羌资 6 井样品进行有机包裹体荧光观察和荧光光谱分析，在此基础上，开展包裹体显微测温、测盐等系统分析。

1. 包裹体荧光特征

通过单偏光显微镜观察和显微荧光分析（图 7-33），羌资 6 井包裹体种类包括盐水溶液包裹体、含烃盐水包裹体、纯气相包裹体、油包裹体、气-液两相包裹体、固态发棕红色荧光沥青包裹体等。其中，盐水包裹体在荧光下无色透明，以单相和气-液两相存在，主要分布于石英颗粒内裂纹、穿石英颗粒裂纹及石英颗粒次生加大边中，大小多为 3～5μm，平均为 3.5μm，气/液比主要为 3%～7%，平均为 4.9%。纯气相包裹体、油包裹体和含烃盐水包裹体主要分布于石英颗粒内裂纹、石英颗粒次生加大边中，个体较小，多为 2～5μm，平均为 3.6μm，气/液比多为 8%～10%，平均为 8.1%。

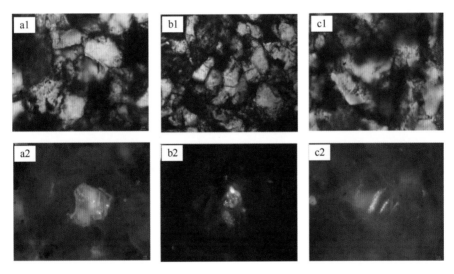

图 7-33　羌资 6 井代表性流体包裹体油包裹体显微照片（10×20）

图 7-33 中：a1、a2 样品编号为 13B-233，岩屑石英细砂岩；穿石英颗粒裂纹中见大量发蓝白色荧光油包裹体；有机包裹体丰度为 5.1%（上图为透射光，下图为荧光，下同）。b1、b2 样品编号为 13B-293，岩屑石英细砂岩；穿石英颗粒裂纹见大量发深黄色、蓝白色、黄绿色荧光油包裹体；有机包裹体丰度为 4.8%。c1、c2 样品编号为 13B-244，岩屑石英细砂岩；穿石英颗粒裂纹中见大量发浅黄色、深黄色荧光油包裹体；有机包裹体丰度为 4.0%。

从荧光光谱初步判断，羌资 6 井至少发育 3 期次油包裹体，荧光光谱主峰分别为 495nm（蓝白色）、520nm（黄绿色）、540nm（黄色）。同时有不发荧光的气包裹体和不发荧光黑色固体沥青及黄褐色荧光油浸染（图 7-33、图 7-34）。

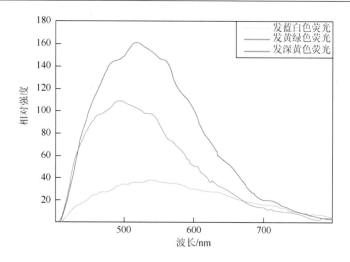

图 7-34　羌资 6 井代表性油包裹体荧光光谱数据图

2. 流体包裹体显微测温

鄂纵错地区上三叠统砂岩储集层中流体包裹体发育广泛，其形态、赋存状态、荧光特征、相组分、均一温度等方面存在明显的差异。本次对流体包裹体形态、赋存状态、荧光特征、均一温度等综合研究后表明（表 7-3），羌塘盆地鄂纵错地区上三叠统土门格拉组储集层至少发生过 5 期热流体活动［图 7-35（a）］和 4 期油气充注活动［图 7-35（b）］。

5 期热流体活动均一温度如下：第一期为 70～100℃，这一期盐水包裹体数量较少；第二期为 100～130℃，主峰为 110～120℃；第三期为 130～160℃，主峰为 150～160℃；第四期为 160～175℃，主峰为 160～170℃；第五期为 175～200℃，主峰为 185～195℃。从成岩矿物中捕获的盐水包裹体发育规模来看第三、第四期热流体活动为鄂纵错地区最主要的热流体活动。

表 7-3　羌资 6 井流体包裹体样品均一温度统计及期次划分表

序号	样品编号	盐水包裹体均一温度平均值/℃					油气包裹体均一温度平均值/℃			
		Th_1	Th_2	Th_3	Th_4	Th_5	Th_1	Th_2	Th_3	Th_4
1	13B-83		108.6	146.9				95.0	117.8	138.5
2	13B-39			144.3～151.2*				82.6	111.0	
3	13B-293			155.1				96.5	112.8	
4	13B-233			154.3			71.3	88.3		
5	13B-181		109.6		166.4	191.2		95.6	114.1	136.5
6	13B-144	94.5	130.1	152.9	165.3	183.0	70.7		112.1	
7	13B-108		109.3	138.5～148.4*	172.3		68.8		121.9	
8	13B-161		118.6		172.1	187.7		96.4	118.2	
9	13B-118		119.4	153.3～157.4*	173.5	183.4		97.9～100.5*	120.1～123.0*	
10	13B-300		131.9	155.6				95.1	120.9	
11	13B-244	77.5	115.5	138.0		190.1	68.5	87.1		

续表

序号	样品编号	盐水包裹体均一温度平均值/℃					油气包裹体均一温度平均值/℃			
		Th$_1$	Th$_2$	Th$_3$	Th$_4$	Th$_5$	Th$_1$	Th$_2$	Th$_3$	Th$_4$
12	13B-200				168.5	190.3-~191.0*	72.1	96.3	122.8	
13	13B-218				172.8			103.2		130.4
14	13B-260			142.2~150.7*		184.3	67.1		116.8	
15	13B-312			141.7	164.0	181.0		94.2-102.3*	122.9	

注：标*为不同产状包裹体均一温度平均值。

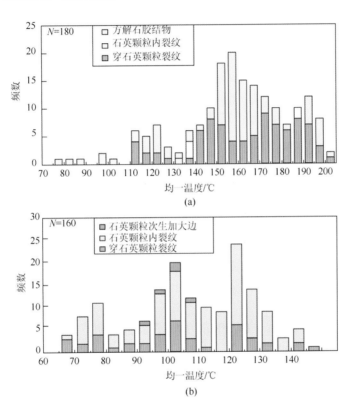

图 7-35　鄂纵错地区土门格拉组储集层中流体包裹体均一温度统计

4 期油气充注活动均一温度如下：第一期为 60~75℃，主峰为 70~75℃；第二期为 75~105℃，主峰为 95~105℃；第三期为 105~130℃，主峰为 120~130℃；第四期为 135~145℃，主峰为 130~140℃，其中第一、第二、第三期以油充注为主，与其共生的为第一、第二、第三期热流体活动，第四期以天然气充注为主，与其共生的为第四期热流体活动。

总体来看，鄂纵错地区存在如下 4 期油气充注史。

（1）第一期以少量低成熟度油充注，发黄色荧光的油包裹体为主，含有少量发黄绿色荧光的油包裹体，这一批次无论是油包裹体还是与其共生的盐水包裹体数量均较少，伴生的盐水包裹体均一温度低，为 70~100℃，有机包裹体中以单相油包裹体为主，这个时期油气充注规模较小。

（2）第二期以较成熟油充注为主，含有少量高成熟油充注，以发黄绿色荧光的油包裹体为主，含有少量发蓝白色荧光的油包裹体，与其共生的盐水包裹体均一温度范围为100～130℃，有机包裹体中大部分以单相油包裹体为主，含有少量的含烃盐水包裹体，这个时期油气充注规模从捕获的油包裹体数量上看，充注规模较大，表明这个时期开始有大规模的油气随着热流体活动充注到该地区土门格拉组储集层中。

（3）第三期以高成熟油充注为主，伴有少量的天然气充注，以发蓝白色荧光的烃类包裹体为主，并含有少量不发荧光或发微弱荧光的纯气相包裹体、气-液两相包裹体，与其共生的盐水包裹体均一温度范围为 130～160℃，这一时期捕获的盐水包裹体和有机包裹体相对数量都较多，表明大规模的油气充注延续到这个时期。

（4）第四期以成熟-高成熟的天然气充注为主，伴有少量高成熟油充注，主要为大量不发荧光及发微弱荧光的纯气相包裹体和含烃盐水包裹体，含有少量发蓝白色荧光的油包裹体。有机包裹体数量较少，但与之共生的盐水包裹体数量却较多。与其共生的盐水包裹体均一温度范围为 160～175℃，该期存在大规模的天然气充注，天然气处于干气阶段，这个时期构造流体活动较为活跃，可能对该地区油气聚集成藏产生一定的影响。

3. 油气成藏时期确定

含烃热流体注入储集层形成油气藏的过程中，驱替了原来孔隙流体形成的有机包裹体和盐水包裹体，与有机包裹体共生的盐水包裹体形成的时间就可代表油气充注时间，即油气成藏时间。因此将与有机包裹体伴生的盐水包裹体均一温度投影到相应的古地温演化埋藏史图上，可运用流体包裹体方法推断出各期烃类充注的时间。

将各期有机包裹体共生的盐水包裹体均一温度投影到该地区的热演化埋藏史图上并参考前人研究成果，可以将鄂纵错地区土门格拉组储集层中主要成藏期划分为 4 期，如果图 7-36 所示。

第一期成藏时间为 168.1～162.5Ma，即中侏罗世中期，这个时期随着班公湖-怒江洋盆的进一步扩张，羌塘盆地发生了整体性大规模下沉（拗陷），发生了一次侏罗纪最大规模的海侵，鄂纵错地区被海水覆盖，开始大规模接受沉积，埋藏深度逐渐加大，烃源岩达到生烃门限开始产出少量的低成熟油向土门格拉组储集层运移并保存。

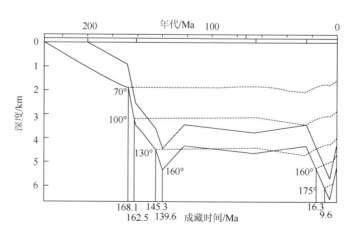

图 7-36　鄂纵错地区埋藏史曲线

第二期成藏时间为 162.5～145.3Ma，即中侏罗世中期到晚侏罗世晚期，这个时期羌塘盆地发生了侏罗纪以来的第二次大规模海侵，土门格拉组烃源岩埋藏深度进一步加大，大量高成熟油及部分裂解气开始充注到土门格拉组储集层中。

第三期成藏时间为 145.3～139.6Ma，即晚侏罗世晚期到早白垩世早期，随着班公湖-怒江洋盆关闭，羌塘盆地南部迅速抬升，海水逐步向西北部退缩，形成一个向西北开口的海湾-潟湖环境，鄂纵错地区烃源岩埋藏深度继续加深，与第二期成藏过程一起是该地区最主要的轻质油充注期，由于在这个时期的后期鄂纵错地区进入了构造活动强烈的陆内改造期，对本地区油气运聚形成规模油气藏产生了较大的影响。

第四期成藏时间为16.3～9.6Ma，即中新世中期，随着陆内拉张形成以康托组（N_1k）为代表的陆内断陷沉积，同时大规模火山活动造成该地区古地温异常，大规模天然气生成并运移到土门格拉组储集层中，并伴有少量的高成熟油充注。

第四节　油气成藏条件分析

一、烃源岩发育，油气显示丰富

羌塘盆地目前已经发现 200 多处油气显示，井下二叠系、三叠系、侏罗系等地层中也都发现了大量油气显示，表明该地区有过油气的生成、聚集、运移和成藏。

对于羌塘盆地主力烃源岩一直有不同的认识。赵政璋等（2001a，2001c）及王剑等（2004，2009）认为羌塘盆地主力烃源岩主要有 4 套，分别是肖茶卡组（T_3x）、布曲组（J_2b）、夏里组（J_2x）和索瓦组（J_3s）；而王成善等（2001）认为早侏罗统曲色组（J_1q）油页岩为盆地主力烃源岩。

羌塘盆地井下钻遇上二叠统展金组、上三叠统，以及中侏罗统色哇组、布曲组、夏里组和索瓦组等多套烃源层，通过研究对比发现，上三叠统为是一套主要烃源岩，主要受沉积环境的控制，产出烃源岩的沉积环境主要为一套三角洲-浅海陆棚相。该套烃源岩在区域上分布广泛，目前已经实施的地质调查井中，共有羌资 6 井、羌资 7 井、羌资 8 井、羌资 13 井、羌资 15 井和羌资 16 井钻遇了上三叠统地层，烃源岩的厚度也较大，其厚度范围为 35.15～167m，有机碳含量较高，处在高成熟-过成熟阶段，具有较好的生烃潜力。羌资 16 井采集的沥青的油源对比也显示，沥青单体碳同位素值、饱和烃生物标志物参数等与巴贡组泥岩的对应参数值都有较好的对应关系，说明它们之间存在亲缘关系，沥青油源主要为上三叠统巴贡组泥岩。

二、储集层发育，白云岩储集物性较好

井下和地表的物性资料表明，羌塘盆地虽然发育了不同厚度的多套储集岩层，但是储集层物性条件较差，多数为特低孔低渗储层，但是后期的构造对其储层性能可能会有一定的改善作用；物性条件较好的则主要为白云岩和礁灰岩储集层。

白云岩储集层主要发育在布曲组，在二叠系龙格组及上侏罗统索瓦组中也有发育。布曲组白云岩在区域上主要分布于隆鄂尼-鄂斯玛一带的潮坪相中（王成善，2004），龙格组白云岩主要分布在中央隆起带角木茶卡一带。在羌资 2 井、羌资 11 井和羌资 12 井中均钻遇了白云岩布曲组白云岩储层，它们孔渗条件较好，并且在白云岩中都发现了油气显示，是羌塘盆地较为有利的勘探目标层位。

三、膏岩发育，盖层条件良好

羌塘盆地发育上三叠统泥岩-泥质粉砂岩、雀莫错组膏岩-泥岩及夏里组泥岩-膏岩 3 套区域性盖层组合。另外，还发育有其他多套局部盖层，盖层条件良好。

从羌塘盆地井下研究来看，羌资 16 井及羌科 1 井雀莫错组中膏岩层厚度达 300m 以上，羌科 1 井及羌地 17 井夏里组膏岩-泥岩厚度也超过 200m，上三叠统盖层主要发育于北羌塘玛曲地区的羌资 7 井、羌资 8 井、羌资 16 井及南羌塘隆鄂尼-鄂斯玛地区羌资 6 井、羌资 13 井和羌资 15 井，主要为泥岩和致密的泥质粉砂岩，盖层厚度大，封盖性能良好。

四、生储盖组合匹配良好

从烃源岩、储集层、盖层及油源对比来看，羌塘盆地发育多套生储盖组合，其中最为重要的是组合Ⅱ和组合Ⅲ。

组合Ⅰ：上二叠统生储盖组合，上二叠统展金组泥岩为烃源岩，下部上二叠统龙格组颗粒灰岩组和白云岩为储集层，上二叠统展金组泥岩为盖层。

组合Ⅱ：上三叠统生储盖组合，上三叠统泥岩为烃源岩，巴贡组碎屑岩和波里拉组裂缝性碳酸盐岩为储集层，上部巴贡组泥岩和雀莫错组膏岩及泥岩为盖层。

组合Ⅲ：曲色组-布曲组-夏里组生储盖组合，下侏罗统曲色组泥页岩和中侏罗统布曲组泥岩为烃源岩，中侏罗统布曲组白云岩及颗粒灰岩为储集层，夏里组膏岩-泥岩为盖层。

五、构造圈闭发育，与油气运移期次匹配

羌塘盆地经历了多期构造运动的改造，包括印支运动、燕山运和喜马拉雅运动，特别是新生代大陆碰撞和高原隆升过程中盆地受到强烈改造，导致油气散失，地表出现大量油气显示。但是羌塘盆地具有相对稳定的构造环境，虽然在南北缝合带和西部隆起带构造变形强烈，但是在南北拗陷中构造变形较弱，因此大型圈闭构造十分发育。据不完全统计，构造面积大于 $30km^2$ 的背斜构造有 71 个，多为开阔短轴背斜。其中，面积大于 $100km^2$ 的背斜构造有 15 个。羌塘盆地最新地震资料表明，半岛湖地区分布 9 个圈闭，最大圈闭面积为 $144km^2$；托纳木地区分布 6 个圈闭，最大圈闭面积为 $55km^2$。

羌塘盆地构造圈闭发育，并且这些圈闭是形成于油气运移之前。羌塘盆地中生代烃源岩主要在晚三叠-中侏罗世进入生油期，而盆地中强烈的构造运动主要发生在侏罗纪-白垩纪初，构造定型时间与生烃时期相匹配，背斜构造为良好的构造圈闭。

结　论

本书充分利用羌塘盆地已经实施的地质调查井获取的大量实际资料和前人的成果，对地层、沉积相及油气地质特征进行了认真的研究和总结，对羌塘盆地井下油气地质问题取得了一些新的成果和认识，为羌塘盆地深入开展油气勘探进行目标优选提供了重要的科学依据。

（1）通过岩心观察、岩石薄片、孢粉、生物化石及测年等，对钻遇地层及岩性特征进行了研究，并和区域做了对比研究，为研究盆地沉积演及化石油地质条件奠定了基础。

羌塘盆地目前已经实施的地质调查井中，主要钻遇的地层包括中下二叠统展金组、龙格祖，上三叠统甲丕拉组、波里拉组和鄂尔陇巴组，中下侏罗统雀莫错组，中侏罗统色哇组、布曲组和夏里组，上侏罗统索瓦组和始新统唢呐湖组。尤其是羌资 16 井，钻遇了目前羌塘盆地最为完整的上三叠统地层序列，从下到上依次包括甲丕拉组、波里拉组、巴贡组和鄂尔陇巴组，且鄂尔陇巴组与上覆雀莫错组地层界限明显，为解决羌塘盆地东部晚三叠世的沉积演化问题提供了有力证据。

（2）分析了羌塘盆地地质调查井上二叠统-古近系的沉积特征。对钻遇的古近系、夏里组、布曲组、色哇组、雀莫错组、鄂尔陇巴组、巴贡组、波里拉组、甲丕拉组的岩石学特征进行了研究，在此基础上，划分出了冲洪积、河流、湖泊、潮坪-潟湖、三角洲、陆棚及碳酸盐岩台地等沉积相带。

（3）初步建立了羌塘盆地钻遇地层钻遇的上二叠统-古近系的地球物理测井响应特征。

利用地球物理测井方法对羌塘盆地地质调查井钻遇的各地质层位进行划分，包括第四系、夏里组、布曲组、色哇组、雀莫错组、鄂尔陇巴组、巴贡组、波里拉组、甲丕拉组。其中，雀莫错组、鄂尔陇巴组及甲丕拉组地层为羌塘盆地首次钻遇，通过自然伽马、视电阻率、补偿声波、补偿密度、补偿中子等参数，建立了其测井响应特征。

（4）分析了羌塘盆地井下烃源岩特征，并对地表与井下烃源岩样品进行了对比研究。

井下发育有上二叠统展金组（P_3z），上三叠统（T_3），中侏罗统色哇组（J_2s）、布曲组（J_2b）、夏里组（J_2x），以及上侏罗统索瓦组（J_3s）等多套烃源岩。其中，上三叠统肖茶卡组（T_3x）陆棚-三角洲相烃源岩在区域内分布范围广，有机质丰度高，有机质类型为 II_2～III 型，有机质热演化处在高成熟-过成熟阶段，是一套主要的烃源岩，其他为次要烃源岩。

对地表与井下烃源岩样品进行对比研究表明，风化作用对烃源岩的有机质含量具有一定的破坏作用，展金组、索瓦组和布曲组井下烃源岩样品有机碳含量一般要高于地表烃源岩样品，上三叠统井下烃源岩有机碳含量与地表差不多。井下有机质类型要略好于地表样品或者基本一致。羌资 7 井三叠系和羌资 3 井索瓦组井下烃源岩热演化程度要高于地表样品热演化程度，但是羌资 5 井展金组和羌资 1 井、羌资 2 井布曲组夏里组井下烃源岩热演化程度要低于地表样品热演化程度。

（5）分析了井下储集层特征，并对地表与井下储集层岩样品进行了对比研究。

井下发育多套储集层，但除白云岩储层外，多为特地孔特低渗的致密储层。白云岩储层主要发育在南羌塘羌资 2 井、羌资 11 井和羌资 12 井的布曲组及中央隆起带羌资 5 井的二叠系龙格组中，其孔渗性较好，是良好的储集层。

地表与井下储层对比研究表明，无论是井下储集层还是地表储集层均表现为低孔低渗的特征，两者物性特征及孔隙结构特征的差异并不明显。与地表相比，井下储集层的物性特征及孔隙结构特征均明显偏差。

（6）分析了井下盖层特征，并对地表与井下盖层岩样品进行了对比研究。

羌塘盆地发育多套盖层，其中上三叠统巴贡组盖层、中下侏罗统雀莫错组盖层和中侏罗统夏里组盖层为 3 套区域性盖层，其他为局部性盖层。研究表明，羌资 16 井及羌科 1 井中膏岩层厚度达 300m 以上，羌科 1 井及羌地 17 井夏里组膏岩-泥岩厚度也超过 200m，上三叠泥岩盖层厚度为 35.15～417m，封盖性能良好。

（7）对井下发现的大量油气显示地球化学特征进行了研究并对油源进行了分析，对井下获取的包裹体特征及成藏期次进行了分析，并对油气成藏条件进行了综合研究。

钻遇油苗的地层包括下二叠统、下三叠统巴贡组、中侏罗统夏里组、布曲组和索瓦组，主要为含油白云岩和沥青等。羌资 16 井上三叠统沥青源于上三叠统泥岩；羌资 1 井夏里组油苗源于夏里组烃源岩；羌资 2 井布曲组、羌资 11 井及羌资 12 井油苗主要源于曲色组油页岩，夏里组及布曲组也有贡献；羌资 3 井索瓦组沥青源于索瓦组泥岩。

对采自羌塘盆地地质调查井中侏罗系和三叠系地层中的包裹体进行了研究，初步探讨了油气成藏期次与成藏时间之间的关系。

参 考 文 献

白生海，1989. 青海西南部海相侏罗纪地层新认识[J]. 地质论评，35（6）：529-536.

白云山，李莉，牛志军，等，2005. 羌塘中部各拉丹冬一带鄂尔陇巴组火山岩特征及其构造环境[J]. 地球学报，26（2）：113-120.

陈建平，梁狄刚，张水昌，等，2012. 中国古生界海相烃源岩生烃潜力评价标准与方法[J]. 地质学报，86（7）：1132-1141.

陈文彬，廖忠礼，付修根，等，2007. 北羌塘盆地布曲组烃源岩生物标志物特征及意义[J]. 沉积学报，25（5）：807-814.

陈文彬，廖忠礼，刘建清，等，2008. 西藏羌塘盆地扎仁地区白云岩油苗地球化学特征[J]. 新疆石油地质，34（2）：214-218.

陈文彬，付修根，谭富文，等，2014. 羌塘盆地上三叠统土门格拉组烃源岩生物标志物地球化学特征[J]. 现代地质，28（1）：
    216-223.

陈文彬，付修根，谭富文，等，2015. 藏北羌塘盆地上三叠统典型剖面烃源岩地球化学特征研究[J]. 中国地质，42（4）：1151-1160.

陈文彬，付修根，谭富文，等，2017a. 羌塘盆地石炭-二叠系烃源岩地球化学特征讨论[J]. 中国地质，44（3）：499-510.

陈文彬，付修根，谭富文，等，2017b. 羌塘盆地二叠系白云岩油苗地球化学特征及意义[J]. 沉积学报，35（3）：611-620.

陈文彬，廖忠礼，刘建清，等，2010. 西藏南羌塘盆地侏罗系烃源岩地球化学特征[J]. 现代地质，24（4）：654-661.

傅家谟，盛国英，许家友，等，1991. 应用生物标志化合物参数判识古沉积环境[J]. 地球化学，1：1-12.

黄第藩，李晋超，张大江，1984. 干酪根的类型及其分类参数的有效性、局限性和相关性[J]. 沉积学报，2（3）：21-36.

季长军，伊海生，陈志勇，等，2013. 西藏羌塘盆地羌 D2 井原油类型及其勘探意义[J]. 石油学报，34（6）：1070-1076.

冀六祥，罗伟，刘锋，等，2015. 青海省北祁连山三叠纪孢粉和疑源类及其地层意义[J]. 地层学杂志，39（4）：367-379.

李启来，高春文，伊海生，等，2013. 羌塘盆地羌 D2 井布曲组碳酸盐岩储层特征研究[J]. 长江大学学报（自然科学版），10（32）：
    20-22.

李勇，王成善，伊海生，2002. 西藏晚三叠世北羌搪前陆盆地构造层序及充填样式[J]. 地质科学，37（1）：27-37.

廖忠礼，贾宝江，陈文彬，等，2013. 青藏高原油气资源战略选区羌塘盆地重点区块研究[M]. 北京：地质出版社.

柳广弟，张厚福，2009. 石油地质学[M]. 北京：石油工业出版社.

刘喜停，马志鑫，颜佳新，2010. 扬子地区晚二叠世吴家坪期沉积环境及烃源岩发育的控制因素[J]. 古地理学报，12（2）：
    244-252.

宋春彦，2012. 羌塘中生代沉积盆地演化及油气地质意义[D]. 北京：中国地质科学院.

余飞，2018. 北羌塘盆地东部上三叠统巴贡组烃源岩沉积地球化学特征及有机质富集机理研究[D]. 北京：中国地质科
    学研究院.

王剑，谭富文，李亚林，等，2004. 青藏高原重点沉积盆地油气资源潜力分析[M]. 北京：地质出版社.

王剑，汪正江，陈文西，等，2007a. 藏北北羌塘盆地那底岗日组时代归属的新证据[J]. 地质通报，26（4）：404-409.

王剑，付修根，陈文西，等，2007b. 藏北北羌塘盆地晚三叠世古风化壳地质地球化学特征及其意义[J]. 沉积学报，25（4）：
    487-494.

王剑，丁俊，王成善，等，2009. 青藏高原油气资源战略选区调查与评价[M]. 北京：地质出版社.

王成善，张哨楠，1987. 藏北双湖地区三叠纪油页岩的发现[J]. 中国地质，8：29-31.

王成善，伊海生，刘池洋，等，2004. 西藏羌塘盆地古油藏发现及其意义[J]. 石油与天然气地质，25（2）：139-143.

文世宣，1979. 西藏北部地层新资料[J]. 地层学杂志，3：150-156.

曾允孚，夏文杰，1986. 沉积岩石学[M]. 北京：地质出版社.

曾胜强，王剑，陈明，等，2012. 北羌塘盆地索瓦组上段的时代、古气候及石油地质特征[J]. 现代地质，26（1）：10-21.

张水昌，梁狄刚，张大江，2002. 关于古生界烃源岩有机质丰度的评价标准[J]. 石油勘探与开发，29（2）：8-12

张水昌，张宝民，边立曾，等，2005. 中国海相烃源岩发育控制因素[J]. 地学前缘，12（3）：39-48.

赵文津，刘葵，蒋忠惕，等2004. 西藏班公湖-怒江缝合带—深部地球物理结构给出的启示[J]. 地质通报，23（7）：623-635.

赵政璋，李永铁，叶和飞，等，2001a. 青藏高原羌塘盆地石油地质[M]. 北京：科学出版社.

赵政璋，李永铁，叶和飞，等，2001b. 青藏高原地层[M]. 北京：科学出版社.

赵政璋，李永铁，叶和飞，等，2001c. 青藏高原海相烃源层的油气生成[M]. 北京：科学出版社.

Bjoroy M，Hall P B，Moe R P，1994. Stable carbon isotope variation of nalkanes in Central Graben oils[J]. Organic Geochemistry，22：355-381.

Bull W B，1962. Relation of textural（CM）patterns to depositional environment of alluvial-fan deposits[J]. Journal of Sedimentary Research，32（2）：211-216.

Fu X G，Wang J，Tan F W，et al.，2010. The Late Triassic rif t-related volcanic rock s from eastern Qiangtang，northern Tibet（China）：age and tectonic implications[J]. Gondwana Research，17：135-144.

Gromet L P，Dymek R F，Haskin L A，et al.，1984. The North American shale composite：its compilation，major and trace element characteristics[J]. Geochimica et Cosmochimica Acta，48：2469-2482.

Kunz R，1990. Phytoplankton und palynofazies im Malm NW-Deutschlands（Hannoverisches Bergland）[J]. Palaeontographica abteilung b-palaophytologie，216：1-105.

Passega，R，1957. Texture as characteristic of clastic deposition[J]. American Association of Petroleum Geologists Bulletin，41（9）：1952-1984.

Peters K E，Moldowan J M，1993. The Biomarker Guide：Interpreting Molecular Fossils in Petroleum and Ancient Sediments[M]. Prentice Hall Inc.：1-347.

Powell T，Mckirdy D M，1973. Relationship between Ratio of Pristance to Phytane，Crude Oil Composition and Geological Environment s in Aust ralia[J]. Nature，243（12）：37 - 39.